Die Gen-Ingenieure

Von Jost Herbig

Durch Revolutionierung der Natur
zum Neuen Menschen?

Carl Hanser Verlag

ISBN 3-446-12622-8

Umschlag Klaus Detjen
Herstellung May & Co, Darmstadt
Printed in Germany

Die Pioniere der Neuen Biologie, der vielbeschworenen Gen-Manipulation, deren Mechanismen, deren Probleme und deren Gefahren Jost Herbig in diesem Buch darstellt, verbanden mit ihren Entdeckungen Hoffnungen auf die Lösung uralter Menschheitsprobleme – Abschaffung aller Krankheiten und Übel, wahrlich das Neue Paradies – und erschraken dann vor dem Gedanken, es könnte die Hölle werden. Sie zerstritten sich über die Frage geeigneter Sicherheitsmaßnahmen, staatlicherseits wurden Richtlinien erlassen, doch all das fand hinter verschlossenen Türen statt, im »Expertenkreis«, weshalb die Öffentlichkeit um so mehr erschrak, wenn Informationsbruchstücke durchsickerten. Die wahre Gefahr, das macht Herbig hier deutlich, ist die möglich gewordene Beherrschung der Gesellschaft durch eine »Wissenschaft«, die ihre Forschungen im Verein mit unkontrollierbaren Industrie- und Profitinteressen als »Selbstzweck« betreibt, ohne daß die betroffenen »Laien« – also die restliche Menschheit – überhaupt merkt, was da passiert. Bisher unermüdlich mit Verbesserung der Natur beschäftigt, droht nun der Mensch, zum Haustier der Zivilisation (d. h. ihrer Herren) zu werden.

Heute erregt man sich über den Bau von Atomkraftwerken. Die Entscheidungen, die ihm zugrundeliegen, wurden vor 20 Jahren gefällt. Die Entscheidungen über die industrielle Massenanwendung der Neuen Biologie fallen heute.

Jost Herbig, geboren 1938, Studium der Naturwissenschaften, Dr. rer. nat., Master of Science. Vier Jahre Arbeit in der Industrie als Leiter von Entwicklungsabteilungen. Mitarbeit an Umweltschutzprojekten. Seit 1971 wissenschaftlicher Schriftsteller. Im *Carl Hanser Verlag* erschienen von ihm die Bücher ›Das Ende der bürgerlichen Vernunft. Wissenschaftliche, technische und gesellschaftliche Zukunft‹ (1974) und ›Kettenreaktion. Das Drama der Atomphysiker‹ (1976).

Inhaltsverzeichnis

Neue Biologie und alte Bräuche

Das Zeitalter der Chimären

Die Biologie hat die kritische Phase einer Wissenschaft erreicht: Sie konstruiert Natur. Das Zeitalter der synthetischen Biologie hat begonnen. Ingenieurwesen und Biologie vereinigen sich zu *genetic engineering*, einem neugewachsenen Zweig am Baum der Wissenschaft vom Leben – dem Zweig, der gegenwärtig die reichsten Früchte verspricht.

Biologen werden zu Schöpfern, genauer: zu Konstrukteuren neuer Lebewesen. Aus dem Erbmaterial unterschiedlicher Arten setzen sie künstliche Organismen zusammen: Erzeugnisse, die sich im Gegensatz zu denen anderer Ingenieure selbständig vermehren können. Genetische Zwitterwesen entstehen, die Erbmaterial so gegensätzlicher Lebewesen wie Bakterien, Viren und Menschen in sich vereinigen können.

Das riesige Genreservoir von zwei Millionen Arten, das Milliarden Jahre hervorgebracht haben, ist disponibel geworden. Menschen beginnen, in Regie zu nehmen, was sie hervorgebracht hat: die Evolution.

Der heutige Zustand der Biologie gleicht dem der Physik der vierziger Jahre. Nach einem Höhenflug der theoretischen Erkundung grundlegender Naturgesetze plant man nun Anwendungen. Wissenschaftliche Träumereien und technische Utopien werden greifbar. Eine rasch wachsende Zahl von Biologen und Medizinern arbeitet an der Verwirklichung dessen, was kurz zuvor noch unmöglich erschien. Projekte der wissenschaftlichen Avantgarde von heute werden zur Routine von morgen und übermorgen Bestandteil des täglichen Lebens.

Die theoretisch interessanten grundsätzlichen Fragen aus der großen Zeit der Atomphysik sind heute gelöst. In Beschleunigungsanlagen, die immer gigantischer werden, gelingt es mit wachsendem Aufwand hie und da noch, der Natur ein neues Elementarteilchen abzuringen, ein zusätzliches Gesetzchen zu entlocken. Was bleibt, sind vorwiegend Anwendungsprobleme, das Ausfüllen von Lücken, wichtige Aufgaben zwar, die aber große spekulativ veranlagte Geister nie sonderlich angezogen haben. Sie wenden sich heute der Biologie zu.

Die Öffentlichkeit beginnt in den Kontroversen um den Bau von Atomkraftwerken, sich mit den Folgen physikalischer Entwicklungen auseinanderzusetzen, die eine Generation zurückliegen. Währenddessen hat sich, weitgehend unbeachtet, der Schwerpunkt der wissenschaftlichen Innovation in die Biologie verlagert. Hier werden die Grundlagen für die Technik der Zukunft geschaffen: biologische Technik.

In der Biologie herrscht Aufbruchsstimmung. Einer der Veteranen aus der zurückliegenden großen Zeit der Atomphysik, Carl Friedrich von Weizsäcker, bemerkt heute bei vielen Molekularbiologen einen »ähnlichen Habitus ... wie wir ihn als junge theoretische Physiker hatten«[1]. Der Biochemiker John Abelson spricht von der Erwartung eines »Quantensprungs« auf eine höhere Stufe des Verständnisses grundlegender Lebensvorgänge.[2] Sir Francis Crick, der in den Adelsstand erhobene Mitentdecker der Doppel-Helix-Struktur der Erbmaterie, ahnt »Sonnenlicht« am Ende des Tunnels, den er selbst mitangelegt hat.[3] Sidney Brenner, eine weitere wissenschaftliche Autorität, sieht nach einem Dornröschenschlaf, in dem manche Disziplinen für Jahrhunderte dahindämmerten, nun die Biologie an der Reihe, aufzuwachen. Und wie für Brenner kündigt sich für eine rasch wachsende Zahl von Biologen und Medizinern die aufregendste Periode in der Biologie an.[4]

Wie in bisher keinem anderen bedeutenden Wissenschaftsgebiet im 20. Jahrhundert gehen in der synthetischen Biologie Forschung und Anwendung Hand in Hand. Nur wenige Exemplare eines genetisch umkonstruierten Lebewesens genügen, um durch natürliche Vermehrung in kurzer Zeit den Weltbedarf befriedigen zu können. Und das theoretische Wissen über Struktur und Kontrollfunktion der Erbsubstanz und des genetischen Code ist zugleich unmittelbare Voraussetzung für die Konstruktion synthetischer Lebewesen, die in industriellen Produktionsprozessen eingesetzt werden können. Folglich ist die synthetische Biologie schon im Anfangsstadium ihrer Entwicklung auch für die Wirtschaft »heiß« geworden.

Im gleichen Ausmaß vergrößern sich die Kontrollprobleme. Denn die in Labors und Fabriken geschaffenen künstlichen Organismen haben – im Gegensatz zu den Erzeugnissen jeder anderen Technik – die nicht nur angenehme Fähigkeit, sich unabhängig von den Bemühungen ihrer Schöpfer selbständig in der Natur zu vermehren. In der Natur können sie eine Kettenreaktion unvorhersehbarer und unkontrollierbarer Ereignisse auslösen. Die Evolution droht sprunghaft zu werden.

Nach einem Wort des französischen Nobelpreisträgers André Lwoff kennt die Natur keine Probleme. In der Natur gibt es nur Lösungen. Und daher warnen viele Biologen vor unbedachten Eingriffen in noch unverstandene Zusammenhänge. »Wir wissen noch nicht einmal, wie wenig wir wissen«, stellt der amerikanische Molekularbiologe Robert Sinsheimer fest und appelliert an die Vernunft seiner Kollegen, nicht um kurzfristiger Vorteile willen die Zukunft des Lebens auf der Erde zu gefährden: »Die Biologen sind, ohne es zu wollen, zu Hütern großer furchteinflößender Macht geworden.« Es sei müßig, sich darüber hinwegzutäuschen.[5]

Doch die erdrückende Mehrheit seiner Kollegen sieht keinen Grund, solchen Aufforderungen zu größerer Umsicht nachzukommen. Sie halten sich an ein eigens entworfenes System von Sicherheitsmaßnahmen, perfekt ausgedacht und lückenlos, verhielte sich nur die Natur der Logik ihrer Erforscher entsprechend. Über diese Einschränkung hinaus darf, wie H. G. Zachau, einer der führenden deutschen Molekularbiologen verlangt, der »wissenschaftliche Fortschritt nicht durch rein theoretische Argumente behindert werden«.[6]

Biologen beginnen nachzuvollziehen, was ihnen Atomphysiker so erfolgreich vorexerziert haben. Sie locken mit der ungewöhnlichen industriellen, landwirtschaftlichen und medizinischen Bedeutung, die ihre Forschung erlangen könnte, würde man sie nur ausreichend fördern – und nicht durch unnötige Einschränkungen behindern. In der Debatte drängender Zukunftsprobleme erscheint plötzlich eine Vielzahl biologischer Lösungsmöglichkeiten: Den Kranken und Hungrigen, den Armen und Unterentwickelten auf dieser Welt kann geholfen werden: durch Neue Biologie.

Atomphysikern ist der neue Habitus der Biologen wohlvertraut. Und was die Biologen zusätzlich an Verantwortung realisieren – Sicherheitsvorschriften, die das Arbeiten mit genetisch veränderten Lebewesen reglementieren –, kann man ebensogut als Versuch werten, nicht den Kopf aus dem Sand liebgewordener Gewohnheiten ziehen zu müssen: Die Abschirmung richtet sich auch gegen die Diskussion der sehr viel weiterreichenden ökologischen, evolutionären, gesellschaftlichen und politischen Folgen ihrer Arbeit. Die Probleme – das ist eine verbreitete Haltung – würden sich schon noch früh genug einstellen. Man brauche sie nicht herbeizureden.

Schon immer habe der Mensch in die Natur eingegriffen, heißt es. Akkerbau und Viehzucht, eine steinzeitliche Erfindung, hätten mit der Domestizierung von Tieren und Pflanzen den Verlauf der Evolution bereits entscheidend verändert. Die Techniken der Neuen Biologie machten solche Eingriffe nur etwas wirksamer.

Wie die Kernphysik droht auch die synthetische Biologie nun Pfründe zu werden. Und nicht selten versteckt sich hinter dem pathetischen Wort von der »Freiheit der Wissenschaft«, die es gegenüber Angriffen von außen zu verteidigen gelte, eine besondere neu entdeckte Freiheit von Wissenschaftlern: schnell den Fuß zwischen die sich nun öffnende Tür der Erkenntnis und die Angel der Verwertung eines wissenschaftlich wie wirtschaftlich gleichermaßen gewinnversprechenden Gebiets zu schieben.

Dem Eingeweihten eröffnen sich glänzende Aussichten. Nur muß er, da ein paar hundert Köpfe denken wie er, darauf achten, nicht der Zweite zu sein. Die Prämie für den Ersten ist hoch, zu hoch. Nur er darf hoffen, nicht nur den wissenschaftlichen Ruhm, sondern den schnell aufschwimmenden finanziellen Rahm der ersten Patentrechte auf grundlegende Verfahren der Neuen Biologie abzuschöpfen.

Man kennt den Ablauf aus der Geschichte der zivilen Nukleartechnik. Versprechungen, die sich als unerfüllbar und Verheißungen, die sich als falsch erweisen werden, pflastern den Weg in ein neues Zeitalter. Man sollte es, nach jenem tückischen, aus Löwen-, Ziegen- und Schlangenteilen zusammengesetzten Ungeheuer, das vor den Toren des antiken Thebens den Menschen unlösbare Rätsel aufgab, um sie anschließend aufzufressen, das »Zeitalter der Chimären« nennen.

Aus den oberen Rängen der Wissenschaftshierarchie wird in der kritischen Vorbereitungsphase einer gesetzlichen Kontrolle von *genetic engineering* auf eilig einberufenen Pressekonferenzen, vor Politikern und Beamten, alle paar Monate ein neuer »wissenschaftlicher Durchbruch erster Ordnung« verkündet. Erst Wochen später, wenn sich die beabsichtigte Wirkung eingestellt hat, erscheint die Arbeit dann in Fachzeitschriften und wird wissenschaftlich kritisierbar.

Die Zukunft scheint heute vergoldet im Licht der noch unbegrenzten genetischen Möglichkeiten. Zukunftsorientierte Industrieunternehmen setzen auf Neue Biologie. Wissenschaftler gründen Firmen, um die in öffentlichen Institutionen gewonnenen Ergebnisse privat zu verwerten. Die staatliche Forschungsbürokratie entdeckt Subventionspflicht für biotechnische Forschungsprojekte der privaten Wirtschaft. Es gelte, die internationale Wettbewerbsfähigkeit der einheimischen Industrie zu sichern. Ohne zwingende Notwendigkeit werden kurzfristig Projekte von größter Tragweite initiiert.

Die spezifischen Probleme der synthetischen Biologie sind neu. Es ist daher denkbar, sogar wahrscheinlich, daß zentrale Fragen von heute schon morgen peripher erscheinen, während andere Probleme, an die heute niemand denkt, in den Mittelpunkt rücken werden. Will man die Entwicklung nicht einfach laufenlassen, so gibt es zwei Lösungen:

Die eine wäre, jede Forschung und Entwicklung auf dem umstrittenen Gebiet zu verbieten. Abgesehen von der Frage nach der Durchführbarkeit eines solchen generellen Moratoriums glaube ich nicht, daß es sinnvoll wäre, es zu fordern. Mehr davon später. Die zweite Möglichkeit ist Kontrolle. Nur kann sie, angesichts der grundsätzlichen Unvorhersehbarkeit der Probleme, nicht auf wissenschaftlich-technischen Fakten aufbauen, sondern allenfalls auf dem, was Wissenschaftler »*informed guess*«, informierte Meinung, nennen.

In eben dieser grundsätzlichen Unsicherheit, die das Neue mit sich bringt, wäre es notwendig, für eine deutliche institutionelle Trennung von Interessen und Kontrollfunktionen zu sorgen. Doch das Gegenteil geschieht. Die Folgen sind bekannt. In ihrer Untersuchung von drei Jahrzehnten Reaktorforschung und -projektierung kommt die amerikanische Rand Corporation zu dem Ergebnis: ». . . das Programm ist bestimmt worden durch ungezügelten Optimismus, unrealistische Schätzungen, Entscheidungen, die auf ›informierter Intuition‹ beruhen und Unempfänglichkeit sowohl der Regierung als auch der Industrie für die Sorgen der Bevölkerung.«[7]

Die Suche nach den Ursachen führt in genau die gleiche Ausgangskonstellation zurück, die heute auf dem Gebiet der synthetischen Biologie neu geschaffen wird. In frühen Entwicklungsphasen einer grundsätzlich neuen Technik bildet sich ein Zweckbündnis, in dem die Interessen der für die Entwicklung und Kontrolle von Technik führenden gesellschaftlichen Gruppen sich nahtlos miteinander verbinden: Wissenschaft, Industrie und staatliche Forschungsbehörden.

Sie beschließen die grundlegenden Entwicklungsvorhaben, die die Grundlagen der zukünftigen Technik bilden. Um diese Projekte durchzuführen, wird zunächst der wissenschaftliche Forschungs- und Entwicklungsapparat aufgebläht. Als Quelle grundsätzlicher Kritik ist er damit ausgeschaltet. Denn jede Infragestellung der ursprünglichen Projekte würde seine eigene Existenz gefährden. Aus diesem Apparat werden anschließend die Experten rekrutiert, die nun als sogenannte Sachwalter von Belangen der Allgemeinheit in die öffentliche Debatte geschickt werden.

Die staatlichen Forschungsbehörden sorgen, indem sie entstehende Moden und Trends im internationalen Geschäft der Technikentwicklung blind übernehmen und verstärken, durch einen Mangel an rechtzeitig geförderten Alternativen dafür, daß Projektierungen rasch in den Rang von Prophezeiungen aufsteigen: Prophezeiungen freilich, die sich selbst erfüllen werden. Die Industrie schließlich erfüllt den ihr zukommenden Part durch politischen Druck. Sie drängt auf Anwendung: Investitionen, Exportchancen, Wettbewerbsfähigkeit, Arbeitsplätze etc. stehen auf dem Spiel. Durchaus vorstellbar, daß Produktionen in andere Staaten mit weniger restriktiven Vorschriften verlegt werden.

So werden heute zwar nicht heimlich, aber doch im stillen die Fundamente für den Zustand von Natur und Gesellschaft von morgen gelegt. Entscheidungen werden fernab von öffentlicher Kritik gefällt, die sich eines Tages als nicht nur unwiderrufbar erweisen, sondern auch als Ergebnis eines »demokratischen Verfahrens« – und das nur, weil sie auf dem Dienstweg herbeigeführt wurden. In der letzten Phase vor der Anwendung bleiben Kritik und Widerstand wirkungslos. Die Projekte werden dann *realisiert*. Die in der Zwischenzeit investierten Mittel, das Fehlen von Alternativen, tatsächlich geschaffene oder fiktive Abhängigkeiten, politischer Druck, kurz: die erdrückende Summe der sogenannten Sachzwänge drängt auf Exekution.

Forschungspolitik sei zu kompliziert, um von Laien beurteilt zu werden, heißt es. Wer außer den Berufenen fände sich schon im verwirrenden Labyrinth der auf mehreren Ebenen verschlungenen Wechselbeziehungen zwischen Wissenschaft, Wirtschaft und Politik zurecht, in dem die Entscheidungen für die Zukunft gefällt werden. »Fortschritt« will von der Masse noch stets »genossen« sein. Diese genügt der ihr abverlangten Bürgerpflicht, wenn sie die konzentrierte Ruhe nicht stört, in der Expertenköpfe und -hände fernab vom Getöse der Straße die Grundlagen der Welt von morgen schaffen.

Abschließend darf sich die Menge im Widerspruch üben. Und das Anrennen braver Bürger gegen die chemikalienverseuchten Wasserwerfer der Ordnungsmacht, das Demonstrieren im Tränengasnebel gerät dann zur Demonstration der Liberalität unserer freiheitlich demokratischen Grundordnung, die immerhin das Demonstrieren erlaubt. Und die Bevölkerung hat in diesem Geschäft mit ihrer Zukunft so viele Anwälte, wie ihr not tun. Alle, die es betreiben, berufen sich darauf, Sachwalter öffentlicher Interessen zu sein.

Die Auseinandersetzungen um die Atomkraftwerke erlauben drei wichtige Schlußfolgerungen:

1. Öffentliche Kritik staatlicher und privatwirtschaftlicher Technologiepolitik ist ein entscheidendes und das einzig unabhängige Korrektiv gegen das »Kurzschlußverfahren« der offiziellen Planung.

2. Das Argument, Laien verstünden zu wenig von hochkomplexen wissenschaftlich-technischen Sachverhalten, um kritikfähig und damit zum Widerspruch qualifiziert zu sein, hat sich als reine Schutzbehauptung erwiesen.

3. Die Behauptung, man müsse trotz aller Bedenken notgedrungen den einmal eingeschlagenen Weg weitergehen, da kein Ausweg offen-

stünde, ist – falls überhaupt – allenfalls aus der Perspektive von heute richtig. Die beklagten Abhängigkeiten, die Sachzwänge, sind selber erst geschaffen, Auswege frühzeitig verbarrikadiert worden.

Konsequenz für die Neue Biologie ist, das Instrument öffentlicher Kritik *bereits in der Phase der Vorbereitung* neuer Technik anzuwenden. Es kann keine isolierte Kritik an *der* Wissenschaft und an *der* Technik geben. Die Kritik muß die gesellschaftlichen Strukturen mit einbeziehen, innerhalb derer Wissenschaft und Technik realisiert werden.

Lassen wir die Dinge geschehen wie bisher, so laufen wir Gefahr, eines Tages von ihnen überrollt zu werden. Werden Planungen sichtbar, oder gar auf den Bauplätzen spürbar, ist es bereits zu spät. Der Igel ist allgegenwärtig und zeigt seine Stacheln.

Der Kosmos der Geningenieure

Verdrängt sind die animistischen Weltbilder vorgeschichtlicher Menschen, die Pflanzen, Tiere und auch tote Gegenstände von unsichtbaren Kräften beseelt wußten. Vorüber ist die Zeit, in der die Wissenschaft hinter allem, was sie in der Natur beobachten konnte, das Wirken eines verborgenen göttlichen Planes vermutete. Botanik und Zoologie, die klassischen beschreibenden Wissenschaften vom Leben, fristen heute ein nur noch wenig geachtetes Dasein im Schatten des Fortschritts von Molekularbiologie und Genetik.

Die Erwartung eines Paradoxons leitete diese Entwicklung in den dreißiger Jahren des 20. Jahrhunderts ein. Die Hoffnung »romantischer« Physiker, in der Biologie auf andere Gesetze zu stoßen als auf die ihnen in der Physik vertrauten. Hoffnung auf ein kurzes metaphysikalisches Abenteuer an der Grenze zwischen toter und belebter Materie, das nach intensiver Suche den Weg in eine neue Dimension der Naturwissenschaft weisen würde.

Die Suche nach dem einen Paradoxon zog bald ein zweites, allerdings unerwartetes nach sich: Mehr als alle Biologen trugen jene »romantisch« gestimmten Physiker mit der von ihnen gestifteten Wissenschaft der Molekularbiologie dazu bei, der Wissenschaft vom Leben nicht nur die metaphysikalische Attitüde gründlich auszutreiben, sondern auch jede diesbezügliche Hoffnung. Geheimnisse, die sich nicht durch physikalische und chemische Gesetzmäßigkeiten erklären ließen, werden nicht mehr erwartet.

Im Verständnis der Molekularbiologie ist die Zelle, die Grundeinheit des Lebendigen, eine vollautomatisierte Fabrik. Kompliziert und weitaus effizienter als alles, was Menschen vorläufig konstruieren können, funktioniert sie gleichwohl nach einer ungeheuer banalen Schematik. Descartes, der dies im 17. Jahrhundert geahnt zu haben schien, wird im 20. Jahrhundert molekularbiologisch bestätigt. Triumph des Rationalismus oder auch nur der Methode?

Der nächste Schritt ist vorprogrammiert. Die lebende Materie, als effiziente Maschinerie begriffen, verlockt dazu, entscheidende Teile dieser Maschinerie nach menschlichen Wünschen umzubauen. Wenn die biologischen Apparate schon keines übernatürlichen Schöpfers bedürfen, um richtig zu funktionieren, und auch keiner »Lebenskraft«, können sie ebensogut aus toter Materie hergestellt werden.

Geglückt ist die Demonstration bereits mehrfach. Erbsubstanz, sogenannte Desoxyribonukleinsäure (oder abgekürzt DNA*), die alle Funktionen der lebenden Zelle steuert, kann aus einfachen Laborchemikalien nachgebaut werden. Zusammen mit einem guten Dutzend hochqualifizierter wissenschaftlicher Mitarbeiter gelang es dem amerikanischen Nobelpreisträger Khorana in mehrjähriger Arbeit, ein kleines Stück DNA nachzubauen, zu dessen Herstellung das Bakterium Escherichia coli (abgekürzt: E.coli), eines der primitivsten Lebewesen, nur ein paar Minuten braucht. In genetisch gestörte Bakterien eingesetzt, denen dieses Stück Erbsubstanz fehlte, funktionierte das künstliche Gen, als wäre es natürlich gewachsen.

Doch diese Molekülbastelei, das unendlich mühsame Nachbauen hoch komplexer Gene, die zehnmal größer als die von Khorana sind, ist nicht der einzige Weg. Die gleichen Gene kann man nach Verfahren, die später zu schildern sein werden, auch aus natürlich gewachsenen Organismen herauslösen und in andere Arten überführen, um sie dort künstlich zu vermehren.

Man bedient sich bestimmter Bakterienarten, der einfachsten aller Lebewesen mit eigenem Stoffwechsel, als einfacher Vervielfältigungsapparate für Gene beliebiger Arten. Beispielsweise kann man nach dieser Genübertragungstechnik E.coli-Bakterien das Gen einsetzen, das in Ratten die Synthese des Hormons Insulin steuert. Einzelne Bakterien nehmen das fremde Gen auf und vervielfältigen es bei jeder Zellteilung in

* In der deutschen Literatur findet man auch noch DNS. Im Interesse einer internationalen Standardisierung der sprachlich ohnehin bedeutungslosen Abkürzung setzt sich zunehmend DNA (A für *acid* = Säure) durch.

halbstündigen Intervallen. Aus wenigen Eltern mit fremder Erbsubstanz entstehen in ein paar Stunden Milliarden von gleichgebauten Nachkommen.

Mit dieser Technik wird es erstmals möglich, auch die Erbsubstanz höherer Organismen zu untersuchen. Das menschliche Genom (die Gesamtheit aller Gene) setzt sich aus mindestens 50000 Genen zusammen, die dieselbe Anzahl unterschiedlicher Stoffwechselvorgänge steuern. Ohne den Vervielfältigungseffekt der soeben skizzierten Technik wäre es aussichtslos, hier ausreichende Mengen eines Gens zu isolieren. Dies war bisher auch der Grund dafür, daß ein so »unwichtiges« Lebewesen wie E.coli molekularbiologisch weitaus gründlicher erforscht ist als der Mensch. Die Technik der Genmanipulation – wissenschaftlich ausgedrückt: »in vitro Neukombination von DNA« – verspricht erstmals Antworten auf eine Unzahl wissenschaftlicher Probleme, die bisher als unlösbar galten.

Der nächste Schritt ist vorgezeichnet. Die genetisch manipulierten Bakterien sollen nicht nur als Kopierautomaten für fremde Gene gebraucht werden, sondern auch zu Produktionszwecken. Ein Gen liefert nichts anderes als die Produktionsanweisung für ein bestimmtes Stoffwechselprodukt, beispielsweise für ein Hormon wie Insulin. Insulin, das Zuckerkranken fehlende Hormon der Bauchspeicheldrüse, wird jedoch nur von höheren Säugetieren hergestellt, nicht von Bakterien. Um das Arzneimittel Insulin, das bisher aus Schlachttieren gewonnen werden mußte, sehr viel billiger und einfacher durch Bakterien zu erzeugen, müssen diese außerdem den Produktionsanweisungen des fremden Gens folgen.

Bereits der erste Erfolg, tierische Hormone durch Bakterien herzustellen, zeigt die außergewöhnlichen Möglichkeiten dieser Methode. Eine Gruppe amerikanischer Forscher isolierte im Herbst 1977 aus etwa 100 Gramm genetisch veränderter E.coli-Bakterien die kaum sichtbare Menge von 5 Tausendstel Gramm Somatostatin, ein Hormon, das in der Natur nur von der Hirnanhangdrüse von Tieren und Menschen erzeugt wird. Das ist wenig genug: Doch um die gleiche Menge zu isolieren, hatte der Entdecker des Somatostatin, der spätere Nobelpreisträger Guillemin, zu Beginn der siebziger Jahre noch die Gehirnsubstanz von einer halben Million Schafe aufarbeiten müssen.

Gib Laut, Schoßhündchen!

Vorsicht, BIOGEFAHR, warnt ein neues Zeichen, das universal vorgeschriebene Symbol für biologische Verseuchung. »UNBEFUGTEN ZUTRITT VERBOTEN!«

Stacheldraht. Dahinter zwei große weißglänzende Vehikel. Ein mobiles Labor der *National Institutes of Health*, der größten staatlichen Organisation zur Förderung des biologisch-medizinischen Fortschritts in den Vereinigten Staaten. Es ist das erste Labor auf der Welt, in dem Genmanipulation unter den höchsten Sicherheitsbedingungen durchgeführt werden kann.

Hier in Bethesda, an der westlichen Peripherie der amerikanischen Bundeshauptstadt Washington, proben erfahrene Seuchenspezialisten der *National Institutes of Health* (NIH) den biologischen Katastrophenfall. Im Labor wurde unter größtem Sicherheitsaufwand das schlimmste Szenarium durchgespielt, das sich Biologen vorstellen konnten. Harmlosen E.coli-Bakterien, die zu Milliarden die natürliche Darmflora von Menschen und Säugetieren bilden, pflanzte man Gene krebsauslösender Viren ein. In einem weiteren Horrorexperiment wurden in diese Darmbakterien die Gene anderer Mikroorganismen eingesetzt, die tödliche Nahrungsmittelvergiftung hervorrufen. Mäuse, nicht Menschen, waren die Opfer dieser Katastrophenversuche.

Das stacheldrahtumzäunte Labor in Bethesda ist mit den besten Sicherheitseinrichtungen ausgestattet, die gegenwärtig konstruiert werden können. Fugenlose Wände. Alle Verbindungsstränge zwischen dem Inneren und der Außenwelt mehrfach gesichert. Was auch immer das Labor verläßt – Personal, Tierkadaver, Abfälle, Transportbehälter – darf keine Keime in die Umwelt tragen. Unterdruck im Laborinnern verhindert, daß Luft nach außen strömt, die Seuchenerreger enthalten könnte. Die Abluft wird durch mikrobendichte Filter gepreßt.

Vollständiger Kleiderwechsel ist Vorschrift vor dem Betreten des Labors; Vorschrift auch, sich gründlich zu duschen, bevor man wieder ins Freie tritt. Im Inneren darf weder geraucht, noch gegessen oder getrunken werden.

Der gefährlichste Teil der Experimente wird in abgekapselten Sicherheitskabinetten durchgeführt. Gegenüber dem ohnehin sorgfältig abgeschirmten Laborinnern sind sie noch einmal hermetisch abgeschlossen. Gasdicht versiegelt, können diese Sicherheitszellen nur von außen durch eingeschweißte Plastikhandschuhe bedient werden. Ein- und Auslaß sind durch Entseuchungsvorrichtungen, Hitze- und Strahlenfallen gesichert.[8] Man darf sich beruhigen: In Bethesda wird so schnell keine Seuche ausbrechen – ebensowenig vermutlich in Fort Detrick, dem umgebauten ehemaligen Forschungszentrum der US-Armee für biologische Kriegführung, oder in Heidelberg, wo die europäische Molekularbiologieorganisation EMBO ein ähnliches Forschungszentrum eingerichtet hat.

Das Labor in Bethesda ist die Antwort auf eine Herausforderung, die sich die Geningenieure selbst stellten. 1974 hatten – in einem berühmt gewordenen offenen Brief – elf der führenden amerikanischen Molekularbiologen, darunter die Entdecker der kurz zuvor entwickelten Technik, gewarnt vor den möglichen Folgen der »Erzeugung neuer Arten infektiöser DNA-Elemente, deren biologische Eigenschaften nicht vorausgesehen werden können«.

Der an Wissenschaftler in aller Welt gerichtete Brief erregte über den engen Kreis der unmittelbar angesprochenen Fachleute hinaus weltweite Aufmerksamkeit. Denn er schien eine neue Bereitschaft von Wissenschaftlern zu signalisieren, sich mit den Folgen ihrer neugewonnenen Macht über Natur auseinanderzusetzen. Es hatte den Anschein, als würde die Warnung weit über den unmittelbaren Anlaß der Gefährlichkeit bestimmter Experimente hinausreichen. Joseph Weizenbaum etwa, ein bekannt wissenschaftskritischer Professor am MIT, bezog sich auf diese Aktion der Biologen, als er in seinem Buch über die »Macht der Computer und die Ohnmacht der Vernunft« von einem »kleinen Licht« schrieb, das den »trüben Nebel« durchdringt, der die »spezifisch menschlichen Fähigkeiten verhüllt«.[9]

Doch das waren Mißverständnisse. Zwei Jahre später hatten die führenden Molekularbiologen und Genetiker das Problem auf ihre Weise gelöst. Das Gesamtgebiet möglicher Genübertragungsexperimente war systematisch in Risikogruppen aufgeteilt worden, denen durch entsprechenden Sicherheitsaufwand begegnet werden sollte. Die Experimente, die als besonders riskant *gelten*, dürfen nur in Labors wie dem eingangs beschriebenen durchgeführt werden. Am anderen Ende der Risikoskala stehen Versuche, für die gewöhnliche Biologielabors als ausreichend sicher bezeichnet werden.

So ist der Gesamtkomplex Genmanipulation auf die Risikofrage eingeschränkt worden. Da auf der gegenwärtigen Stufe des Wissens die Gefahren jedoch nicht berechnet werden können, kann auch dieser technizistische Kontrollversuch nicht bedeuten, sie in letzter Konsequenz auszuschließen.

Den Geningenieuren ging es vielmehr darum, die Risiken annehmbar erscheinen zu lassen. Das schon zur Risikofrage herabgestufte Problem wurde verbürokratisiert. Und mindestens im gleichen Ausmaß, wie die Sicherheitsvorschriften die Bevölkerung vor den künstlichen Produkten der Geningenieure schützen, werden sie von diesen benutzt, um Ansprüche der Bevölkerung abzuwehren.

Einprägsam informiert die meist so seriöse deutsche Max-Planck-Gesellschaft: »In der Öffentlichkeit hält sich leider das falsche Bild, daß ein im Labor gehaltenes Bakterium einem wilden Hund ähnelt, der – ausgehungert – nur mühsam an der Kette gehalten wird und, wenn es ihm gelingt, sich loszureißen, den Erstbesten auffrißt.« Der Eindruck sei grundverkehrt. Eher handelte es sich um »Schoßhündchen«, die seit Generationen »verhätschelt« wurden. In »freier Wildbahn« hätten sie keine »Überlebenschance« und könnten deshalb »schwerlich ein Unheil anrichten«.

Ruhe bewahren heißt die Parole für die Öffentlichkeit. Wir haben die Dinge fest im Griff. Der Fortschritt muß sich ungestört entfalten. Dafür gibt es Belohnungen: »Revolutionäre Anwendungsmöglichkeiten«, lockt die Max-Panck-Gesellschaft.[10]

Verheißung Biologie

Die Neue, synthetische Biologie wird nach Ansicht eines der führenden theoretischen Biologen, James Danielli, weitere Dimensionen der industriellen Produktion erschließen. 1974, auf dem Höhepunkt der Diskussionen über die durch Ressourcenmangel gesetzten »Grenzen des Wachstums«, schrieb Danielli bereits: »Im gleichen Maß wie die chemische Industrie durch eine biologische Industrie ersetzt werden kann, wird die obere Wachstumsgrenze um mindestens zwei Größenordnungen angehoben.«[11]

In wenigen Jahren schon sollen genetisch umkonstruierte Mikroorganismen, Bakterien mit den Genen von Tieren, Pflanzen oder Menschen, in biologischen Fabriken Arzneimittel, biologische Wirkstoffe und Chemikalien herstellen.

Ein Forscherteam des amerikanischen Mischkonzerns General Electric entwickelt Bakterienstämme, die der zunehmenden Verseuchung der Meere durch ausgelaufenes Erdöl Einhalt gebieten sollen: Sie verwandeln Öl in Eiweiß. Verunglückte Tanker, »blowouts« auf Bohrinseln und das heimtückische stille Spülen von Öltankern auf hoher See, wären nicht länger mehr Anlaß zu ökologischer Katastrophenstimmung. Ein paar Kanister mit den sich rasch vermehrenden Bakterien ins Meer geschüttet, würden genügen, um schmierige Öllachen in bekömmliches Fischfutter zu verwandeln.

Nach ähnlichen Prinzipien sollen genetisch umkonstruierte Mikroorganismen lästige organische Abfälle aus Schlachthöfen, aus der Nahrungsmittelindustrie, aus Sägewerken etc. in nutzbringende Produkte wie Heizgas oder Tierfutter verwandeln. Mit Hilfe umgebauter Bakterien hofft man, eines Tages Erze anzureichern, um damit auch Lagerstätten von niedrigem Erzgehalt noch wirtschaftlich auszubeuten.

Biologisch umkonstruierte Nutzpflanzen können den Stickstoff, den sie zum Wachstum brauchen, in Zukunft selbst aus der Luft beziehen. Erhebliche landwirtschaftliche Produktionssteigerungen erscheinen denkbar, wenn es gelänge, die Weltproduktion an Grundnahrungsmitteln wie Reis, Getreide oder Mais von der kapitalintensiven und energieaufwendigen Erzeugung, dem Transport und der Ausbringung von Stickstoffdünger unabhängig zu machen.

Eng verbunden mit diesem Problem fassen weitblickende Pflanzengenetiker die Möglichkeit ins Auge, die relativ magere Energieausbeute der meisten Nutzpflanzenarten bei der Photosynthese* zu verbessern. Denn nur so würde die energieverbrauchende Stickstoffselbstversorgung der Pflanzen nicht zu Lasten der Ernteerträge gehen. Aber auch ohne diese Koppelung könnte eine Verbesserung der pflanzlichen Photosynthese helfen, die Ernteerträge erheblich zu steigern.

Sogar das Problem der Energieversorgung soll mit Hilfe der synthetischen Biologie so natürlich wie möglich gelöst werden. So meint Stanley Cohen, einer der Entdecker der Genmanipulation: »Man weiß, daß bestimmte Algen Wasserstoff aus Wasser herstellen, indem sie Sonnenlicht als Energiequelle benutzen. Dieser Vorgang kann möglicherweise eine unbegrenzte Quelle verschmutzungsfreier Energie liefern, wenn die mit den bekannten wasserstofferzeugenden Organismen verbundenen technischen und biochemischen Probleme gelöst werden können. Die Techniken zur Neukombination von DNA liefern möglicherweise ein Mittel zur Lösung dieser Probleme.«

Auch Menschen dürfen hoffen, nicht nur auf dem Umweg über neuar-

* Aufbau der pflanzlichen Körpersubstanz unter der Einwirkung von Sonnenlicht. Die eingestrahlte Sonnenenergie wird mit geringer Ausbeute in chemische Energie umgewandelt und in Form pflanzlicher Materie gespeichert.

tige Produktionstechniken oder durch Bereicherung ihres wissenschaftlichen Horizonts, sondern sogar direkt vom biomedizinischen Fortschritt zu profitieren. Eingriffe in die menschliche Erbsubstanz werden nun auf wissenschaftlicher Grundlage vorhersehbar.

So wurde beispielsweise vorgeschlagen, das bei Thalassämiekranken fehlende Gen für den Bluteiweißstoff Globin zu ersetzen, um eine bisher tödlich verlaufende Blutkrankheit zu heilen. Das Gen müßte aus wenigen Zellen von gesunden Menschen isoliert, nach der bekannten Technik in Bakterien vermehrt und anschließend erneut isoliert werden. Dann könnte man dieses Produkt in das Rückenmark von Kranken injizieren. Für andere Therapien würden genetisch verstümmelte, harmlose Tierviren benutzt, um gesunde Gene in den Organismus von Kranken einzuschleusen.

Doch das wäre nur eine Möglichkeit, bereits entstandene genetische Schäden zu heilen. Weitblickende Humangenetiker diskutieren heute schon ein sehr viel weiterreichendes Problem. Die zivilisatorische Entwicklung führe zu einer bedenklichen Verbreitung von schlechtem Erbmaterial in der Bevölkerung. Umweltgifte und Radioaktivität erzeugen neben den körperlichen Schäden, die sie den Betroffenen zufügen, auch Schäden im Erbmaterial, deren Wirkungen erst nach Generationen spürbar werden. Die Segnungen der modernen Medizin und die soziale Fürsorge, so die Sorgen von Biologen und Medizinern, erlaubten heute vielen Individuen mit minderwertigem oder geschädigtem Erbgut, Nachkommen zu zeugen. Die selektierende Wirkung des natürlichen Lebenskampfes sei weitgehend ausgeschaltet. Dies alles führe zu einer bedenklichen Verschlechterung der biologischen Qualität ganzer Bevölkerungen.

Abhilfe würden nach Ansicht führender Wissenschaftler nur Therapien schaffen, die stets das genetische Gesamtpotential im Auge behielten. Kurz, die durch ihre Mitglieder belastete Gesellschaft soll insgesamt biologisch aufgebessert werden. Das heißt: Vermehrung nur noch des besten Gen-Materials.

Bernard Davis, renommierter Professor für Bakterienphysiologie an der Harvard University, schlägt vor, »die Erzeugung solcher Individuen zu verringern, deren genetische Ausstattung ihre Fähigkeit begrenzen würde, mit einer technologisch komplexen Umwelt fertig zu werden«.[12]

Robert Sinsheimer, Leiter des Biologieinstituts am California Institute of Technology, hatte 1972 bereits eine Technik zur Vervielfältigung erwünschter Menschen ins Auge gefaßt[13]: In den sechziger Jahren war es gelungen, exakte genetische Kopien eines Frosches herzustellen. Sinsheimer, inzwischen zum Kronzeugen für die Gegenposition geworden, sah 1972 darin noch eine Möglichkeit, die »wertvollsten Genotypen« zu multiplizieren, »die unsere Art hervorbringt«; sagen wir, je nach Geschmack und Bedarf eine ganze Fußballiga aus lauter Beckenbauers oder tausend Kopien des Predigers Billy Graham herzustellen.

Falsch programmiert

Wie kann man sich vor Gefahren schützen, die durch genetisch veränderte Lebewesen in die Welt getragen werden?

Ein Fall wurde bekannt, in dem ein Forscher beim Nachdenken das Risiko für untragbar hielt und seinen künstlich entwickelten Bakterienstamm wieder vernichtete. Der für General Electric forschende A. Chakrabarty hatte in E.coli-Bakterien Gene eingesetzt, die sie befähigen sollten, Zellulose abzubauen, den für Menschen unverdaulichen Hauptbestandteil pflanzlicher Nahrung. Der Gedanke, daß einige dieser Bakterien sich verselbständigen würden, aus den Labors in die Umwelt dringen und die Eingeweide von Menschen bevölkern könnten, um zum Auslöser kolikartiger Durchfallepidemien zu werden, genügte Chakrabarty: Auch ohne durch eine Vorschrift dazu gebunden zu sein, vernichtete er seine genmanipulierten gefährlichen Darmbakterien.

Die Mehrzahl von Chakrabartys Kollegen ist weniger zum Selbstzweifel bereit: E.coli, natürlicher Symbiont des Menschen und vieler Säugetiere, ist das *beliebteste* Versuchsobjekt für Genübertragungsexperimente. Die Mehrheit der Biologen meint, die Dinge soweit im Griff zu haben, daß nach menschlichem Ermessen nichts passieren kann – und »menschlich« bedeutet in diesem Fall: nach Ermessen der an diesen Versuchen interessierten Biologen. Das von ihnen entwickelte System von Sicherheitsvorschriften paßt mit bürokratischer Akribie jedem nur denkbaren Risiko die Höhe des vorgeschriebenen Sicherheitsaufwands an.

Doch wie bürokratisch »verhält« sich Natur? Das Wissen gerade über die besonders problematische Mikrowelt der Viren und Bakterien ist sehr lückenhaft. Und sicher steht der Grad der Kalkulierbarkeit des Risikos in keinem angemessenen Verhältnis zur Größe und Unwiderrufbarkeit der möglichen Veränderung.

Ein Beispiel: Läßt sich die künstlich auf neue Pflanzen übertragene Fähigkeit, Luftstickstoff zu binden, auf die *gewünschten* Nutzpflanzen beschränken? Kann nicht bald eine Unzahl anderer, wenig erwünschter

Pflanzen folgen; Pflanzen, die sich besser als empfindlichere Nutzpflanzen dieses unverhofften evolutionären Vorteils bedienen, sich explosionsartig vermehren und zum Auslöser völlig neuartiger ökologischer Verwüstungen werden? Einmal von Menschen dazu befähigt, können Bakterien oder Viren unkontrollierbar mit Stickstoff-Genen hausierend durch die Natur ziehen, sich zu neuen Symbiosen anbieten, neue Möglichkeiten der Evolution erproben – Möglichkeiten, von denen zuvor niemand auch nur zu träumen vermocht hätte.

Werden sich dann, wie auf wissenschaftlichen Symposien heute schon diskutiert wird, Stickoxyde und Ammoniak im Boden, in der Luft oder in den Gewässern ansammeln? Können globale Veränderungen, die so ausgelöst werden, unseren noch blauen Planeten in einen grünen oder weißen verwandeln? Farbe beliebig, Karbon oder Eiszeit?

Wie biologisch darf eine Gesellschaft werden, die nicht imstande ist, ihre sozialen und politischen Probleme zu lösen? Schreckensvision eines Staates, der das genetische Potential seiner Bürger systematisch erfaßt und reguliert. In Computern gespeichert, jederzeit abrufbar, entscheidet der Genotyp über die gesellschaftliche Rollenzuweisung seines Trägers. Für welche Arbeiten eignet er sich? Darf er Karriere machen, sich gar vermehren? Neigt er zu Verhaltensweisen, die gesellschaftlich wünschenswert sind oder nicht?

In fortschrittlichen Unternehmen wird an der Verwirklichung solch negativer Utopien bereits auf niederer Stufe gearbeitet. Ein großangelegtes arbeitsmedizinisches Programm des amerikanischen Chemiekonzerns Dow Chemical erfaßt seit Jahren systematisch genetische und zellbiologische Daten von Arbeitern und Angestellten. Ziel ist, diejenigen Individuen auszusondern, die als ungeeignet für bestimmte, besonders belastende Arbeiten diagnostiziert werden.

Natürlich steht für die verantwortlichen Dow-Mediziner und -Biologen neben ihrem eigenen wissenschaftlichen Interesse, wie sie betonen, der Schutz der Betroffenen im Vordergrund. Doch die Investition macht sich bezahlt. Fortan steht nicht mehr die Belastung am Arbeitsplatz zur Debatte oder der Giftstoffgehalt der Atemluft, sondern das Individuum muß sich befragen lassen, ob es der vorgesehenen Belastung biologisch gewachsen ist oder nicht. Die Technik sucht sich den ihr gemäßen Menschen. Schutzmaßnahmen können unterbleiben. Das Opfer wird zum Schuldigen erklärt. Biologisch falsch programmiert.

Neue Biologie läßt eine rasche Zunahme des Wissens gerade auf diesem wichtigen Gebiet der genetischen Steuerung menschlicher Merkmale, Eigenschaften und Fähigkeiten erwarten. Dem vorhandenen Instrumentarium der gesellschaftlich dominierenden Gruppen und Institutionen würde damit ein weiteres entscheidendes Werkzeug hinzugefügt. Im gleichen Maße, wie sich »wissenschaftlich objektiv« zeigen ließe, daß bestehende gesellschaftliche Ungleichheit und Ungerechtigkeit biologische Ursachen hätten, würden sie ideologisch zementiert.

Machtverhältnisse und Institutionen wären dann unantastbar. Nicht Bedürfnisse, Möglichkeiten und Ansprüche von Menschen in der Gesellschaft zählen, sondern jeder hätte sich einzeln vor der Institution zu verantworten, ob er den Anforderungen der »modernen Industriegesellschaft« (in Wirklichkeit den Ansprüchen der sie beherrschenden Gruppen) »biologisch« genügt oder nicht. Dem Anspruch auf Freiheit und Gleichheit in der Gesellschaft wird die biologische »Realität« entgegengehalten: Der Mensch könne sich eben nun einmal nicht vom Erbe seiner tierischen Vorfahren befreien, und gleich – das zeige ja schon der Genotyp – sei keiner dem anderen. Eine Realität, deren politischer Stellenwert nicht mehr diskutiert werden muß, da sie sich wissenschaftlich begründet.

Eine neue Dimension

Die Grundlagen unserer Kultur wurden von »Primitiven« geschaffen, die mit Pflanzen sprechen konnten, von »Wilden«, die die Erde mit einer Opfergabe versöhnten, wenn sie ihr eine Wurzel entnommen hatten, und »Barbaren«, die mit den Geistern ihrer Beutetiere in Verbindung traten. Mit nur einer Ausnahme gehen alle heute verbreiteten Nutzpflanzen und Haustiere auf Arten zurück, die Menschen in der Steinzeit aus Wildformen züchteten, die sie in der Natur fanden. Bis in unsere Tage haben auch die modernen Techniken der Tier- und Pflanzenzucht diese Erfindungen der »Primitiven« nur verbessern, nicht aber grundlegend verändern können. Erst die synthetische Biologie läßt hier grundsätzliche Veränderungen erwarten.

Jahrhunderte und Jahrtausende lang wurden Pflanzen mit erwünschten Eigenschaften gezüchtet und veredelt. Sie kreuzten sich, meist zufällig, mit anderen Sorten, neue Merkmale entstanden und neue Sorten, deren Vorzüge erkannt und systematisch gefördert wurden. Die empfindlicher gewordenen Nutzpflanzen mußten vor der Konkurrenz durch robustere Wildstämme, vor Schädlingsbefall und vor Überwucherung durch Unkraut bewahrt werden. Sorgfältige Pflege der Pflanzen und Schutz des

Saatguts vor der Vermischung mit anderen Sorten waren notwendig, um der stets vorhandenen Tendenz zur Rückkreuzung und zur Bildung von Mischsorten mit schlechteren Eigenschaften entgegenzuwirken.

Was die Abweichungen von der Norm hervorruft, die es erst möglich machen, Pflanzen und Tiere zu domestizieren und durch Kreuzung und Auswahl der erwünschten Individuen zu veredeln, blieb bis in unser Jahrhundert unbekannt. Man beobachtete, wie sich äußere Merkmale veränderten, und machte sich diese Beobachtungen zunutze. Weder Darwin, dessen Evolutionstheorie auf Veränderungsvorgängen beruht, noch der wissenschaftlich betriebenen Genetik des ersten Viertels unseres Jahrhunderts waren die Ursachen bekannt. Man mußte sich damit begnügen, den Teil der Zelle, in dem diese Vorgänge abliefen, als undurchsichtige »black box« von außen zu betrachten.

Erst seitdem die Struktur des genetischen Code molekularbiologisch erforscht wird, nachdem Watson und Crick 1953 in der Doppel-Helix-Struktur der DNA den Schlüssel zu den molekularen Mechanismen der Vererbung fanden, kann man sich ein genaueres Bild machen: Die sichtbaren Veränderungen äußerer Merkmale gehen auf Veränderungen in der chemischen Zusammensetzung der DNA im Inneren der Zelle zurück. Es sind planlos und zufällig entstehende Veränderungen im genetischen Code, die von den Eltern auf die Nachkommen vererbt werden.

Der Vorgang der sexuellen Vermehrung, bei dem sich Tausende von Genen aus beiden Eltern willkürlich vermischen und zu neuen Kombinationen in den Kindern zusammenfinden, ist der Mechanismus, nach dem sowohl »die« Evolution als auch »der« Züchter Neues erproben. Die Veränderungen selbst, die Mutationen des genetischen Code, entstehen stets zufällig. Alles, was sowohl »der« Evolution als auch dem Züchter an gezielten Eingriffsmöglichkeiten blieb, war die Auswahl der »erwünschten« Genkombinationen. Sie finden sich in Individuen wieder, die sich den Umweltbedingungen besser anpassen oder dem Züchter Vorteile versprechen und werden daher bevorzugt weitervermehrt.

Zufall war also Auslöser und Antrieb einer evolutionären Entwicklung, durch die in dreieinhalb Milliarden Jahren aus einer Urzelle die unüberschaubare Vielfalt der heute lebenden Arten entstanden ist: Angefangen von primitiven einzelligen Lebewesen, die sich seit Hunderten von Jahrmillionen kaum verändert haben, bis zum Menschen, dessen biologische Entwicklung im evolutionären Zeitmaß atemberaubend schnell verlief.

Die meisten Mutationen sind unvorteilhaft. Ihre Träger setzen sich nicht durch. Nur wenige verleihen ihren »Opfern« die Fähigkeit, besser mit den vorgegebenen Umweltbedingungen fertig zu werden als der genetische »Normaltypus«. Sie setzen sich über eine höhere Vermehrungsrate durch – und nicht durch den »Überlebenskampf«, eine sozialdarwinistisch geprägte Fiktion.

Der Zufall der Mutationen löst Veränderung in der Natur aus, beherrscht sie aber nicht. Denn über Erfolg und Mißerfolg einer Mutation entscheidet nicht das betroffene Individuum – indem es dieses oder jenes Verhalten an den Tag legen würde –, sondern die Umwelt. Sie ordnet die zufällig entstandenen winzigen Einzelmutationen über riesige Zeiträume hinweg zu großen zusammenhängenden Mustern. »Es ist«, wie der große französische Genetiker François Jacob schreibt, »die natürliche Auslese, die diesen Veränderungen Richtung gibt, den Zufall richtet, langsam und fortschreitend komplexere Strukturen schafft, neue Organe, neue Arten.«[14]

Neuheiten werden nie von Grund auf geschaffen, sondern indem vorhandene Teile entwickelt und neu organisiert werden. Bei der Eroberung des Landes durch Meerestiere entwickeln sich Flossen langsam zu Beinen. Aus den Beinen der Landtiere entstehen über unendlich viele Zwischenstufen die Flügel der Vögel. Beine von Landtieren werden wieder zu den Flossen der Meeressäuger, die sich aus Landtieren entwickelt haben.

Die Neue Biologie durchbricht nun die wichtigsten Einschränkungen, denen sowohl Evolution als auch Tier- und Pflanzenzucht bisher unterworfen waren: Der Zufall wird ausgeschaltet. Es ist möglich geworden, Gene nach Belieben auszusondern und auf die gewünschten Arten zu übertragen. In einem einzigen Experiment können Genkombinationen hergestellt werden, die – da sie nicht einem langsamen Veränderungs- und Ausleseprozeß in ständiger Wechselwirkung mit den bestehenden natürlichen Arten unterworfen sind – einen radikalen Bruch mit den bisherigen Entwicklungsprinzipien der Natur darstellen. In der Mehrheit der Fälle werden sich diese Kombinationen als unvorteilhaft erweisen: Ihre Träger sind außerhalb des menschlichen Schutzbereichs nicht lebensfähig. Aber damit sind andere Kombinationen nicht ausgeschlossen, die ihren Trägern gerade dadurch entscheidende Vorteile verschaffen, daß eine lange »gefährdende« Entwicklungs- und Erprobungszeit mit einem einzigen Sprung überwunden wird.

Solche Sprünge sind groß. James Danielli vom Zentrum für theoretische Biologie der New Yorker Staatsuniversität hat errechnet, daß ein Züchter mit konventionellen Methoden neue Merkmale etwa zehntausendmal schneller hervorbringen kann, als dies durch natürliche, evolutionäre Prozesse geschehen könnte. Entwickeltes *genetic engineering* steigert dieses Veränderungspotential noch einmal um die gleiche Größenordnung, das heißt gegenüber der natürlichen Evolution um einen Faktor von etwa hundert Millionen. Anders ausgedrückt: Geningenieure schaffen Veränderungen in einem Jahr, zu denen die Evolution hundert Millionen Jahre benötigen würde.

Eine neue Dimension in der Beherrschung von Natur wird sichtbar. Wenige Jahre, höchstens ein paar Jahrzehnte werden genügen, um dieses Potential zu entwickeln. Ein neues Zeitalter zeichnet sich ab, das sich von unserem nachneolithischen noch einmal um die gleiche Möglichkeit der Naturveränderung unterscheidet, wie dieses sich von den Jahrhunderttausenden unterschied, in denen die fortschrittlichste Technik der Nahrungserzeugung die Jagd und das Sammeln von Wildpflanzen waren. Eine zweite Revolutionierung der Natur steht bevor.

Auf die Tradition der seit der ersten, der Neolithischen Revolution ausgelösten Veränderung beziehen sich mehr oder weniger deutlich die meisten Geningenieure. Schon immer habe der Mensch in die Natur eingegriffen, lautet eine der beliebtesten Bagatellisierungsformeln. Einer der führenden Köpfe in der Gendebatte, Bernard Davis, schreibt:

»Der Mensch hat sich seit dem Neolithikum in die Evolution eingemischt – sowohl mit Absicht durch künstliche Selektion als auch unbeabsichtigt durch Veränderung der Umwelt. Er hat Pflanzen kloniert und gepfropft, Tiere und Pflanzen domestiziert und Wälder in Felder verwandelt. Neu dazu gekommen ist nun künstliche Neukombination (von DNA) als potentielle Quelle zusätzlicher Variation. Doch Selektion ist stets die richtende Kraft der Evolution.«[15]

Als Halbwahrheit ist diese Behauptung nicht einfach falsch. Der eingängliche wahre Teil wird dazu benutzt, Quantitäten zu nivellieren, die in keinem Verhältnis mehr zueinander stehen. Erinnern wir uns an Daniellis »Sprünge« um jeweils eine Größenordnung von 10000 zwischen Evolution und Tier- und Pflanzenzucht bis ins zwanzigste Jahrhundert, und vergleichen wir sie mit der nun beginnenden Ära der synthetischen Biologie. Um diese neue Dimension begreiflich zu machen, werde ich im nächsten Kapitel auf die Neolithische Revolution eingehen.

Zugleich erscheint es mir außerordentlich wichtig zu zeigen, daß die Entwicklung einzelner menschlicher Gesellschaften während des Neolithikums nicht Folge rein technischer »Erfindungen« war, sondern ein *sozialer* Entwicklungsprozeß, in dem die Veränderungen von Lebensweisen, Weltbildern, Gesellschaftssystemen *und* Techniken ineinandergriffen und sich gegenseitig beeinflußten. Fortschritt ergab sich nicht aus einer isolierten Entwicklung von Technik, sondern entstand aus einer gesellschaftlichen Veränderung, die von technischer Veränderung begleitet wurde.

Das ist heute grundsätzlich anders: Technik wird entwickelt und eingesetzt, um gesellschaftliche und politische Veränderung systematisch hinauszuzögern und so zu verhindern. Die soziale Entwicklung der Gesellschaft stagniert, politische Veränderungen bleiben aus, während sich gleichzeitig die Technik explosionsartig ausdehnt. Es entsteht der Eindruck, als verpflichte ein »biologischer Auftrag« den Menschen, sich mittels Wissenschaft und Technik zu immer höheren Formen von Beherrschung der Natur – einschließlich seiner eigenen – aufzuschwingen. Und tatsächlich tauchen nun erstmals wissenschaftlich-technisch realisierbar erscheinende Vorschläge auf, einen Menschen, der den Anforderungen der modernen Zivilisation nicht mehr gewachsen sei, biologisch den Gegebenheiten anzupassen: Die genetische Selbstdomestizierung des Menschen wird zum Programmpunkt der zweiten biologischen Revolution, an deren Anfang wir stehen.

Der Rabe und der Fuchs

»Sie produzieren nichts«

Im *stage coach*, dem legendären Vehikel filmischer Überwindung des Widerspruchs zwischen genügsamer Wildheit und räuberischer Verzichtethik, aus dem die große amerikanische Zivilisation hervorgegangen ist, reiste zu Beginn der siebziger Jahre des vergangenen Jahrhunderts der bedeutende Schriftsteller Mark Twain gemächlich durch den Wilden Westen. Dort muß es allerdings schon ziemlich ruhig zugegangen sein, denn die meisten aufregenden Geschichten, die uns der Schriftsteller in seinem Reisetagebuch überliefert, stammen vom Hörensagen.

Doch ein aufsehenerregendes Ereignis erlebte er selbst und berichtete darüber noch unter dem frischen Eindruck des Schocks. Zweihundertfünfzig Meilen westlich der Mormonenstadt Salt Lake City, im Wüstengebiet zwischen Utah und Nevada, fand eine denkwürdige Begegnung statt. An einem nicht näher bezeichneten Tag, »dem sechzehnten . . ., den wir seit St. Joseph unterwegs waren«, prallten am Eingang zum Rocky Canyon Vertreter zweier Zivilisationen zusammen, deren Entwicklung durch einen Zeitraum von mehr als zehntausend Jahren getrennt war.[16]

Auf den größeren Maßstab der biologischen Evolution übertragen, könnte man die Begegnung mit der von Fuchs und Rabe in La Fontaines berühmter Fabel vergleichen. Doch die Begegnung von Vertretern zweier unterschiedlicher zivilisatorischer Entwicklungslinien der gemeinsamen biologischen Species homo sapiens verlief weitaus schweigsamer.

Der eine war ohnehin unfähig, sich schriftlich zu äußern. Der andere, schriftkundig, trug in seine Reisenotizen ein, er sei so schockiert gewesen, daß er sich tatsächlich genötigt gesehen habe, »die umfangreichen Bände von Woods ›Unzivilisierte Menschen‹ durchzusehen, um einen Wildenstamm zu finden, der genügend tief steht, um mit den Goshoots auf einer Stufe zu stehen«. Nach langem Suchen fand er »nur ein Volk, auf das dieses schmachvolle Urteil zutrifft«: die Buschmänner der Kalahari-Wüste Südafrikas.

»Die Buschmänner«, scheibt Mark Twain, »und unsere Goshoots stammen ganz offensichtlich von demselben Gorilla oder Känguruh oder Wanderratz oder sonstigem Adam-Tier ab, auf das die Darwinisten sie zurückführen.«

Doch eben diese Goshoots, die Buschmänner der Kalahari und andere Völker, die vom Jagen und Sammeln lebten, hatten das Leben unter den unwirtlichsten Bedingungen zu einer hohen Kunst entwickelt. Jene, wie Twain feststellt, »kleinen, dürren, ›spillerigen‹ Kreaturen, . . . ein verschwiegenes, verstohlenes, verräterisches Volk; genau wie all die andern ›edlen Rothäute‹, über die wir (nichts) lesen, heimlich alles beobachtend, und in ihren Gesichtern kein Anzeichen davon verratend; träge von ewig dickem Fell und ewiger Ausdauer wie alle Indianer; . . . hungrig, immerzu hungrig und nichts ablehnend, was die Schweine fressen, doch oft essend was ein Schwein zurückweisen würde; Jäger, aber ohne höheren Ehrgeiz als Eselshasen, Grillen und Heuschrecken zu töten und zu verzehren und Geiern und Kojoten Aas zu unterschlagen« – kurz, die Objekte dieser bemerkenswert genauen Beobachtungen des Schriftstellers, Beobachtungen freilich, die durch die auf den kleinsten gemeinsamen Nenner gebrachten Vorurteile Twains und seines Publikums ihre besondere Würze erhalten haben, lebten nicht nur in einer Wüste, sondern meisterten ihre Lebensprobleme in einem Bruchteil der Zeit und mit einem Bruchteil des Aufwands, die einer von Twains zivilisierten Lesern zum gleichen Zweck benötigten.

Der Anthropologe Marshall Sahlins vermutet, daß Jäger und Sammlergruppen die einzigen Überflußgesellschaften waren, die je auf der Erde existierten.[17] Die Archäologen Hole und Flannery schreiben: »Keine Gruppe auf der Erde hat mehr Muße als Jäger und Sammler, sie verbringen sie hauptsächlich mit Spielen, Gesprächen und Ausruhen.« – »Im Jahresdurchschnitt«, so berichten Anthropologen, »brauchten die Frauen der Hadza in Tansania nicht mehr als täglich zwei Stunden zu arbeiten.«[18]

Im Wüstengebiet Südkaliforniens, einer Gegend, die heute gerade noch ein paar Familien von Weißen ernährt, lebten, wie der Ethnologe Claude Lévi-Strauss vermerkt, früher ein paar tausend Coahuilla-Indianer ein Leben »im Überfluß«: »Denn in diesem, dem Anschein nach armen Land, kannten sie nicht weniger als 60 nahrhafte Pflanzen und 28 weitere mit narkotischen, stimulierenden oder heilenden Eigenschaften.«[19]

Das Nahrungsangebot, das die Natur bereithält, ist groß: Wild, Fisch, Knollen, Blätter, Früchte, Beeren, Nüsse, Samen, Vögel und kleinere Tiere bis zu Insekten und Maden. Nahrungsüberschüsse anzusammeln, die einen bestimmten Vorrat überschreiten, ist sinnlos, wenn man sie nicht konservieren kann. Ein Stamm, der auf der Suche nach Nahrung beweglich bleiben muß, hat wenig Anlaß, feste Häuser zu bauen.

Twains Bericht ist beispielhaft. Jede der genau beobachteten Einzelheiten, mit denen er zeigen will, daß die Goshoots auf der untersten Stufe des Menschseins stünden, kehrt sich, berücksichtigt man ihre Lebensweise, gegen ihn. Körperbau, Aufmerksamkeit, Ausdauer, Trägheit, bis hin zu einem vernichtenden »diese Goshoots, die überhaupt nichts produzieren«, sind Voraussetzung und Ergebnis ihrer Anpassung an eine karge Wüstenlandschaft. Und so zeugt Twains Bericht tatsächlich von Primitivität, von einer anderen freilich als der gemeinten.

Interesse, Wissen und Können des »Wilden« sind nicht geringer als die des »Zivilisierten«. Sie orientieren sich nur anders. Um von der Natur zu leben, muß der »Wilde« sich stets ein umfassendes Bild nicht nur über das lebende Inventar seines Lebensraumes machen und jede der größeren darin lebenden Arten identifizieren können, sondern auch deren momentanen Zustand genau übersehen. Er muß Lebensgewohnheiten und Aufenthalt der Tiere kennen, den Veränderungen in der Pflanzenwelt nachspüren und die ökologischen Beziehungen zwischen den einzelnen Gruppen verstehen. Er untersucht den Kot von Tieren, um aus ihren Nahrungsresten etwas über ihren Aufenthalt zu erfahren. Vom Wissen über natürliche Gemeinschaften, den Einfluß der Jahreszeiten und des Klimas auf die Gewohnheiten der Tiere und das Wachstum der Pflanzen, hängt sein Leben ab.

D. F. Thomson berichtet über einen an der Westküste Australiens lebenden Stamm: »Die Eingeborenen haben einen ausgeprägten Sinn für die charakteristischen Bäume, für die Sträucher und Gräser, die jeder ›Pflanzengemeinschaft‹ eigen sind, wobei sie diesen Ausdruck in seinem ökologischen Sinn verwenden. Sie sind fähig, unverzüglich und mit größter Genauigkeit die Bäume aufzuzählen, die zu jeder Gemeinschaft gehören, die Faser- und Harzsorten, die Gräser, Rohstoffe, die sie sich dort beschaffen, sowie die Säugetiere und Vögel, die zu einer bestimmten Zone gehören. Für jede Gemeinschaft beschrieben meine Informanten ohne Zögern die jahreszeitliche Entwicklung der Fauna und der Nahrungsquellen.«[20]

Diese für Zivilisierte so verblüffende Sicherheit, mit der sich der Wilde in der Natur zurechtfindet, in der er mehr zu ahnen als zu sehen scheint, in der ihn vermeintlich magische Kräfte leiten, hat durchaus rational erkennbare Grundlagen: Wissen, das erlernt, fortwährend erprobt und erweitert wird. Nach welchen Kategorien Naturvölker ihre Umwelt ordnen, verstehen wir nicht, ihre »Biologie« ist der unseren fremd. Scheinbar widerspricht sie jeder Vernunft, aber es ist *unsere* Vernunft, die sich darüber mokiert.

Die zu Mark Twain und zu uns führende Entwicklungslinie in der Evolution menschlicher Gesellschaften beginnt vor etwa zehntausend Jahren. Der erste entscheidende Wendepunkt in der bis dahin relativ einheitlich verlaufenden Zivilisationsentwicklung ist die Neolithische Revolution.

Einzelne Gruppen und Stämme beginnen, einen Teil ihrer Nahrung zu produzieren. Andere, noch die große Mehrheit, leben weiter ausschließlich von dem, was sie in der Natur vorfinden.

Doch mit zunehmender Entwicklung der bäuerlichen Produktionstechniken, der sie unterstützenden Werkzeugherstellung, dem Wandel der Lebensweise und der gesellschaftlichen Organisation in Dörfern, später in Städten und Königreichen, wird die Harmonie der Urgesellschaften, die ihre traditionelle Lebensweise beibehalten, zur Stagnation. Die expansiven Gesellschaften werden zu Trägern des Fortschritts und prägen im Verlauf von Jahrhunderten und Jahrtausenden den anderen ihre Entwicklungsbedingungen auf. Die archaischen Gesellschaften, die ursprünglich die wild- und pflanzenreichsten Gebiete besiedelt hatten, werden, wo nicht assimiliert, versklavt oder ausgerottet, in marginale Wald-, Steppen- und Wüstenregionen abgedrängt. Dort dürfen sie ihre steinzeitliche Lebensweise auf Abruf noch eine Weile fortsetzen.

Während der größere Teil der Erde zum Schauplatz der Dialektik des Fortschritts wird, führen die vergessenen Wilden ein glanzloses, aber zufriedenes Dasein als lebende Fossilien der Menschheitsentwicklung. Spätestens heute begegnet auch ihnen ihr Schicksal: Hegels Weltgeist, dialektisch verkleidet in vielfältiger Gestalt – landhungrige Siedler, Bulldozer transamazonischer Straßenbauunternehmen, kamerabehängte Gruppenreisende oder Prospektoren eines Rohstoffunternehmens, die auf der Suche nach Erzlagerstätten oder Ölquellen systematisch auch die entlegensten Wald- und Wüstengebiete der Erde durchkämmen.

Den Bewohnern der bis dahin weiß gebliebenen Flecken auf der zivilisatorischen Weltkarte bleibt – haben Mordbanden, Seuchen oder Alkohol das Problem nicht schon ohne großes Aufsehen in der Wildnis gelöst – das humane Los der Reservation. Dort verbringt der zivilisationsunfähige Wilde den Rest seiner Tage damit, die Zeit totzuschlagen, die ihm noch bleibt. Er träumt, wie die von der Zivilisation überrollten Ureinwohner Australiens, von der guten Zeit, in der die Menschen in der mythischen Tradition ihrer Ahnen lebten: »Der Ahne Gurra jagt und ißt Beuteltiere und seine Söhne geben sich weiter der gleichen Tätigkeit hin. Die Larven Menschen ›witchetty‹ von Lukara verbringen jeden Tag ihres Lebens damit, aus der Wurzel der Akazien Larven herauszuziehen . . . Der Ahne Ragia ernährt sich von diesen Beeren, die er ohne Unterlaß in einem großen Holzgefäß sammelt. Der Ahne Krebs baut einen Damm nach dem anderen quer durch die Fluten, deren Lauf er folgt, und er wird niemals aufhören, die Fische mit der Harpune zu fangen.«[21]

Zu Gast an fremden Tischen

Der geduldigen, wenig aufsehenerregenden Wissenschaft vieler Generationen botanischer Systematiker verdanken wir Kenntnis von etwa vierhunderttausend verschiedenen Pflanzenarten auf der Erde.

Von diesen vierhunderttausend registrierten Pflanzen nutzen Menschen nur etwa zwanzigtausend: als Nahrung, zum Bauen, Heizen oder für andere technische Zwecke, als Heilmittel und Drogen. Der weitaus größte Teil dieser Gruppe von Nutzpflanzen wächst wild in der Natur und wird nur gesammelt. Angebaut und geerntet werden nur etwa fünfhundert verschiedene Arten.[22]

Für die Ernährung der ganzen Menschheit wichtig ist jedoch eine noch sehr viel kleinere Anzahl von Kulturpflanzen: Mehr als die halbe Welternte an Nahrungsmitteln besteht aus nur wenigen Getreidearten. Rechnet man die nächstwichtigen Gruppen der Knollen und Wurzeln dazu (Bataten, Yams, Maniok und Kartoffeln) sowie die verschiedenen Früchte- und Gemüsearten, die mit jeweils etwa 10 Prozent an der gesamten Welternte beteiligt sind, so bestreiten etwa dreißig verschiedene Arten mehr als Dreiviertel der Weltnahrungsproduktion. Und mehr als die Hälfte des Beitrags der dreißig wichtigsten Erntepflanzen stammt sogar von nur vier Arten: Weizen, Mais, Reis und Kartoffeln.[23]

Mit Ausnahme von Tricitale, einer erst im 20. Jahrhundert entwickelten Hybridpflanze aus Weizen und Roggen, leiten sich alle wichtigen heute verbreiteten Nutzpflanzen von Züchtungen steinzeitlicher Menschen ab. Die heutigen Sorten unterscheiden sich zwar erheblich von denen der »Primitiven«, etwa indem sie sehr viel höhere Erträge liefern, doch »besser« sind sie nicht. Ihr genetisches Programm wurde lediglich auf eine andere Art Landwirtschaft ausgerichtet. Die Grundlagen wurden von einfachen Bauern geschaffen. (Abb. 1)

Als zu Beginn der sechziger Jahre dieses Jahrhunderts das internationale Reisforschungsinstitut (IRRI) auf den Philippinen damit begann, neue, besonders ertragreiche Reissorten zu züchten, sammelte es zunächst einen Grundstock von dreißigtausend unterschiedlichen Reissorten, die Bauern auf der ganzen Welt unter den verschiedensten klimatischen, ökologischen und geologischen Bedingungen gezüchtet hatten. Das Genmaterial dieser dreißigtausend Sorten ist Speicher eines breiten Spektrums von Eigenschaften. Aus diesem vorhandenen Genreservoir entwickelten die IRRI-Wissenschaftler durch systematische Kreuzung und Auslese der unterschiedlichsten Sorten eine »Wundersorte«, die

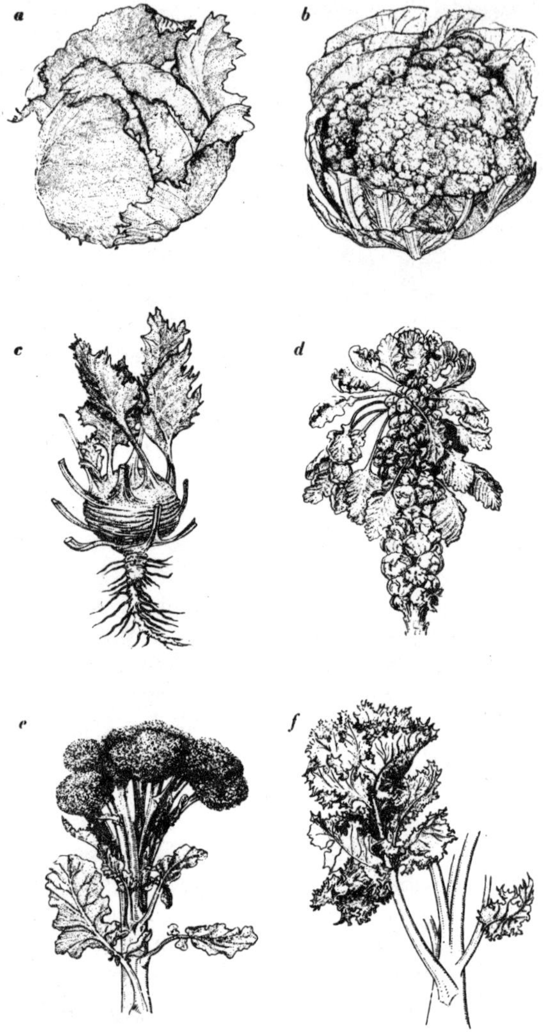

Abb. 1: Sechs verschiedene Gemüsesorten, die aus einer Pflanzenart, *Brassica oleracea*, einem Kohl-Gewächs, durch Selektion unterschiedlicher Merkmale gezüchtet worden sind: a. Weißkohl, b. Blumenkohl, c. Kohlrabi, d. Rosenkohl, e. Broccoli, f. Grünkohl, der noch am meisten der Wildpflanze ähnelt. (nach Harlan[23])

Düngemittel gut in Nahrungsertrag umsetzt, sich den unterschiedlichsten Wachstumsbedingungen anpaßt, und in einem Bruchteil der Zeit reift, die normale Sorten benötigen.[24] Doch so sehr sich diese Sorte auch von ihren Vorgängern unterscheidet, ist sie nichts anderes als Kombination vorhandenen Genmaterials, das von neolithischen Bauern entdeckt und über Jahrtausende hinweg weiterentwickelt worden war.

In den verschiedensten Regionen der alten Welt wurden Weizen, Gerste, Roggen, Hafer, Reis, Hirse, Baumwolle, Kohl, Erbse, Soyabohne, Linse, Flachs, Hanf, Olive, Tee, Kaffee und viele Fruchtarten domestiziert. Indianer züchteten aus dem kleineren natürlichen Artenangebot des amerikanischen Kontinents Mais, Kartoffel, Bohne, Tomate, Kakao, Baumwolle, Reis, Paprika, Ananas, Batate, Maniok und Erdnüsse.[25]

Jede der heute in aller Welt verbreiteten Nahrungspflanzen hat Jahrtausende in »Symbiose« mit Menschen gelebt. Ihre Entwicklung ist durch Menschen geprägt worden, doch ebensosehr hat sie die Entwicklung der Menschen geprägt. Die Geschichte der Entwicklung und Verbreitung dieser Pflanzen und der Haustiere kann, da ihre Helden unzählige Generationen anonymer Bauern und Hirten sind, im Gegensatz zur Geschichte der großen Entdeckungen und Eroberungen, nur sehr lückenhaft rekonstruiert werden. Was geblieben ist, sind spärliche archäologische Funde und die Haustiere und Erntepflanzen, von denen wir heute leben.

Die Pflanzen der verachteten Indianer, die seit dem 16. Jahrhundert als unscheinbares Nebenergebnis räuberischer Eroberungszüge der Spanier und Portugiesen nach Europa gebracht wurden, beeinflußten die Entwicklung Europas nachhaltiger als alles Gold und Silber der Inkas und Azteken, das Anlaß zur Plünderung und Ausrottung ganzer Völker gewesen war. Von den vier wichtigsten Nahrungspflanzen auf der Welt sind Mais und Kartoffeln indianische Züchtungen. Die Verbreitung der amerikanischen Maniok, Batate und Erdnuß durch europäische Kolonialisten in Afrika und Südasien, die der Ananas in der Südsee, des Kakao in Afrika hat die Entwicklung des Kolonialismus entscheidend geprägt. Die Verbreitung der amerikanischen Maniok in Westafrika ist Verdienst portugiesischer Sklavenhändler.

Die ersten Kartoffeln, die 1621 in Nordamerika angebaut wurden, kamen nicht etwa aus dem südamerikanischen Ursprungsgebiet, sondern aus Europa. In einem Gebirgstal der Anden hatten 1537 spanische Konquistadoren die exotische Knollenfrucht entdeckt und schätzen gelernt. Die ersten Exemplare von Solanum tuberosum erreichten um 1570 das spanische Mutterland. Von dort wurde die Kartoffel, damals eher als gärtnerische Kuriosität, bis zum Ende des Jahrhunderts über die Gärten ganz Europas verbreitet. Englische Kolonialisten brachten sie dann nach Nordamerika.

Doch auch die Spanier waren nicht Entdecker der Kartoffel, sondern unbekannte Indios, die im Hochland der Anden, etwa in der Gegend des Titicacasees gelebt haben. Sie hatten schon sechstausend Jahre vor Ankunft der Spanier damit begonnen, jenen bitter schmeckenden leicht giftigen Knollen, die wild wuchsen und nur mit Vorsicht genossen werden durften, die unangenehmen Eigenschaften wegzuzüchten. Aus einer Knollenfrucht, die in einem begrenzten Gebiet angebaut wurde, entwikkelte sich im Verlauf von Jahrhunderten eine der vier wichtigsten in aller Welt angebauten Nutzpflanzen.[26]

Siebentausend Jahre alte Maiskolben, die in den ältesten Schichten der steinzeitlichen Siedlung von Tehuacán gefunden wurden, sind nicht viel größer als Flaschenkorken. Die Kolben der Zuchtpflanze, die die Indianer daraus entwickelten, sind um ein Vielfaches größer und haben – eine wichtige Voraussetzung für das Ernten – die Fähigkeit verloren, ihre Samenkörner selbständig auszustreuen.[27]

In vier der zehn wichtigsten Anbaugebieten für Ananas werden vorwiegend Sorten einer einzigen Herkunft angebaut. Die Geschichte dieser in aller Welt verbreiteten Sorten führt zu fünf Pflanzen zurück, die um 1840 ein Franzose aus Guyana nach Frankreich geschickt hatte: Man hielt sie als Ziergewächse in sogenannten »Pinerien«.

In französischen Gewächshäusern vermehrt, gelangten Abkömmlinge dieser Pflanzen zuerst nach England und wurden von dort nach Australien, Florida, Hawaii und Jamaika verpflanzt.

Die fünf Pflanzen, mit denen Perrotet auf Umwegen und ohne Absicht zur Geburt neuer Industrien auf subtropischen Inseln beitrug, waren freilich nicht in jener Form von der Natur geschaffen worden, die man in französischen Salons goutierte. Die wilde Ananas, die in den Tropen Südamerikas wächst, ist fast ungenießbar. Sie ist holzig, hat wenig Fleisch und viele Kerne.

Auch Perrotets Pflanzen sind bereits die x-ten Abkömmlinge von Kulturpflanzen, die Generationen von Indianern gezüchtet haben. Jahrtausende früher müssen deren Vorfahren, Wilde, die die Urwälder zwischen Paraguay und Paranà durchstreiften, entdeckt haben, daß die unscheinbaren, holzigen und kerngefüllten Wildfrüchte eßbar waren.[28]

Die Vertreibung aus dem Paradies

In der Mitte der sechziger Jahre des 20. Jahrhunderts rüstete sich der Archäologe J. R. Harlan zu einer außergewöhnlichen Expedition in die »Steinzeit«. Harlans wichtigstes wissenschaftliches Gerät war eine Sichel mit einer Steinklinge. Sein Ziel: in einem der Ursprungsgebiete des Weizens, dem Südosten der Türkei, festzustellen, was Menschen vor zehntausend Jahren veranlaßt hatte, die Wildpflanze zu domestizieren.

Wenn, wie Harlan zusammen mit Zohary vermutet hatte, es dort auf Tausenden von Hektar »möglich sein würde, noch heute wilden Weizen auf natürlichen Standplätzen zu ernten, die fast so dicht (bewachsen sind), wie bewirtschaftete Felder«, was konnte Menschen dann veranlaßt haben, Weizen dort anzubauen, wo sie ihn sehr viel müheloser sammeln konnten? Das Expeditionsergebnis übertraf die Erwartungen. Mit seiner Steinzeitsichel konnte Harlan in einer Stunde etwa ein Kilogramm wilden Weizen ernten. Eine Familie geübter Sammler, so folgerte Harlan, würde in drei Wochen Erntezeit sogar »ohne größere Anstrengung mehr Getreide sammeln, als sie in einem Jahr verzehrten könnte«.

Das Klima dieser Region hatte sich in den letzten zehntausend Jahren nicht entscheidend verändert. Was heute noch geht, mußte folglich auch damals möglich gewesen sein. Was also hatte Menschen dazu gebracht, die relativ ungebundene freie Lebensweise des Sammelns und Jagens aufzugeben, um sehr viel mühsamer den Acker zu bestellen?

Machte die frühe Landwirtschaft die Bauern unabhängiger von den Launen der Natur? Verschaffte die Landwirtschaft den Bauern evolutionäre Vorteile gegenüber Jägern und Sammlern, die meist den alle paar Jahre auftretenden Dürreperioden Zeiten des Hungers überstehen mußten? Und hätten diese Vorteile durch Zusammenwirken von biologischer und zivilisatorischer Evolution zur Ausdehnung von Gemeinschaften führen müssen, die sich der fortschrittlicheren Produktionstechniken bedienten?

Ein solcher evolutionärer Mechanismus hätte nur dann wirksam werden können, wenn die ersten Bauern Vorderasiens ihre Gärten und Felder auch künstlich bewässert hätten. Doch noch Jahrtausende, nachdem die ersten Gruppen zum Anbau von Pflanzen übergegangen waren, blieb der Regenfeldbau die einzige Produktionstechnik. Im vorderasiatischen Ursprungsgebiet des Ackerbaus blieb der Bauer ebenso von den Launen des Wetters abhängig wie sein jagender und sammelnder Zeitgenosse.[29]

Ein evolutionärer Reifungsprozeß war es daher gewiß nicht, der die

Entdeckung der neuen Produktionstechnik des Regenfeldbaus auslöste. War es dann ein Bewußtseinswandel? Konnte man, auch wenn die Arbeit mühsam wurde, den Übergang zum Ackerbau als Übergang zu einer höheren Lebens- und Zivilisationsform betrachten?

Die Frage läßt sich nur durch den Vergleich mit archaischen Gesellschaften beantworten, die bis in historische Zeiten überlebten. Und diese schützen sich fast ängstlich gegenüber jeder Veränderung. Ihre gesellschaftlichen Institutionen, ihre Weltbilder und Glaubensvorstellungen, ihre Wirtschaftsweise waren auf Bewahrung, nicht auf Veränderung eingestellt.

Der Ethnologe und Philosoph Claude Lévi-Strauss, dessen Lebenswerk mit der Untersuchung dieser Gesellschaftssysteme verbunden ist, führt drei Ursachen des Widerstandes gegen Veränderung an:

1. Der Wille zur Einheit: Die Strukturen, die den sozialen Zusammenhalt innerhalb der Gruppe und der Gruppen zueinander sichern, Verwandtschaftsbeziehungen und Regeln des Austauschs zwischen den Gruppen, müßten bewahrt bleiben. Denn sie regelten das gesellschaftliche Zusammenleben und bildeten die Grundlage der archaischen Wirtschaft. Jede Veränderung aber barg die Gefahr des Auseinanderbrechens.

2. Ehrfurcht vor der Natur: Lévi-Strauss weiß von Indianergemeinden, die unter elenden Verhältnissen dahinvegetierten und sich dennoch weigerten, Land zu verkaufen, da es »ihre Mutter« war. Andere sperrten sich dagegen, die landwirtschaftlichen Produktionstechniken ihrer Nachbarn zu erlernen, weil es verboten war, »ihre Mutter Erde zu verwunden«.

3. Widerstand gegen die Geschichte: Die Verbundenheit mit den Ahnen, deren Leben als Vorbild dient; eine Lebensweise, die nur unter Zwang aufgegeben wird.[30]

So wurde die Neolithische Revolution gewiß nicht von Revolutionären inszeniert. Noch in der biblischen Legende der Vertreibung aus dem Paradies, die Jahrtausende später den allmählichen Übergang, der in Wirklichkeit stattgefunden hatte, in einem einzigen Bild zusammenfaßt, finden wir eine Erinnerung an den Widerstand, der überwunden werden mußte.

Das Paradies ist der Garten Eden, dessen Überfluß, mit Ausnahme des Apfels, den ersten Menschen zur freien Verfügung steht. Die Vertreibung ist Strafe: »Verflucht sei der Acker um deinetwillen! Mit Mühsal sollst du dich von ihm nähren dein Leben lang. Dornen und Disteln soll er dir tragen, und du sollst das Kraut auf dem Felde essen. Im Schweiße deines Angesichts sollst du dein Brot essen.«

Härter hätte das Übertreten eines simplen Nahrungsverbots kaum bestraft werden können. Um die Beziehung zwischen der Nichtigkeit des Anlasses und der Härte der Strafe zu verstehen, ist es notwendig, sich vor Augen zu halten, daß es derartige Nahrungsverbote auch für andere »Primitive« gegeben hat. Bei den afrikanischen Baganda war für Mitglieder eines jeden von vierzig Clans der Verzehr des jeweiligen Totemtiers verboten. Dies jedoch nicht, weil das Tier aus religiösen oder ökologischen Gründen hätte geschützt werden sollen. Im Gegenteil: Die Mitglieder eines Clans mußten jederzeit den Mitgliedern anderer Clans ihr eigenes Totemtier zur Verfügung stellen. Das Nahrungsverbot war Teil eines sozialen Regelsystems, das die Verbindung zwischen entfernten Gruppen eines Stammes herstellte.[31]

Adam und Eva werden nicht bestraft, weil sie von etwas gekostet hatten, was verboten war, und sei es nur eine imaginäre Frucht vom fiktiven Baum der Erkenntnis. Vielmehr geht der als Mühsal und Strafe empfundene Ackerbau einher mit dem Verlust sozialer Integration in eine archaische Welt, deren willkürliches Zeichen der Apfel ist.

Die *fruchtbarsten* Zonen Südwestasiens, dem ältesten Zentrum der Landwirtschaft, boten während der jahrtausendelangen Entwicklung des frühen Ackerbaus stets genügend natürliche Nahrung, um die in ihnen lebende Bevölkerung zu versorgen. Mit Landwirtschaft verbanden sich in dieser Phase weder evolutionäre Vorteile, noch war sie für ihre »Erfinder« etwas anderes als eine mit Arbeit und Mühsal verbundene Möglichkeit zu überleben.

Die neolithischen Entdeckungen müssen daher in Randgebieten gemacht worden sein, die nicht genügend natürliche Reichtümer für die paradiesische Lebensweise der Jäger und Sammler boten, aber auch nicht zu karg waren, um die ersten Bauern verhungern zu lassen, wenn die Ernten ausfielen. Die in diesen Zonen lebenden Menschen fühlten sich als Ausgestoßene aus einem Paradies, das andere besetzt hielten und verteidigten.

Die Neolithische Revolution hat sich daher aus Krisen entwickelt, die die starre, auf Verwandtschaftssysteme beruhende Struktur der archaischen Gesellschaft überforderten. Wuchs eine Gruppe über eine bestimmte Größe hinaus, so entstand ein zweifaches Problem: Erstens konnte ein begrenztes Gebiet nur eine beschränkte Anzahl von Menschen ernähren. Zweitens nahm mit der Größe der Gruppe die integrierende Kraft der Verwandtschaftsbeziehungen zwischen Mitgliedern unterschiedlicher Familien ab. Für diese Probleme kannte das archaische Gesellschaftssystem, das Ch. Sigrist prägnant »regulierte Anarchie« genannt hat, nur eine Lösung: die Teilung.[32]

Aus der Teilung gingen zwei oder mehrere Gruppen hervor, die sich zwar durch gemeinsame Ahnen weiter verbunden wußten, von denen jedoch mindestens eine das harte Los traf, sich neues Territorium suchen zu müssen. Nachdem die ertragreichsten Gebiete besetzt waren, wurden nun einzelne Gruppen aus den archaischen Paradiesen in die marginalen Randzonen abgedrängt. In ihnen wuchsen die großen Erfinder heran.

Die Pflanzen kommen zu den Menschen

Zunächst verhielten sich die Erfinder allerdings ziemlich passiv. Tier- und Pflanzenzucht wurden nicht *er*funden, sondern eher *ge*funden. Noch genauer müßte man sagen, daß Tiere und Pflanzen zu den Menschen kommen mußten, um domestiziert zu werden. Von sich aus hätten die Menschen die Landwirtschaft kaum erfunden.

Die Erklärung in mangelndem Denkvermögen oder unzureichender Erfindungsgabe zu suchen, wäre falsch. Die Technik der Werkzeugherstellung der vor-neolithischen Jäger und Sammler war hoch entwickelt und setzte die Beherrschung komplexer abstrakter Denkprozesse voraus. Die Schwierigkeit, die überwunden werden mußte, lag in der Art des animistischen Denkens. Tiere und Pflanzen, aber auch tote Gegenstände wie Berge oder Gewässer, enthalten unsichtbare Kräfte, mit denen sich der archaische Mensch arrangieren mußte. Er konnte sie überlisten, versöhnen, aber nicht ausbeuten: Ein Mensch, für den Heilkräuter nur dann ihre Wirkung entfalten konnten, wenn er anstelle der ausgegrabenen Pflanze eine Opfergabe in die Erde legte, um den Geist der Pflanze zu versöhnen, konnte zwar wirksame Medizin gegen viele Krankheiten finden, aber wohl kaum die Technik der Domestizierung und des Anbaus von Pflanzen ersinnen. Natur und Zufall mußten daher einige Vorarbeit geleistet haben.

Um den Hergang dieser wichtigen Entdeckung zu rekonstruieren, muß man wissen, welche Pflanzen zuerst domestiziert wurden: In Vorderasien waren es die Weizenarten Emmer und Einkorn und außerdem Gerste. In Zentralamerika wurden zuerst Paprika, Bohnen und Kürbisse gepflanzt, im tropischen Südamerika die Knollen und Wurzeln der Kartoffel, Maniok und Batate.

Diesen so unterschiedlichen Nahrungspflanzen ist eines gemeinsam:

Auch die wild wachsende Pflanze hat bereits sehr große Samenkörner, Früchte, Knollen oder Wurzeln. Und aus diesem Grund war sie schon Jahrtausende zuvor in der Wildnis gesammelt worden. Den größeren Teil der Züchtungsarbeit hatten die verändernden Kräfte der Evolution geleistet: der auslösende Faktor von Mutationen und die selektierenden Kräfte von Geographie, Klima sowie tierischer und pflanzlicher Umwelt.

Die Wildformen dieser ersten Nutzpflanzen wachsen noch heute in tropischen und subtropischen Regionen, in denen starke klimatische Schwankungen die Pflanzen einem besonderen evolutionären Druck aussetzen. In Vorderasien, dem Herkunftsgebiet der erwähnten Getreidearten, folgt einem kalten Winter eine kurze Wachstumsperiode im Frühjahr, in der die Pflanze rasch wachsen und reifen muß, bevor sie in der trockenen Sommerhitze verdorrt. Im südamerikanischen Ursprungsgebiet der Knollen und Wurzeln, in der Grenzzone zwischen Steppe und Urwald, herrschen krasse Unterschiede zwischen Regen- und Trockenperioden. In den höheren Lagen der Andenregion, dem Ursprungsgebiet der Kartoffel, ist die Wachstumsperiode nur kurz. Während des größeren Teils des Jahres ist es kalt.

Jeder dieser Faktoren fördert bei einjährigen Pflanzen die Entwicklung von Exemplaren, die die begrenzte Wachstumsperiode gut ausnutzen. Der Wachstumszyklus muß abgeschlossen sein, wenn die Sommerhitze bzw. die Kälteperiode beginnt. Dies übt einen starken evolutionären Druck auf die Entwicklung von Samenkörnern bzw. Knollen mit großem Stärke- und Eiweißvorrat aus. Ein wesentlicher Teil der zum Wachstum benötigten Energie ist bereits in den Samen gespeichert.

Dieser klimatische Druck wird ökologisch verstärkt. Die einjährigen Pflanzen wachsen wild zwischen Büschen, Sträuchern und Bäumen, die einen natürlichen Wachstumsvorsprung haben. Dieser Wachstumsvorsprung muß rasch ausgeglichen werden. Auch das fördert die Bildung großer Samen und Knollen.[33]

Mit dieser natürlichen evolutionären Entwicklung hatte die Pflanze ihr »archaisches« Entwicklungsniveau erreicht. Sammlern genügte sie, nicht jedoch den zusätzlichen Ansprüchen von Bauern. Jetzt wäre »der« Mensch an der Reihe gewesen, aus den vorgefundenen Arten Nutzpflanzen mit speziellen Eigenschaften zu züchten, die sie den Anforderungen des Erntens angepaßt hätten. Doch auch auf dieser Entwicklungsstufe spielten die »Erfinder« noch eine passive Rolle.

Voraussetzung für den Ackerbau war ein gewisser Grad an Seßhaftigkeit. Archaische Gesellschaften erfanden nicht die Landwirtschaft und wurden dann seßhaft, sondern mußten seßhaft werden, um neue Techniken der Nahrungsgewinnung zu entdecken. Diese Entwicklungsstufe wurde erst am Ende der letzten Eiszeit erreicht.

Im Nahen Osten war das Klima in der Zeit von etwa 30000 bis 12000 Jahren vor unserer Zeitrechnung nicht nur kälter, sondern auch trockener als heute. Der Klimawechsel seit etwa 14000 veränderte die Vegetation der baumlosen Steppen und Tundren der Eiszeit und der von Flechten, niedrigen Gräsern und Gestrüpp bewachsenen Berghänge entscheidend. In die nun wärmeren und, entgegen früheren Theorien, nicht austrocknenden, sondern während der Wachstumsperiode im Frühjahr ausreichend mit Feuchtigkeit versorgten Regionen drang nun eine Vielzahl neuer Pflanzen, die die Eiszeit in geschützteren Biotopen überstanden hatten.[34] Die reichhaltiger werdende Vegetation und das günstigere Klima zogen neue Tierarten an. Dies wiederum hatte entscheidende Konsequenzen für die Lebensweise der Menschen.

Während der Eiszeit war die Jagd nach dem Großwild, das durch die Tundren zog, die dominierende Wirtschaftsform. Die Jäger folgten den wandernden Tierherden. Mit der wachsenden Artenvielfalt von Fauna und Flora entstanden gegen Ende der letzten Eiszeit völlig neue Nahrungsquellen. Ein Wandel der Lebensweise bahnte sich an.

Nun zog nicht mehr der ganze Stamm dem Wild nach. In relativ kleinen Gebieten konnte genügend Nahrung gesammelt und erlegt werden. Die Menschen wurden seßhaft und begannen, sich neue Nahrungsquellen zu erschließen: Wurzeln, Samenkörner, Beeren, Früchte, wild wachsendes Gemüse, Nüsse, Kaninchen, Fische, Muscheln, Krebse etc. Während die Männer weiter auf Jagd auch nach Großwild gingen, sammelten Frauen und Kinder die Nahrung in der Umgebung der Siedlungen.

Nur in festen Siedlungen konnten Menschen – genauer: die nahrungssammelnden Frauen – beobachtet haben, daß Pflanzen wie Weizen und Gerste, deren Körner im Vorjahr noch weitab in der Wildnis gesammelt werden mußten, ihnen in die Dörfer »gefolgt« waren. Dazu in sehr viel reineren »Kulturen« als in freier Natur, wo sie sich zwischen anderen Kräutern und Gestrüpp »versteckt« hatten. Wir würden sagen, daß auf dieser Stufe den Wilden die Herkunft dieser halb domestizierten Pflanzen rätselhaft gewesen sein mußte. Für die Wilden selbst war es gewiß kein Rätsel: Übernatürliche Kräfte, vielleicht eine Seele der Pflanze, die sie zu den Menschen gezogen hatte, erklärten die Erscheinung.

Mit dieser unbewußten Aussaat der Körner, die unverhofft Getreide auf Abfallhaufen oder neben den Hütten wachsen ließ, war die Pflanze noch nicht kultiviert. Ein natürlicher Vorgang war lediglich durch Unachtsamkeit reproduziert worden.[35] Wie schwierig es gewesen sein muß, die Ursache dieser Erscheinung in unserem Sinn richtig zu deuten, zeigt die europäische Wissenschaftsgeschichte.

Noch zur Zeit der Aufklärung nahm man an, daß Würmer und Maden, die in faulendem Fleisch beobachtet wurden, spontan durch Urzeugung aus faulender Materie entstanden seien. Mit der Urzeugungstheorie räumte erst Pasteur in der 2. Hälfte des 19. Jahrhunderts endgültig auf, als er zeigte, daß Bakterien, die sich bei Gärungsprozessen bildeten, nicht aus dem Nichts bzw. aus dem Gärungsprozeß entstanden, sondern einfach Nachkommen weniger unsichtbarer Keime waren.

Doch selbst nachdem die »Wilden« entdeckt hatten, daß es die Seele der Pflanze noch stärker zu den Menschen zog, wenn sie ihr ein Opfer in Gestalt eines kleinen Teils der Ernte brachten, die sie auf die Erde streuten, war die Pflanze damit nicht domestiziert. Die Samenkörner von wilder Gerste und wildem Weizen sind zwar nicht kleiner als die der ersten Zuchtpflanzen, doch die Wildpflanzen eignen sich schlecht für die Ernte. Die Samenhüllen platzen unmittelbar nach dem Reifen und streuen die Samenkörner auf die Erde. Da ein Feld nie gleichzeitig, sondern über einen längeren Zeitraum hinweg reift, geht ein großer Teil der Ernte verloren.

Doch in jedem Feld treten mit einer bestimmten Häufigkeit mutierte Pflanzen auf, die diese für die Wildpflanze lebensnotwendige Fähigkeit verloren haben. Die Ähren bleiben gefüllt am Halm.

Die natürliche Selektion wirkt der Verbreitung dieser »tödlichen« Mutation entgegen. Doch genau diese Pflanzen sind es, deren Samen bei jedem Sammeln von Wildpflanzen mit erfaßt werden: Ein Teil der Samen der Normalform ist bereits auf der Erde verstreut. Gesammelt werden die gerade erst gereiften Pflanzen der Normalform und alle der mutierten Pflanze, die sich dadurch bei jeder Ernte anreichern. Irgendwann mußten die Menschen begriffen haben, daß es sich um zwei verschiedene Varianten der gleichen Art handelte und daß sich der Ernteerfolg wesentlich steigern ließ, wenn man die Samen der selteneren Form für die Aussaat (oder das »Erntedankopfer«) aufbewahrte.

Diesen Vorgang der Anreicherung von mutierten Pflanzen hat man »unbewußte Selektion« genannt, da der Erntevorgang ganz automatisch zum richtigen Ergebnis führen mußte. Doch es ist fraglich, ob man unsere Vorstellungen von Bewußtheit auf Menschen anwenden kann, die in Form von Analogien und nicht kausal denken, und die ihre Welt von geheimnisvollen Kräften beseelt, nicht von Naturgesetzen determiniert wissen. Entscheidend ist, inwieweit das Handeln Weltbild und Wirklichkeit zur Deckung bringen kann. Um erfolgreich zu sein, muß das Handeln im Rahmen des jeweiligen Weltbildes bewußt vorgehen.

Der amerikanische Forscher P. C. Standley berichtet von einem merkwürdig anmutenden Brauch, den er noch nach dem 2. Weltkrieg bei Indianern des Hochlands von Guatemala beobachtet hatte: Die Bauern hüteten ihre Maissorten wie ein kostbares Eigentum, »jedoch nicht, weil man glaubt, daß sie denen überlegen wären, die die Nachbarn züchteten. Die Indianer hegen den Glauben, daß es am besten sei, die Samen zu säen, die auf eigenem Grund und Boden gewachsen sind. Andernfalls würden die Pflanzen niemals glücklich; sie erkrankten an Heimweh, verzehrten sich vor Sehnsucht und die Ernte würde fehlschlagen.«

Die poetische Vorstellung dieses züchterischen Aberglaubens läßt sich auf einen harten genetischen Imperativ zurückführen. Die Biologin Barbara Pickersguill erklärt ihn mit der Notwendigkeit, die verschiedenen Sorten vor der Vermischung zu bewahren. Diese Mischsorten sind sehr viel weniger fruchtbar als die reinen Sorten.[36]

Auch der Botaniker E. Anderson hat beobachtet, wie sorgfältig diese einfachen Indianer ihre Maissorten vor der Vermischung schützen: »Die Tatsache ist bemerkenswert, weil der guatemaltekische Mais leicht Mischarten bildet: Der Wind braucht nur wenige Pollen von einer Pflanzung zur anderen zu tragen, und schon ist die ganze Ernte verunreinigt. Nur eine sorgfältige Auslese des Saatgutes und das Jäten der abweichenden Pflanzen können es ermöglichen, unter diesen Bedingungen eine reine Sorte zu erhalten.«

Die gleiche Sorgfalt beobachtete Anderson bei den Naga, im indischen Assam: »Es bedurfte einer geradezu fanatischen Bemühung um einen idealen Typus, um diese Sorten so rein zu erhalten, die von einer Familie zur anderen und von Stamm zu Stamm weitergegeben oder erworben wurden. Die so häufig wiederholte Behauptung, die unbeständigsten Sorten befänden sich bei den primitivsten Völkern, scheint also nicht zuzutreffen. Genau das Gegenteil ist richtig.«[37] (Abb. 2)

Knecht und Herr

Die Neolithische Revolution war gewiß nicht das Werk von Revolutionären, noch war sie eine Revolution. Was im Rückblick als eine der ein-

Abb. 2: Frühe Weizenarten: a. Einkorn, b. Emmer, die zuerst domestizierten Weizenarten; c. Brotweizen *(Tricitum aestivum)*, die erste Weizenart, die zu Brot gebacken werden konnte. Sie entstand zwei Jahrtausende nach der Domestizierung von Einkorn und Emmer, als Emmer in der Region zwischen Nordosttürkei und Nordiran angebaut wurde: Emmer kreuzte sich mit einer dort wachsenden Grasart *Aegilops squarrosa*. (nach Harlan[23])

schneidenden Veränderungen der Menschheitsentwicklung erscheint, zieht sich über einen Zeitraum von mehreren Jahrtausenden hin. Und im Gegensatz zu früheren Anschauungen, die in der Domestizierung einzelner Tier- und Pflanzenarten einmalige, wenn auch nur ungenau datierbare Ereignisse sahen, ist es wahrscheinlich, daß viele Arten in ihrem natürlichen Ursprungsgebiet mehrfach und unabhängig voneinander domestiziert wurden. Die Landwirtschaft ist in unserem Sinn keine einmalige Erfindung, sondern besteht aus einer Vielzahl unabhängiger Entwicklungen, mit denen die verschiedensten Völker und Stämme auf Veränderungen ihrer traditionellen Lebensweise reagierten.[38]

In Vorderasien umfaßt die Zeitspanne vom Beginn des ersten Pflanzenanbaus bis zur Entwicklung der Hochkultur im südlichen Mesopotamien einen Zeitraum von etwa fünf Jahrtausenden. Das ist etwa das zwanzigfache der Zeit, die seit dem Beginn der industriellen Revolution verstrichen ist. Während dieser für unser Zeitgefühl begrenzten Ewigkeit entwickelt sich aus einem Notbehelf die dominierende Produktionstechnik.

Ausgrabungen in Ali Kosh, einem neolithischen Dorf im südlichen Grenzgebiet zwischen Iran und Irak, geben Aufschluß über den Speisezettel der damaligen Bewohner dieser Gegend – ein Speisezettel für mehrere tausend Jahre. Zwischen 7500 und 6750 vor unserer Zeitrechnung bestritt die Landwirtschaft nur etwa ein Drittel des Nahrungsbedarfs der Dorfbewohner: Emmer, zweireihige Gerste, Ziegen und Schafe. Die archaischen Produktionstechniken des Jagens und des Sammelns lieferten weiter den größeren und gewiß auch abwechslungsreicheren Teil der Ernährung. Man fand Überreste von klee- und luzernenartigen Gewächsen, von Grasarten, Pistazien und Mandeln, wildem Gemüse, zusammen etwa vierzig unterschiedlichen Pflanzenarten. Die Menschen von Ali Kosh ernährten sich von fast ebensovielen Tierarten. Man fand Überreste von Auerochsen, Gazellen, Füchsen, Igeln, Vögeln, Schildkröten, Krabben und Muscheln.

Einer der an der Auswertung dieser Funde beteiligten Wissenschaftler bemerkte, daß die Leute von Ali Kosh »sehr viel mehr Fleisch aßen, als der durchschnittliche iranische Bauer von heute«. Außerdem waren die frühen Nahrungsproduzenten nicht besser ernährt als die gleichzeitig lebenden Jäger und Sammler.

In den späteren Phasen von Ali Kosh und einer benachbarten Siedlung, die bis in die Spätzeit des Regenfeldbaus um 3700 bewohnt war, nahm die Bedeutung der Landwirtschaft für die Ernährung der Bevölkerung nur langsam zu. Während dieser ganzen Zeit blieb der Ackerbau auf die Gebiete mit ausreichenden Niederschlägen beschränkt. Im Gebiet des heutigen Irak und Iran war dies vor allem die begrenzte Zone, die sich entlang des parallel zum Tigris verlaufenden Zagrosgebirges hinzieht und im Südosten der Türkei endet.

Ab der Mitte des 6. Jahrtausends drangen Siedler aus den Gebirgstälern entlang der Fluß- und Bachläufe in die für den Regenfeldbau ungeeignete Steppe im Süden vor. Die ersten einfachen Bewässerungssysteme entstanden und erlaubten neue Landstriche zu bewirtschaften.

In dieser Zeit wurden auch die ersten von Rindern gezogenen Pflüge eingesetzt. Mit ihnen konnten die Böden tiefer umgepflügt und damit neue nährstoffreiche Erdschichten an die Oberfläche befördert werden. Die Verbindung dieses Geräts zusammen mit der Arbeitskraft großer Zugtiere steigerte die Produktivität der menschlichen Arbeit beträchtlich. Wachsende landwirtschaftliche Erträge durch bessere Bodenbearbeitung und Bewässerung sowie durch den Einsatz von Tieren erlaubten, einen zunehmenden Teil der Bevölkerung vom Zwang der unmittelbaren Nahrungsbeschaffung freizustellen. Damit wurde die Grundlage einer gesellschaftlichen Arbeitsteilung geschaffen, in der die einen Nahrung erzeugten und die anderen Werkzeuge und Geräte zur Unterstützung dieser Arbeiten herstellten, während eine dritte Gruppe dann später, mit zunehmender Komplexität der gesellschaftlichen Organisation, Verteilungs-, Verwaltungs- und Herrschaftsfunktionen übernahm.[39]

Das flache Alluvialland im Süden des Zweistromlands, in dem sich die sumerische Hochkultur entwickelte, ist für Regenfeldbau zu trocken. Die Sommerhitze verbackt den Boden zu einer steinharten Schicht. Die Schneeschmelze in den umliegenden Gebirgen läßt im Frühjahr Euphrat und Tigris, die beiden großen Ströme, die auf den letzten 350 Kilometern vor Erreichen des Meeres nur etwa 35 Meter Gefälle haben, regelmäßig über die Ufer treten und weite Landstriche überschwemmen. Um seine im Altertum legendäre Fruchtbarkeit zu entfalten, muß daher das Land bewässert und drainiert werden.

Mit dieser gewaltigen Arbeit begannen im 6. Jahrtausend Stämme, die aus dem Norden eingewandert waren: die Träger der sogenannten Obed-Kultur. Schon bevor die Sumerer in den Süden Mesopotamiens eindrangen, hatte sich dort eine fortgeschrittene, auf Bewässerungswirtschaft aufbauende dörfliche Kultur entwickelt. Die mit der Flußregulierung verbundenen organisatorischen Aufgaben, wie der Bau von komplexen Bewässerungs- und Drainagesystemen, Zuteilung von Nutzungsrechten, die nicht mehr einzelne Familien, sondern ganze Dörfer betrafen, mußten zentral reguliert werden. Zum Mittelpunkt dieser dörflichen Selbstverwaltung wurden – lange bevor in sumerischer Zeit die Priesterkaste die erste allumfassende Bürokratie der Weltgeschichte schuf – die Tempel. Sie etablierten sich, zunächst noch bescheiden, als Unternehmen für gemischte Dienste im kommunalen Bereich und für Sinnvermittlung in der schwierigen Übergangsphase zwischen animistischem und mythischem Denken.

Die Einwanderung weiterer semitischer Stämme im fünften Jahrtausend, dann der Sumerer im vierten, ließ die Bevölkerungsdichte im Süden anwachsen. Die Vergrößerung der landwirtschaftlich nutzbaren Flächen, das sich ausdehnende Netz der Bewässerungsanlagen, zunehmende und produktivitätssteigernde Spezialisierung und Organisation der gesellschaftlichen Arbeit, ernährten eine rasch wachsende Bevölkerung.

Gegen Ende des 6. Jahrtausends hatten die größten Siedlungen Vorderasiens, Jericho in Palästina und Chatal Hüyük im türkischen Kappadokien, nicht mehr als 2000 Einwohner. Nun, zu Beginn des dritten Jahrtausends, wuchsen Städte wie Uruk und das alte Ur auf Größen von 50000 bzw. 35000 Einwohnern, um 2200 v. Chr. hatte Ur sogar 250000 Einwohner.[39]

Fünftausend Jahre nach Beginn der Veränderungen des Neolithikums hatten sich die Verhältnisse zwischen Jägern und Sammlern und Bauern umgekehrt. Die Verstoßenen der archaischen Gesellschaft waren zu Trägern der dominierenden expansiven Kultur geworden. Sie beherrschten die »Wilden«.

Im sumerischen Epos muß der wilde Enkidu, der mit den Tieren lebt, der »würgerische Mensch aus dem Innern der Steppe«, zivilisiert werden, weil er die Netze der königlichen Jäger zerreißt. Er wird auf Geheiß Gilgameschs von einer Tempelhure nach Uruk gelockt. Dort dient er als Gehilfe eines Königs, der »alles gesehen im Bereich des Landes, der die Meere kannte, Jegliches wußte«. Im Dienst Gilgameschs, der im Verlangen nach Unsterblichkeit sich und Enkidu in allerlei Abenteuer stürzt, stirbt der gezähmte Enkidu auf ziemlich klägliche Weise – wohl an einer Infektion. Zuvor verflucht er den Jäger und die Hure, die ihn in die Zivilisation gelockt hatten. Nur den König, seinen Herrn, verschont er mit seinen Verwünschungen.

Die archaische Gesellschaftsstruktur hatte sich in den ersten Hochkulturen aufgelöst. Anstelle von Verwandtschaftsbeziehungen bestimmen nun Machtverhältnisse und Abhängigkeiten die Formen des gesellschaftlichen Zusammenlebens. Die »regulierte Anarchie« der Urgesellschaft als einer Gemeinschaft von Gleichen war durch eine Klassengesellschaft abgelöst worden. An den Extrempositionen der gesellschaftlichen Hierarchie standen nun der Herrscher und der Sklave.

Nicht nur die Verhältnisse zwischen Menschen, sondern auch die Beziehungen zur Natur waren ausbeuterisch geworden. Tausend Jahre nach Gilgamesch, der dem Epos zufolge eine gewaltige Mauer um seine Stadt hatte bauen lassen, eine Mauer, »deren Friese wie Bronzeschalen schimmern«, waren Uruk und das südliche Mesopotamien ruiniert.

Drei Jahrtausende intensiver Bewirtschaftung, besser gesagt: uneingeschränkten Raubbaus, hatten die Erde erschöpft. Künstliche Bewässerung ohne ausreichende Drainage ließ das Grundwasser unter den Feldern bis in den Bereich der Pflanzenwurzeln steigen. Durch Kapillareffekte und Verdunstung versalzten die Böden und wurden unfruchtbar.

Um 2400, dreihundert Jahre nach Gilgamesch, wurde pro Hektar die beachtliche Menge von 2500 Litern Getreide geerntet. Dreihundert Jahre später waren die Erträge bereits auf 1500 Liter pro Hektar gefallen.

Die Sumerer gingen dazu über, anstelle von Weizen die weniger empfindliche Gerste anzubauen. Um 3500 v. Chr. waren beide Getreidearten noch in gleichen Mengen angebaut worden. Am Ende der ökologischen Selbstzerstörung der sumerischen Kultur wurde fast ausschließlich Gerste angebaut. Auch das konnte den Verfall nicht aufhalten. Um 1700 v. Chr. waren die Hektarerträge auf 900 Liter Getreide gefallen.[40]

Das Land im Süden konnte die hypertrophierte städtische Kultur nicht mehr ernähren. Sumer verfiel. Das Machtzentrum verlagerte sich nach Norden.

Die Tradition des Fortschritts

Die Neolithische Revolution wurde nicht durch Entdeckungen ausgelöst, deren Vorteile erkannt und genutzt wurden, um ein besseres oder ein sichereres Leben zu führen, oder gar eine höhere Kulturstufe zu erreichen. Die Veränderungen des Neolithikums waren vielmehr Reaktion auf Krisen, die im Rahmen der archaischen Gesellschaft und mit ihren Produktionstechniken nicht gelöst werden konnten.

Was im nachhinein als kontinuierliche Reihe von Erfindungen, Veränderungen und Verbesserungen erscheint, die mit einiger Konsequenz die Zivilisation begründeten, war in Wirklichkeit ein passives Reagieren vieler Generationen anonymer Menschen auf Probleme, die jeder erfuhr. Unbewußt und von ihnen gewiß nicht als »Fortschritt« empfunden, leiteten sie Veränderungen ein, die in für uns unvorstellbar langen Entwicklungsperioden die ersten Hochkulturen entstehen ließen.

Gewiß unterschieden sich die Träger der fortschrittlichen Entwicklungslinie des Ackerbaus und der Viehzucht weder im Denkvermögen noch in der Erfindungsgabe biologisch von ihren jagenden und sammelnden Zeitgenossen. Biologische Reifeprozesse des Gehirns können nicht erklären, warum die einen die Technik der Landwirtschaft erfanden, während die anderen ihr traditionelles Leben fortführten. Die Träger der fortschrittlichen Entwicklungslinie erfanden nicht die Landwirtschaft, weil sie erfinderisch waren, sondern weil sie gezwungen wurden, diese Fähigkeit zur Lösung eines speziellen Problems einzusetzen, das sich eben nur ihnen stellte. Fast unmerklich entwickelte sich daraus die Landwirtschaft.

Jeder Versuch, diesen im Neolithikum eingeleiteten expansiven Entwicklungsprozeß von Technik und Wirtschaftsweise auf aktiv wirkende biologische Komponenten zurückzuführen, beruht auf einem Mißverständnis evolutionärer Mechanismen. Wenn am Ende einer längeren Entwicklungsreihe die eine Gesellschaft »höher« als die andere entwikkelt ist (unabhängig davon, was immer man unter »höher« versteht), bleibt der »höhere« Entwicklungszustand nur das Ergebnis, war aber nie das biologisch determinierte Ziel dieser Entwicklung.

Einen Trieb, der »den« Menschen verpflichten würde, Technik zu entwickeln, gibt es nicht. Und auch die beliebte Prothesentheorie, die das Ziel der technischen Entwicklung darin sieht, daß der Mensch zunehmend Funktionen seines Körpers auf technische Apparate überträgt, bestimmt nur den sachlich vorgegebenen Rahmen, innerhalb dessen technische Entwicklungen für die Menschen sinnvoll erscheinen: Die Entwicklung der Armprothese »Schaufel« determiniert nicht den Schaufelbagger, die der Stoffwechselprothese »Feuer« schreibt nicht die Entwicklung von Atombomben und -reaktoren vor und die der Gehirnprothese »Abakus« nicht den Computer. Die Tatsache, daß die meisten menschlichen Gesellschaften auf höchst unterschiedlichen Entwicklungsstufen der Selbstentäußerung durch technische Apparate stehengeblieben sind, zeigt, daß die Anstöße eher aus gesellschaftlichen Strukturen und historischen Mechanismen kommen als aus biologischen Antriebskräften. Das gilt heute wie damals.

Die treibenden Kräfte liegen im Bereich gesellschaftlicher und historischer Faktoren und sind nur negativ mit biologischen Gegebenheiten verbunden: mit der Notwendigkeit, Nahrung und andere Güter zu produzieren, und mit der Möglichkeit, dies durch Technik zu erleichtern.

Hier führt die Neolithische Revolution die erste einschneidende Zäsur in die bis dahin relativ gleichartig verlaufende Entwicklung der unterschiedlichen vor-neolithischen Gesellschaften ein. Während die einen weiter in einem archaischen Gleichgewichtszustand einer stagnierenden Ökonomie verharren, leiten die anderen die expansive Entwicklungsreihe ein, aus der sich letztlich auch unsere industrielle Zivilisation entwickelt.

Die Antriebsmomente dieser Entwicklung wirken negativ. Die auf Ungleichheit und Unterdrückung aufbauende Gesellschaftsstruktur und die auf Ausbeutung von Menschen und Natur gerichtete Wirtschaftsweise erzeugen eine permanente Destabilisierung. Während die archaische Gesellschaft auf Gleichheit aufbaute, und – wollte sie sich nicht der Gefahr der Selbstvernichtung aussetzen – die Natur nie über die Grenze ihrer Regenerationsfähigkeit ausbeutete, erzeugt die expansive Zivilisation auf jeder Entwicklungsstufe Probleme, die sie dann auf der nächsten lösen muß. Die Entstehung von Klassen, die Ausbeutung von Menschen und Natur werden zum Motor des zivilisatorischen Fortschritts. Unterdrükkung, Elend, wirtschaftliche und ökologische Probleme treiben die Entwicklung voran.

Wissenschaft und Technik sind heute systematisch geförderte Elemente dieses Entwicklungsprozesses. Ihre Ergebnisse sind soweit integriert, daß unsere Gesellschaftsstruktur nicht nur von der bestehenden Technik abhängig geworden ist, sondern bereits in ihrer Substanz gefährdet wäre, käme der permanente Innovationsprozeß zum Erliegen.

Und aus dieser notwendigen Veränderung des Bestehenden, dem Ergebnis einer jahrtausendealten Tradition, legitimieren sich Wissenschaft und Technik. Die Mechanismen haben sich geändert, das Entwicklungsprinzip ist geblieben.

Bildlichen Ausdruck sucht sich diese emanzipatorische Tradition von Wissenschaft (und Technik) im Verfahren Galileis vor der Inquisition. Die Macht der erdumspannenden Institution Kirche wird durch das Wissen eines einzelnen Mannes gefährdet. Und noch stets zitieren Wissenschaftler, denen heute die Frage nach der Orientierung ihrer Forschungs- und Entwicklungsarbeit gestellt wird, dieses historische Modell: Der Niedergang Italiens nach dem Höhepunkt der Renaissance sei Ergebnis der Unterdrückung des freien Erkenntnisstrebens durch die wissenschaftsfeindliche Macht der Kirche gewesen.

Doch das Zitieren ist längst zur leeren Geste verkommen. Die gesellschaftliche Funktion von Wissenschaft und Technik hat sich seit Galileis Tagen grundsätzlich verändert. Und die heutige Institution Wissenschaft und Technik gleicht eher der Kirche zur Zeit der Renaissance. Mit dem Verbannten von Arcetri haben die heutigen Wissenschafts-Bischöfe und -Kardinäle ebensoviel gemein wie Galileis Inquisitoren mit dem Schmerzensmann von Golgatha, auf den sie sich beriefen. Galilei forderte die erdumspannende Macht der Kirche heraus, indem er ihre Dogmen in Frage stellte. Heute drängt die Wissenschaft zwar noch immer auf die Veränderung von Weltbildern und die Technik auf die Veränderung der Welt, aber kaum noch als Teil eines gesellschaftlichen Erneuerungsprozesses.

Mit Milliardensummen gefördert, verhätschelt und vom Heer der Gläubigen blind verteidigt, sind Wissenschaft und Technik zum entscheidenden Instrument einer fortwährenden Restauration bestehender Machtverhältnisse geworden: Sie haben die Aufgabe, stets von neuem die Löcher und Ritzen abzudichten, die durch ungelöste gesellschaftliche und politische Probleme fortwährend aufgerissen werden. Das bestätigen auch die ersten Ansätze zur »zweiten biologischen Revolution«, zur Entwicklung der Neuen Biologie.

Das Rätsel Leben

Skandalöse Liebschaften

»Es gibt so viele Arten wie das unendliche Sein am Anfang geschaffen hat«, verkündete in der Mitte des 18. Jahrhunderts Carl von Linné, der Begründer der modernen Botanik. Und um diese Arten unterscheiden zu können, mußte, wer vom großen Linnaeus als Schüler angenommen werden wollte, sich einem strengen Exerzitium unterwerfen. Um den Meister auf seinen Exkursionen in die Natur begleiten zu dürfen, hatte er sich Punkt sieben des Morgens, auf Gefahr vor Strafe bei Verspätung, am vereinbarten Treffpunkt einzufinden, ausgerüstet mit Lupe, Präpariernadel, Messer und Schreibzeug, Botanisierbüchse, Sammelpapier, Insektennadeln und selbstverständlich auch Linnés *Systema naturae* im Gepäck. Gesammelt, analysiert und präpariert wurde bis sieben Uhr abends, die Ergebnisse in halbstündigen Abständen vor des Meisters Augen ausgebreitet, der die Funde nach Gattung, Art, Standort, Nutzen und Besonderheiten zu unterscheiden lehrte. Einzig erlaubte Unterbrechung eines streng reglementierten Arbeitstages in Gottes freier Natur war die Verkündung eines seltenen Fundes durch den Klang eines Waldhorns.[41]

Linnés Arten, kategorisiert nach Verteilung, Zahl und Verwachsung der Staub- und Fruchtblätter, zeugten vom unveränderbaren Willen des Schöpfers. Gott hat die Natur geschaffen, wie sie noch heute ist. In seiner 1737 veröffentlichten *Critica botanica* unterschied Linné die vergänglichen Taten des Menschen von den vollkommenen und unvergänglichen Werken Gottes: »Ich unterscheide die Arten des allmächtigen Schöpfers, die rein sind, von den abnormen Varietäten des Gärtners. Die ersteren bestehen fort und haben seit dem Anfang der Welt bestanden, die letzteren können sich als Monstrositäten nur eines kurzen Lebens rühmen.«[42]

In Linnés aufgeklärtem 18. Jahrhundert zeugten die Ergebnisse widernatürlicher Vereinigungen schon von abnehmender Anstößigkeit der Verstöße gegen Gottes unabänderlichen Willen, wie er sich im Schöpfungsplan manifestierte: In der wissenschaftlichen Literatur tauchten Kreuzungen nur noch zwischen unterschiedlichen Varietäten einer einzigen Art auf. Die Jahrhunderte davor hatten wahrhaft gotteslästerliche Früchte verbotener Liebschaften registriert: Menschen mit Froschgesichtern, Kinder mit zwei Köpfen oder gar Schlangenhaaren, Zwitterwesen aus Affe und Bär, Hund und Huhn waren beobachtet und eine Vielzahl beachtlicher Perversionen wissenschaftlich erörtert worden.

»Die Monstren sind Dinge wider den Lauf der Natur«, hatte der führende Chirurg der Renaissance, Ambroise Paré erklärt, Produkte der Unzucht, Kinder, die von skandalösen Leidenschaften zeugen. Die Natur läßt jede Verbindung zu – aber sie bestraft sie durch Leiden und Empörung.

Erst wieder vor Gott versöhnte sich die beleidigte Schöpfung. Montaigne wußte im 16. Jahrhundert: »Was wir Monstren nennen, sind keine vor Gott, denn er sieht in der Unermeßlichkeit seines Werkes die Unendlichkeit der Formen, die er darin mit einbezogen hat.«[43]

Linné hatte, im Gegensatz zu den Wissenschaftlern der früheren Jahrhunderte, die Monstrositäten, die er beschrieb, zwar gesehen, aber er interessierte sich nicht sonderlich dafür, wie sie entstanden sind. In seinem Buch *Species plantarum* beschrieb er die Produkte der Kreuzung verschiedener Varietäten zweier Pflanzenarten, versäumte aber zu untersuchen, wie die Existenz der künstlich erzeugten Pflanzen mit seinem Postulat von der Unveränderbarkeit der Arten zu vereinbaren war.[44]

Linnés jüngerer Zeitgenosse, Joseph Gottlieb Koelreuter, stieß sich an diesem Widerspruch. Er begann mit systematischen Kreuzungsversuchen. Bei einem dieser Versuche kreuzte er zwei Tabaksvarietäten und beobachtete, zunächst nicht ohne religiöses Entsetzen, daß entgegen dem Dogma von der Perfektion der Schöpfung, die hybride Pflanze prächtiger heranwuchs als die Elternpflanzen. Erst als die Blüten welkten, die Blütenblätter abfielen und nun die Zeit der Samenbildung gekommen wäre, konnte Koelreuter erleichtert feststellen, daß die hybride Pflanze unfruchtbar war. Weltbild und Beobachtung, Ethik und Erkenntnis ließen sich noch einmal zur Deckung bringen.

Die Natur, so folgerte der große Botaniker, habe die Vermischung von verschiedenen Varietäten nicht beabsichtigt. Daher ließ sie sie an zwei Orten wachsen, die normalerweise durch Hunderte von Kilometern getrennt waren. Wurden sie nun von Menschenhand in einem Garten zusammengepfercht, wo Wind, Insekten oder Menschen die Pollen übertragen konnten, so wurde künstlich vereinigt, was »vom weisen Schöpfer nicht füreinander bestimmt worden war«: Die Natur war weiser als der Mensch. Sie schützte sich, indem sie die Hybridpflanze zwar üppig heranwachsen ließ, dann aber steril machte: Die Monstren sind zum Aussterben verdammt.[45]

Eine Generation nach Koelreuter setzte Carl Friedrich Gärtner die Versuche mit Pflanzenhybriden in einer anderen Größenordnung fort. Sein 1849 erschienenes Buch *Versuche und Beobachtungen über die Bastarderzeugung im Pflanzenreich*, das nach Darwin »mehr wertvolles Material enthält, als (die Werke) aller anderen Autoren zusammengenommen«, beschreibt die Ergebnisse von mehr als 10000 Experimenten mit 700 Arten, aus denen 250 verschiedene Hybridpflanzen erzeugt worden sind.[46]

Die ungewöhnlich große Zahl dieser Verstöße gegen Gottes Schöpfungsplan brachte Gärtners Weltbild mindestens ebenso durcheinander, wie das Koelreuters durch die prächtige Erscheinung seiner Tabakhybride verwirrt worden war. Doch Gärtner vermehrte einige dieser Hybriden der ersten Generation weiter und beobachtete in der zweiten Generation etwas Unerwartetes: Einzelne Nachkommen glichen wieder einem der beiden Großeltern. Sie waren zum Ausgangszustand zurückgekehrt. Was wenig später von Mendel richtig gedeutet wurde, erschien Gärtner noch als Versöhnung der beleidigten Schöpfung durch die Natur.

Noch 1856 sah Charles Naudin, eine der zeitgenössischen Autoritäten in der Hybridenforschung, in dieser Rückkehr der Hybriden zum Erscheinungsbild der reinen Varietät eine Intention der Natur: »Sagt man nicht, daß die Natur begierig ist, die hybriden Formen aufzulösen, die nicht in ihren Plan passen? Sie tut dies durch die Unvollkommenheit des Pollens in einer großen Zahl von Hybriden, doch, wenn Hybriden fruchtbar sind, durch Trennung der beiden spezifischen Wirkstoffe, die künstlich oder durch Zufall zusammengebracht worden sind.«[46]

Die Monstren waren nur etwas unauffälliger geworden.

Versucher und Mönch

Wer eine so simple Angelegenheit wie die Entstehung von Pflanzenhybriden in einen Sinnzusammenhang stellt, der die ganze Schöpfung umfaßt, müßte, bevor er die Erklärung finden kann, erst den Kosmos interpretiert haben. Wenn Goethes Faust wissen will, »was die Welt im Innersten zusammenhält«, ist das gewiß nicht unbillig, für einen Naturwissenschaftler jedoch höchst unpraktisch. Ihm bleibt am Ende nur der Rekurs in Magie, Subjektivität oder »flache Unbedeutendheit«. Als Naturwissenschaftler scheitert Faust daher an seinem Schöpfer Goethe.

Die Negation von Faustens Wertsystem durch den in den Talar geschlüpften Versucher Mephisto liefert schon eher das Rezept für den Naturwissenschaftler.

»Wer will was Lebendigs erkennen und beschreiben,
sucht erst den Geist herauszutreiben,
dann hat er die Teile in seiner Hand«,

und, ein ebenso wirkungsvoller Rat:

»Das wird nächstens schon besser gehen,
wenn ihr lernt alles zu reduzieren.«

Eben diese von Goethe verspottete positivistische und reduktionistische Methode, ist Voraussetzung naturwissenschaftlicher Wege zur Erkenntnis. Mit dieser Methode wird die Biologie in der 2. Hälfte des 20. Jahrhunderts die Voraussetzung dafür schaffen, daß heute, nach einer Einsteinparaphrase des großen Gelehrten Erwin Chargaff, Natur zwar nicht verstanden, aber immerhin erklärt werden kann.

Die Säkularisierung der lebenden Natur hatte 1859 Darwin in seinem epochalen Werk *Die Entstehung der Arten* vollzogen. Nun waren die Hoffnung auf ein göttliches Walten endgültig verflogen, und jeder Glaube an eine von Anfang an gewollte Harmonie der Schöpfung gründlich ausgetrieben. Die Schöpfung ist veränderlich, Harmonie gibt es nicht und die Evolution muß in letzter Konsequenz simplen physikalischen Gesetzen unterstehen, wobei Lebewesen Materie und Energie durch die Kreisläufe der Biosphäre transportieren.

Zu Darwins Theorie kam eine zweite unabhängige Erkenntnis hinzu. Lebewesen sind keine unteilbare Ganzheit. Sie bestehen aus kleinen Einheiten, den Zellen. Zumindest bis zu dieser Stufe der Zellen hinunter konnte man nun annehmen, daß es zwar schwierig sein würde, den Zusammenhang und die Wechselwirkung zwischen den Zellen zu erforschen, konnte aber darauf vertrauen, daß es dazu keiner metaphysischen »Lebenskräfte« bedürfen würde. Man konnte getrost daran gehen, den Organismus in seine Elemente zu zerlegen, um diese außerhalb des Zusammenhanges der lebenden Ganzheit einzeln zu studieren.

1854 begann der junge Mönch Gregor Mendel, ein fähiger und beliebter Lehrer für Naturgeschichte und Naturlehre und ein im Wissen seiner Zeit umfassend gebildeter Forscher, dessen Kenntnisse von der Physik bis zur Biologie reichten, mit Züchtungsversuchen an Erbsen. Sein Labor war der Garten des Augustinerklosters von Altbrünn. Wie er später berichtete, verbrachte er die ersten beiden Jahre nur damit, die aus mehreren Samenhandlungen bezogenen »34 mehr oder weniger verschiedenen Erbsensorten« zu prüfen. Diese Prüfung bestand in der Aussaat von Erbsen und der mehrjährigen Beobachtung ihrer Merkmale. Blieben die Merkmale gleich, handelte es sich um reine Sorten. Differierten die Nachkommen von den Eltern, so waren die Sorten unrein und für Mendels Versuche unbrauchbar.

Zur gleichen Zeit, in der Naudin noch einen Plan in der Natur suchte, der die Entstehung von Hybriden verhindern würde, erkannte Mendel: »Der Wert und die Geltung eines jeden Experiments wird durch die Tauglichkeit der dazu benützten Hilfsmittel sowie durch die zweckmäßige Anwendung derselben bedingt ... Die Auswahl der Pflanzengruppen, welche für Versuche dieser Art dienen soll, muß mit möglichster Vorsicht geschehen, wenn man nicht im Vornhinein allen Erfolg in Frage stellen will.« Nicht mehr die Natur verfügt über die Versuchsanordnung, sondern der Experimentator legt die Bedingungen fest, unter denen es sich Natur gefallen lassen muß, von ihm befragt zu werden.[47]

Die Natur interessiert gerade nur noch soweit, wie sie die Versuchsergebnisse beeinflussen kann. Die Pflanzen sind keine unteilbaren Einheiten, sondern, in Mendels Fall, Träger von Blüten, Früchten, Blättern etc., Einzelheiten, die nichts miteinander zu tun haben und sich außerdem von Sorte zu Sorte unterscheiden lassen.

In geduldigen, unendlich mühsamen Versuchsserien kreuzte Mendel jahrelang große Mengen rotblühender Erbsensorten mit weißblühenden und beobachtete, daß alle Nachkommen der ersten Generation rot blühten. Er pflanzte die Samen dieser Hybriden im folgenden Jahr erneut und stieß auf das gleiche Phänomen wie vor ihm Gärtner: Die Nachkommen der Hybriden der ersten Generation teilten sich auf in Pflanzen, die Merkmale von jeweils einer der »Großeltern«-Sorten trugen: rote oder weiße Blüten. Dabei kamen auf jede weißblühende Pflanze drei rotblühende.

Anschließende Versuche, in denen unterschiedliche Farben und Formen von Stengeln, Hülsen oder Samen Unterscheidungskriterien für verschiedene Sorten bildeten, führten zu dem gleichen Resultat. Die Hybriden der ersten Generation glichen einer Elternsorte, in der zweiten spalteten sich die Merkmale wieder auf. Am Ende einer Versuchsserie zählte Mendel beispielsweise 6022 gelbe und 2001 grüne Erbsensamen als Ergebnis einer Kreuzung der gleichen Zahl von Erbsenpflanzen aus grünen und gelben Samen: Wieder fast genau das Verhältnis von 3:1.

Nach acht Jahren Kreuzungsversuchen mit Erbsen, in denen er Zehntausende einzelner Versuchsergebnisse registriert und ausgewertet hatte, zog Mendel seine Schlußfolgerung: Die äußerlich beobachtbaren Merkmale werden von Faktoren bestimmt, die unabhängig vom Rest der Pflanze wirken. Jede Pflanze enthält zwei dieser Faktoren, einen von jedem der beiden Eltern. Die Mischung dieser Faktoren bei der Bestäubung bestimmt der Zufall, und daher werden die Zahlenverhältnisse von 3:1 nur beobachtet, wenn eine genügend große Anzahl von Pflanzen zur Verfügung steht. Daß die Nachkommen von rot- und weißblühenden Erbsen nicht rosa, sondern rot blühen, hängt damit zusammen, daß, wenn sich zwei unterschiedliche Faktoren in einer Pflanze vereinigen, der Faktor rot über den Faktor weiß dominiert. Dies erklärt auch die Aufteilung der Pflanzen der zweiten Generation im Verhältnis von 3:1 zugunsten von rot: Während alle weißen Pflanzen zwei Faktoren für weiß besitzen müssen, hat nur eine von drei roten Pflanzen zwei Faktoren für rot, während zwei rote Pflanzen je einen Faktor für rot und einen für weiß haben. Das folgende Schema verdeutlicht den Zusammenhang:

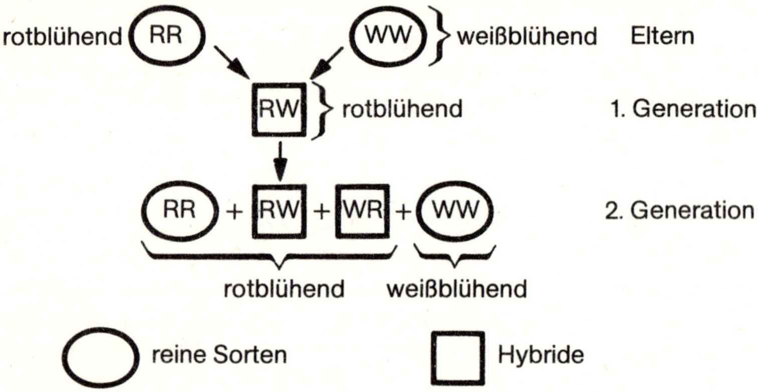

1865 trug Mendel die Ergebnisse seiner Versuche vor dem »Naturforschenden Verein« von Brünn vor. Das Ergebnis war, wie von Mendel erwartet, »geteilte Meinung«, doch die von ihm angeregten Kontrollversuche unternahm niemand. Er ließ 150 Exemplare seiner Arbeit drucken, die er an Institute und bekannte Forscher verschickte. Die einzige Antwort war negativ: Die Schlußfolgerungen seien nicht zwingend. Es könnte sich um einen Sonderfall handeln. Undenkbar, daß sich aus Hybriden wieder reine Sorten entwickeln ließen.

1868 wurde Mendel zu seinem eigenen Erstaunen zum Abt seines Klosters gewählt. Für seine wissenschaftlichen Versuche blieb ihm nun immer weniger Zeit. Er wurde Mitglied so unterschiedlicher Organisationen wie des Brünner Bienenzuchtvereins und einer von Wien abhängigen Landeskommission zur Regelung der Grundsteuer in Mähren, gelangte in den Verwaltungsrat der Hypothekenbank von Mähren, geriet über einer Steuerfrage als Abt seines Klosters mit der Bürokratie des Habsburgerreichs in Konflikte, die sich bis zu seinem Lebensende hinzogen, und stiftete die freiwillige Feuerwehr seines Geburtsorts Heinzendorf, der ihm 1902 seine vermutlich erste Gedenktafel widmete. 1884 starb Mendel und wurde unter großer Anteilnahme der Bevölkerung zu Grabe getragen.

Ein junger Biologe, der ihn 1878 in Brünn aufgesucht hatte, berichtet mehr als sechzig Jahre später: »Während der Herr Abt einer der beliebtesten Geistlichen in Brünn war, glaubte keine Seele, daß seine Experimente mehr waren als ein Freizeitvergnügen und seine Theorien mehr als Faselei eines bezaubernden Schwätzers.«[48]

Die Zeit der Fliegen

Ebensowenig wie die Bevölkerung von Brünn erkannten die zeitgenössischen Wissenschaftler die Bedeutung von Mendels Forschung. Mendels Arbeit geriet nicht etwa in Vergessenheit, um erst wieder in unserem Jahrhundert entdeckt zu werden. Sie blieb unbeachtet bis zum Jahr 1900, als fast zur gleichen Zeit De Vries, Correns und Tschermak die gleiche Entdeckung machten, und feststellen mußten, daß 35 Jahre vor ihnen ein unbekannter Mönch sie vorweggenommen hatte.

Über die Gründe ist viel gerätselt worden. Daß Mendel seiner Zeit zu weit voraus gewesen sei, erklärt wenig. Entscheidend war, daß die führenden zeitgenössischen Wissenschaftler sich nicht mit Mendels Vorstellung befreunden konnten, daß einzelne Merkmale als selbständige Einheiten vererbt werden. Es gibt bei Mendel keine Zwischenstufen, etwa für den Faktor der Blütenfarbe von Erbsen: sie sind entweder weiß oder rot. Um das Ausmaß des Widerspruchs zwischen Mendels Theorie und dem herrschenden Dogma der Zeit zu erkennen, muß man sich vor Augen halten, daß Darwins Evolutionstheorie, die auf Vererbung von Merkmalen und ihrer Veränderung aufbaut, die Veränderung als ein kontinuierliches Fließen von einem Zustand zum anderen auffaßte, nicht aber als Folge sprunghafter Mutationen.

Außerdem war Mendels physikalisch-mathematischer Ansatz, äußere Merkmalsveränderungen einer großen Zahl von Individuen zu betrachten, um aus Statistiken auf das zu schließen, was im Inneren der Zellen die Vererbung regelt, dem biologischen Denken seiner Zeit völlig fremd. Man beschäftigte sich mit Individuen und beschränkte seine Aussagen auf das, was man unmittelbar beobachten und beschreiben konnte.

Die Brücke wurde erst gegen Ende des 19. Jahrhunderts geschlagen. In den Zellkernen entdeckte man mit den inzwischen wesentlich verbesserten Mikroskopen sichtbare materielle Einheiten, die Chromosomen, deren Verhalten, bei Zellteilungsprozessen etwa, in Verbindung zu einem wesentlichen Gedanken in Mendels Theorie gebracht werden konnte. Diese Chromosomen sind in jeder Körperzelle in doppelter Ausführung vorhanden, in den Keimzellen jedoch nur in einfacher. Und eben dies forderten Mendels Vererbungsgesetze, nach denen die aus Vereinigung zweier Keimzellen hervorgegangenen Körperzellen von jedem Elternteil einen Faktor erhalten haben mußten.

Doch damit waren die Chromosomen noch nicht mit den Mendelschen Erbfaktoren, den heutigen Genen, gleichzusetzen. Denn die Zahl der Gene muß sehr viel größer sein als die der Chromosomen, beispielsweise in menschlichen Körperzellen nur 46.

Was die Gene, Mendels »Faktoren«, tatsächlich sind und wie sie wirken, blieb noch lange Zeit unbekannt. Der zum Biologen gewordene Physiker Max Delbrück definiert in seiner Nobelrede von 1969 den Gen-Begriff der mittleren dreißiger Jahre: »Gene waren zu dieser Zeit algebraische Einheiten der kombinatorischen Wissenschaft der Genetik, und es war alles andere als klar, daß diese Einheiten Moleküle in Begriffen der strukturellen Chemie waren.«[49] Ein Gen konnte zu dieser Zeit noch ebensogut eine hypothetische Größe, eine reine Fiktion sein wie ein materielles Gebilde. Dennoch war es wahrscheinlich, daß sie in Verbindung mit den sichtbaren materiellen Einheiten der Chromosomen in Verbindung standen.

Um diese Zusammenhänge näher zu untersuchen, begann um 1910 der Amerikaner Thomas Morgan mit Versuchen an Taufliegen. Mendels Hypothese folgend, nach der »die Einheit des Entwicklungsplans des organischen Lebens außer Frage steht«, entschied sich Morgan aus sehr praktischen Gründen für Fliegen als Untersuchungsobjekte seiner genetischen Experimente: Sie sind sehr viel leichter zu züchten und vermehren sich in ein paar Wochen und nicht wie Erbsen in Jahresabständen.

Wie das vor sich ging, beschreibt einer von Morgans ältesten Mitarbeitern, A. H. Sturtevant: »Im Winter 1910/11 nahm Morgan C. B. Bridges und den Verfasser – damals noch beide Studenten ohne Diplom – in sein Labor, und gab uns Arbeitsplätze in dem, was später als Fliegenraum bekannt wurde. Dies war ein ziemlich kleiner Raum mit 8 dichtgedrängten Labortischen, in dem wir drei für die nächsten siebzehn Jahre Drosophila züchteten.«[50]

Die unendlich mühsame und langwierige Arbeit begann damit, daß die Wissenschaftler unter Hunderttausenden von Fliegen die wenigen »Monstren« heraussuchten, die durch Mutationen – Genveränderungen – entstanden waren: Individuen, die gegenüber der normalen Fliege anomale Merkmale aufwiesen: kurze Fühler, Stummelflügel, verkürzte Beine, schwarze Körper, purpurfarbene oder weiße Augen, gekrümmte Flügel etc.

Jede dieser Veränderungen hat, sofern sie nicht durch Verstümmelung herbeigeführt wird, genetische Ursachen. Und Sitz eines jeden Gens, so die Hypothese, ist eines der vier Chromosomenpaare der Körperzellen der Fliegen.

Morgan und seine Mitarbeiter konnten nun durch Kreuzungen riesiger Zahlen von normalen und anomalen Drosophila feststellen, welche Gene auf ein und demselben Chromosom lagen. Wenn etwa das anomale Merkmal »weiße Augen« stets mit dem Erscheinen des geschlechtsbestimmenden X-Chromosoms verbunden war, konnten die Genetiker folgern, daß die Gene für beide Merkmale an ein und dasselbe Chromosom gebunden waren. Mehr noch, die mathematische Auswertung großer Zahlen derartiger Kreuzungsversuche mit den unterschiedlichsten genetischen Varianten erlaubte auch, die Reihenfolge der einzelnen Gene auf einem Chromosom zu bestimmen: Sie liegen in bestimmten Abständen hintereinander auf den Chromosomen, wie Perlen auf einer Schnur.

Doch damit sind die entscheidenden Fragen nach der Natur der Gene, und wie Gene wirken, wie sie in die Stoffwechselvorgänge der Zelle eingreifen, wie sie ein Fliegenauge weiß, purpurfarben oder rot erscheinen lassen, nicht gelöst. Denn das Gen selbst ist nicht mit dem Farbstoff des Auges oder der Länge und Form des Flügels gleichzusetzen. Es muß lediglich komplizierte biochemische Stoffwechselprozesse steuern, die dann Augenfarbe oder Flügelform bestimmen.

In den vierziger Jahren begann der amerikanische Genetiker George Beadle, diesen Mechanismus zu untersuchen. Doch die Verhältnisse bei Drosophila erwiesen sich bald als zu kompliziert, und daher wandte sich Beadle zusammen mit Tatum einem sehr viel einfacheren Organismus zu: dem Brotschimmel Neurospora, einem winzigen Pilz, der einfach auf einer Nährlösung von Zucker und Salzen gezüchtet werden kann und sich sehr viel rascher vermehrt als Drosophila.

Auch hier fing die genetische Arbeit mit der Suche nach mutierten Individuen an. Doch die Abhängigkeit des Pilzwachstums vom Nährmedium erleichterte das Auffinden und die Züchtung von Mutanten ganz erheblich. Beadle und Tatum wählten ganz einfach Mutanten aus, deren Stoffwechsel gestört war. Die Mutationen ließen sich daran erkennen, daß sie in der normalen Nährlösung nicht lebensfähig waren. Ihr Stoffwechsel war an bestimmten Stellen unterbrochen. Der mutierte Pilz hatte die Fähigkeit verloren, bestimmte Aminosäuren, Vitamine, Enzyme etc. herzustellen und konnte nur am Leben erhalten werden, wenn Beadle und Tatum der Nährlösung die fehlenden Chemikalien zusetzten.

Die beiden Forscher zeigten nun, daß an jeder einzelnen dieser Störungen das Fehlen eines biochemischen Katalysators schuld war: eines bestimmten Enzyms. Im biochemischen Betriebsablauf des Stoffwechsels spielt das Enzym die Rolle eines Vermittlers, der bestimmte Reaktionen beschleunigt, ohne selbst durch sie verändert zu werden. Fehlt das Enzym, so ist der Stoffwechsel an der betreffenden Stelle blockiert. Jedes Gen, so folgerten Beadle und Tatum in ihrer berühmten »Ein Gen – Ein Enzym«-Hypothese, mußte die Herstellung eines Enzyms steuern.[51]

Was aber ein Gen ist, vermochte auch diese Theorie nicht zu erklären.

Physiker entdecken die Biologie

Bis in die Mitte der zwanziger Jahre galten Mutationen als Ergebnis natürlicher Ereignisse. Sie entstanden spontan, wie und wodurch wußte noch niemand. 1926 bestrahlte Hermann J. Muller Drosophila-Fliegen und entdeckte, daß der Anteil der mutierten Exemplare unter den Nachkommen sprunghaft anstieg. Das hatte zunächst die sehr willkommene praktische Konsequenz, daß man die Populationsgrößen für genetische Zuchtversuche drastisch verringern konnte.

Doch sehr viel folgenreicher war, daß Mullers Erkenntnis erlaubte, das physikalische Phänomen »Strahlen« mit dem biologischen Phänomen »Veränderung des Erbguts – Mutation von Genen« in Beziehung zu bringen. Mullers Ergebnis machte die Biologie auf einen Schlag auch für Physiker interessant.

Die Untersuchung der Wechselwirkung zwischen Strahlen und Materie hatte die Physiker seit der Jahrhundertwende zu einer völlig neuen Betrachtungsweise der Materie geführt. Sowohl Einsteins Relativitätstheorie, als auch das Atommodell Bohrs und zuletzt die Quantenmechanik, die von Heisenberg, Bohr und Born entwickelt worden war, sind ganz entscheidend durch Untersuchung der Wechselbeziehung zwischen Materie und Strahlung bestimmt worden.

Nun wurden durch Mullers Erkenntnis auch Gene zum Objekt quantenmechanischer Überlegungen. Bisher waren es körperlose Begriffe gewesen. Sie ließen sich jetzt in den Bereich jener materiellen Objekte einreihen, die mit Strahlung in Wechselwirkung traten und durch Aufnahme von Energie (Strahlungsenergie) verändert wurden. Ein fundamentaler Lebensprozeß, die Vererbung von biologischen Merkmalen, rückte in den Physikern wohlvertrauten Bereich der quantitativen Untersuchung der Wechselwirkung von Strahlung und Materie.

Der Däne Niels Bohr, neben Einstein der Mann, der das physikalische Denken dieses Jahrhunderts am tiefsten geprägt hat, stellte im August 1932 erstmals einem größeren Publikum Gedanken vor, die damals theoretische Physiker an Lebensvorgängen interessierten. Auf dem Kopenhagener internationalen Kongreß für Lichttherapie folgte Bohr, wie er bekannte »mit großem Bedenken« zwar, dafür um so nachhaltigerer Wirkung der Aufforderung, über »Licht und Leben« zu referieren.[52]

Als guter Physiker ließ Bohr keinen Zweifel daran, daß in letzter Instanz auch die lebende Materie, zerlegt in ihre kleinsten Bestandteile, die Atome, denselben Gesetzen unterstehen mußte, die für die Physik gelten. Würde man jedoch die Untersuchung soweit vorantreiben, daß man den Organismus in eben diese Grundbausteine zerlegte, ginge die Essenz des Lebens verloren. Was übrigbliebe, wäre ein Haufen toter Moleküle und Atome, der keine Aussagen mehr über das erlaubte, was Leben ist:

»Von diesem Gesichtspunkt aus, muß die Existenz des Lebens als eine Elementartatsache aufgefaßt werden, für die keine nähere Begründung gegeben werden kann und die als Ausgangspunkt für die Biologie genommen werden muß«, räumte Bohr ein und fügte hinzu, »in ähnlicher Weise wie das Wirkungsquantum, das vom Standpunkt der klassischen Physik aus als ein irrationales Element erscheint, zusammen mit der Existenz der Elementarpartikel die Grundlage der Atomphysik ausmacht.«

Was Bohr an der Biologie faszinierte, war nichts geringeres als der Wunsch, einen Widerspruch zwischen der besonderen Qualität »Leben« und der Tatsache, daß es aus »toten« Atomen konstruiert ist, als Scheinwiderspruch entlarven zu können. Die dialektische Auflösung eines, wie Bohr meinte, vergleichbaren Widerspruchs hatte zur Entdeckung eines der für Bohr und viele seiner Schüler universal gültigen neuen physikalischen Prinzipien geführt. Der Widerspruch zwischen der Erklärung des Lichts als eines Strahls von Materieteilchen auf der einen Seite und als eines materielosen Wellenvorgangs auf der anderen, war in Bohrs berühmtem Komplementaritätsprinzip aufgelöst worden: Licht war nicht entweder Welle oder Teilchen, sondern »verhielt« sich je nach den Versuchsbedingungen manchmal als Teilchen, manchmal als Welle. Die Alternative von »Welle« oder »Teilchen« war rein fiktiv gewesen und »dem« Licht durch das menschliche Vorstellungsvermögen und die Meßgeräte aufgezwungen worden.

Aus dem ähnlich erscheinenden Widerspruch in der Biologie zwischen den begrifflich unvereinbaren Anschauungen von Leben als Funktion toter physikalischer Materie und der besonderen Qualität »Leben«, meinte Bohr (wie es später Max Delbrück, einer seiner Schüler, ausdrückte), müsse man den »Lebensbegriff einführen als ein neues unabhängiges Element, irrational vom Standpunkt der Physik«.[53] Angeregt durch Bohr wollten nun eine ganze Reihe junger theoretischer Physiker, unter ihnen auch Delbrück, diesen Widerspruch auflösen. Sie hofften auf nichts geringeres zu stoßen als auf eine neue Betrachtungsweise der Natur.

Diesen idealistischen Hoffnungen überlagerten sich persönliche Motive: Mitte der dreißiger Jahre wurden nach drei Jahrzehnten, in denen die Physik revolutioniert worden war, keine grundsätzlichen Entdeckungen – etwa der Kategorie wie sie Einstein, Bohr oder Heisenberg gemacht hatten – mehr erwartet. Das Terrain schien vorerst abgegrast. Der bedeutende Mathematiker George Gamow, wie Delbrück ein Wanderer zwischen den Disziplinen, sagte, es habe damals der Eindruck geherrscht, in der Physik ließe sich bis zum Bau großer Beschleunigungsanlagen nicht mehr viel machen.[54]

Der junge Max Delbrück kehrte 1933 nach einem Aufenthalt an Bohrs Institut in Kopenhagen nach Deutschland zurück und wurde Assistent von Lise Meitner am Berliner Kaiser-Wilhelm-Institut, an dem fünf Jahre später Hahn und Strassmann die Uranspaltung entdecken sollten. Mitte der dreißiger Jahre ging dort aus Gesprächen eines Genetikers und zweier Physiker eine für die moderne Biologie folgenreiche Arbeit hervor: Der Genetiker Timofeeff-Ressovsky* und die beiden Physiker K. G. Zimmer und Max Delbrück veröffentlichten ihre Gedanken *Über die Natur der Genmutation und der Genstruktur*, eine Arbeit, die wegen der damals in Deutschland unüblichen wissenschaftlichen Zusammenarbeit ironisch als »Dreimännerwerk« bezeichnet wurde. 1958, als die in den dreißiger Jahren von Delbrück mitbegründete neue Wissenschaft der Molekularbiolo-

* Timofeeff war es auch, der schon 1934 den Begriff *genetic engineering* einführte und damit die Vorstellung verband, durch künstliche Veränderung der Erbsubstanz – damals nur Mutationsauslösung durch Strahlen – Lebewesen genetisch menschlichen Zwecken anzupassen.[55]

gie nach der Entdeckung der DNA-Struktur ihre großen Triumphe feierte, urteilte der Biologe G. Pontecorvo über die Bedeutung dieses »Dreimännerwerks«: ». . . in den Jahren unmittelbar vor dem 2. Weltkrieg ereignete sich etwas völlig Neues: die Einführung von Ideen (nicht Methoden) aus dem Bereich der Physik in den Bereich der Genetik . . . seither wurde die gesamte Anschauungsweise der theoretischen Genetik physikalisch gewürzt.«[56]

Diese physikalische Würze ist gegen Ende der dreißiger Jahre bereits sehr viel schärfer, als Bohrs sublime Erwartung der »Existenz des Lebens als einer Elementartatsache« 1932 angedeutet hatte. 1937, kurz vor Delbrücks Emigration in die Vereinigten Staaten, diskutierte er in Kopenhagen mit Bohr, Timofeeff und Muller über das »Rätsel des Lebens«. Kurz zuvor hatte Stanley entdeckt, daß sich Tabakmosaikviren kristallisieren ließen, eine Eigenschaft, die bisher nur bei toter Materie erwartet wurde. Viren wiesen jedoch eine fundamentale Fähigkeit des Lebens auf. Sie reproduzierten sich unverändert, mußten also Träger von Genen sein.

Die Fragestellung hatte sich, wie Delbrücks Resümee dieser Diskussion in Kopenhagen fünf Jahre nach Bohrs Rede über »Licht und Leben« erkennen ließ, bereits entscheidend gewandelt: ». . . angesichts dessen, was gesagt worden ist, wollen wir die Vermehrung (Replikation) von Viren als eine besondere Art primitiver Replikation von Genen betrachten. In diesem Sinn sollte man die Vermehrung nicht als komplementär zur Atomphysik betrachten, sondern als einen besonderen Trick der organischen Chemie.« Das war bereits die Betrachtungsweise, in der 16 Jahre später die Molekularbiologie das »Rätsel des Lebens« lösen sollte.[57]

Neue Hoffnungen

Die zweite Welle von Physikern drang nach dem 2. Weltkrieg in die Biologie ein. Nach dem *Manhattan Projekt*, das Tausende von Wissenschaftlern und Hunderttausende von Hilfskräften zu dem Ziel vereinigt hatte, zuerst den Deutschen, dann aber dem Kriegsende mit dem Bau von Atomwaffen zuvorzukommen, hatte sich unter vielen Physikern eine gewisse Berufsmüdigkeit eingestellt. Dies hing teilweise mit dem Scheitern der verzweifelten Versuche vieler Forscher und Techniker des Bombenprojekts zusammen, den Einsatz der fürchterlichen Waffe in letzter Minute noch zu verhindern. Zu ihrer Resignation und Verbitterung darüber, daß sie die Kontrolle über die selbstgebaute Waffe an »bornierte« Generale und »kurzsichtige« Politiker verloren hatten, kam eine doppelte Einsicht hinzu: Erstens würde Atomphysik nun für absehbare Zeit unter militärische Aufsicht gestellt, die die Forschung behindern würde, und zweitens standen keine grundlegenden neuen Entdeckungen bevor.

So erinnert sich einer der Veteranen des Manhattan Projekts, Aaron Novick, an jenen Abend im Frühjahr 1947, an dem ihn nach einer Veranstaltung der Atomphysiker von Chicago, der große Leo Szilard fragte, ob Novick Lust habe, ihn »auf einer Entdeckungsreise in die Biologie zu begleiten«. Novick: »Offensichtlich hatte er sich entschlossen, sich einige Zeit mit Biologie zu beschäftigen, zum Teil aus der Erkenntnis, daß die aufregende Ära der Kernphysik vorbei war, in der ein Einzelner noch Entscheidendes leisten konnte, und zum Teil aus dem Gefühl, daß sich die Biologie an der Schwelle zu einer Ära befand, die jener der Physik vor dem 2. Weltkrieg glich.«[58]

In dieser Situation, in der sich viele Physiker neu orientierten, erschien ein Buch des theoretischen Physikers Erwin Schrödinger, Heisenbergs großem Kontrahenten in den Auseinandersetzungen um die Quantenmechanik in den zwanziger Jahren. Schrödingers *Was ist Leben?*[59] bedeutete – in den Worten des zum Historiker gewordenen Biologen Gunther Stent – für die Physiker »eine gewichtige Konfrontation mit einem fundamentalen Problem, das ihres ganzen Einsatzes wert war«.[60]

Schrödinger hatte erst während des Krieges begonnen, sich mit Biologie zu beschäftigen, und in seinem Buch bezog er sich ausdrücklich auf Vorstellungen eines anderen Physikers, der diesen Schritt schon früher vollzogen hatte: »Aus Delbrücks allgemeinem Bild von der Erbsubstanz geht hervor, daß die lebende Materie zwar den bis jetzt aufgestellten ›physikalischen Gesetzen‹ nicht ausweicht, wahrscheinlich aber doch bisher unbekannten ›anderen physikalischen Gesetzen‹ folgt, die einen ebenso integrierenden Teil dieser Wissenschaft bilden werden wie die ersteren, sobald sie einmal klar erkannt sind.«

Schrödinger ging von einer einfachen physikalischen Überlegung aus: In geschlossenen natürlichen Systemen kann Ordnung nur ab-, niemals aber zunehmen: Ein gestorbener Organismus zerfällt in seine Bestandteile – in einen Haufen ungeordneter Moleküle. Ein lebender Organismus hat jedoch die erstaunliche Fähigkeit, einen »Strom von Ordnung« auf sich zu ziehen, der ihn vor dem Zerfall in das molekulare Chaos bewahrt. Schrödinger vermutete nun, daß dies mit den Chromosomenmolekülen zusammenhängen mußte, die er physikalisch als »aperiodische feste Körper« bezeichnete.

Was er unter diesem Begriff verstand, illustrierte Schrödinger durch ein »Wunder«: Äußere Merkmale eines Individuums, etwa die berühmte Habsburgerlippe, zerfallen nach dem Tod jedes ihrer Träger und erscheinen dennoch, häufig erst nach Generationen, nahezu unverändert in einem anderen Individuum wieder. »Eine eigentümliche Entstellung der Unterlippe«, deren »stoffliche, für die Mißbildung verantwortliche Genstruktur von Generation zu Generation durch die Jahrhunderte übertragen und bei jeder der nicht sehr zahlreichen dazwischenliegenden Zellteilungen reproduziert worden ist«, wurde für den Physiker Schrödinger zum Anlaß, über das Leben zu meditieren.

Besonders ein Phänomen erschien angesichts der bekannten physikalischen Gesetze so rätselhaft, daß Schrödinger von »physikalischen Gesetzen einer ganz neuen Art«, ja sogar von »überphysikalischen Gesetzen« sprach: Die Tatsache, daß das Gen für die Habsburgerlippe Jahrhunderte auf einer Körpertemperatur von 37° C gehalten werden konnte, ohne sich zu verändern. Vergleichbare physikalische Objekte würden bei dieser Temperatur (310° Grad über dem absoluten Nullpunkt) durch die Wärmebewegung in Unordnung gebracht – nicht aber das Gen.

Die Faszination, die von diesen Überlegungen eines der großen theoretischen Physiker ausging, läßt sich heute, nachdem die so »enttäuschende« Antwort auf Schrödingers Rätselfrage, »Was ist Leben?«, bekannt ist, nur noch schwer nachempfinden. In der Zeit nach dem 2. Weltkrieg, in der das Buch erschien, übte es großen Einfluß auf Physiker aus, die begannen, sich für Biologie zu interessieren und auch auf junge Biologen, die sich theoretischen Aspekten ihrer Wissenschaft zuwandten.

Watson und Crick, die 1953 einen Gutteil von Schrödingers Fragen beantworteten, geben an, entscheidend durch sein Buch angeregt worden zu sein. Dies ist eine der wenigen Stellen, in denen Wissenschaftsgeschichte den Rang großer Komödien erreicht: Die von Physikern in die Biologie getragene Hoffnung, auf »andere Gesetze« oder »komplementäre Naturzusammenhänge« zu stoßen, die in eine neue Dimension des wissenschaftlichen Denkens führen sollten, bestätigten, daß das Leben, zumindest soweit es sich von der Molekularbiologie begreifen läßt, der blinden Schematik einer Maschine folgt. Mindestens einer der wichtigen Molekularbiologen, der Physiker Francis Crick, erzählte später, er habe sich der Biologie zugewandt, auch »um zu zeigen, daß Gebiete, die anscheinend zu geheimnisvoll seien, um durch Physik oder Chemie erklärt zu werden, in Wirklichkeit so erklärt werden konnten«.[61]

Als Schrödinger 1953 die Antwort auf seine Frage, was Leben sei, in

Form eines Sonderdruckes erhielt, den ihm Watson und Crick, die beiden großen Entdecker der Struktur der Erbsubstanz, zuschickten, antwortete er noch nicht einmal. Das Problem interessierte ihn nicht mehr.[61]

Der Traum der Genetiker

Drei biologische Disziplinen beschäftigten sich in den dreißiger Jahren mit dem gleichen Problem der Vererbung: 1. Genetiker, für die es, wie es Thomas Hunt Morgan in seiner Nobelrede ausdrückte[62], einigermaßen belanglos war, ob Gene materielle oder nur fiktive Einheiten darstellten. 2. Zellforscher, die in den Chromosomen Strukturen beobachteten, deren Verhalten mit dem Vererbungsprozeß zu tun haben konnte, es aber nicht mußte. 3. Biochemiker, die festgestellt hatten, daß die Chromosomen aus zwei grundsätzlich verschiedenen Arten chemischer Moleküle bestanden, die eine noch unbekannte Funktion haben mußten: aus Protein-(Eiweiß-) Molekülen und aus Molekülen von Desoxyribonukleinsäure.[63]

Das eine mußte mit dem anderen in Verbindung stehen. Nur war unbekannt wie. Immerhin konnte man sich aber ausrechnen, daß das abstrakte Prinzip Gen mit dem sichtbaren Chromosom zusammenhing, und es lag zumindest nahe, in der chemischen oder physikalischen Beschaffenheit seiner Komponenten DNA und Protein den Schlüssel zur genetischen Aktivität zu suchen.

Diese Zusammenhänge festzustellen war eine Aufgabe, die die Kompetenz der biologischen Disziplinen Genetik, Zellforschung und Biochemie überschritt. Erst die von den Physikern gestiftete neue Wissenschaft der Molekularbiologie konnte die Verbindung herstellen. Der als Physiker ausgebildete Francis Crick erklärte später scherzhaft, er habe sich gezwungen gesehen, sich »Molekularbiologe« zu nennen, weil er es müde geworden sei, auf Fragen nach seinem Beruf zu antworten »eine Mischung aus Kristallograph, Biophysiker, Biochemiker und Genetiker, was ohnehin niemand begriff«.[64] Erwin Chargaff, selbst Biochemiker, dagegen spottete, Molekularbiologie sei Biochemie ohne Lizenz.[65]

Was auch immer die Verdienste der Molekularbiologie gewesen sein mögen, aus der babylonischen Sprachverwirrung zwischen genetischen, zytologischen und biochemischen Vorstellungen in den vierziger Jahren führten nicht Molekularbiologen heraus, sondern ein Bakteriologe und ein Biochemiker: Oswald T. Avery und Erwin Chargaff. Die Molekularbiologen folgten mit einiger Verspätung.[66]

Zu Beginn der vierziger Jahre waren die Koryphäen sich einig, daß (falls überhaupt) nur ein Bestandteil zur Erklärung der genetischen Aktivität der Chromosomen verantwortlich sein konnte: die Proteine. Denn nur diese aus zwanzig verschiedenen Aminosäuren aufgebauten Riesenmoleküle konnten die unbegrenzte Variationsbreite der von jeweils unterschiedlichen Genen gesteuerten Stoffwechselvorgänge aller Lebewesen erklären. Der andere Bestandteil der Chromosomen, die Desoxyribonukleinsäure, ebenfalls ein Riesenmolekül, schien viel zu einfach gebaut. Ihm wurden allenfalls Stützfunktionen zuerkannt.

Doch die Verhältnisse sind in Wirklichkeit genau umgekehrt: Und daß die Gen-Aktivität mit dem DNA-Anteil der Chromosomen verbunden ist, während die Proteine nur Stützfunktionen erfüllen, zeigte schon 1944 ein Experiment, das keineswegs übersehen, sondern dessen fundamentale Bedeutung von den Vertretern der herrschenden Lehrmeinung ganz einfach bestritten wurde: Was nicht sein durfte, konnte auch nicht sein.

In den zwanziger Jahren arbeitete der britische Bakteriologe Griffith über die bakteriellen Erreger von Lungenentzündung, sogenannten Pneumokokken. Zwei Varietäten waren bekannt: Die S-Form mit ihrer glatten Oberfläche ist ein gefährlicher Krankheitserreger. Die andere, harmlose R-Form hat, unter dem Mikroskop sichtbar, eine rauhe Oberfläche. Mäuse, denen die R-Form eingespritzt wird, erkranken ebensowenig wie solche, denen die durch Sterilisieren abgetöteten Überreste der S-Form eingeimpft werden. Spritzt man jedoch beides zusammen, die harmlosen Bakterien der R-Form und die abgetöteten Überreste der S-Form, so erkranken die Mäuse an Lungenentzündung und sterben, ganz so als wären sie von lebenden Bakterien der S-Form befallen worden. Tatsächlich gelang es Griffith, aus dem Blut der toten Mäuse lebende Pneumokokken der S-Form zu isolieren. Der harmlose Stamm mußte daher in den virulenten Stamm –»transformiert«, d. h. verwandelt worden sein. Doch wie, blieb rätselhaft.

Oswald T. Avery, 1877 noch zu Lebzeiten Mendels geboren, galt in den dreißiger und vierziger Jahren als *der* Spezialist für Pneumokokken. Naturgemäß begann er sich auch für Griffith' Transformationsexperiment zu interessieren. Den Schlüssel zur »Transformation« stellte für Avery die Aufklärung der chemischen Natur der transformierenden Substanz dar. Zusammen mit seinen Mitarbeitern MacLeod und McCarthy gelang es Avery, aus den abgetöteten Überresten der S-Pneumokokken die, wie er seinem Bruder schrieb, »einzigartige Substanz zu isolieren und zu identifizieren«, die den harmlosen Pneumokokkenstamm virulent werden ließ:

Es war Desoxyribonukleinsäure (DNA) aber nicht Protein, wie es das Dogma verlangt hätte.

Avery erkannte sogleich, daß der DNA-Anteil der Chromosomen Träger der Gen-Aktivität sein mußte. Er und seine Mitarbeiter hatten mit der reinen DNA der abgetöteten S-Form, der harmlosen R-Form von Pneumokokken *das Gen* übertragen, das diese instand setzte, Schutzhüllen zu bilden, und damit zum Krankheitserreger zu werden. Für Avery, einen außergewöhnlich sorgfältigen und selbstkritischen Wissenschaftler, bestand nach langen Versuchen schließlich kein Zweifel mehr an der Richtigkeit seiner Ergebnisse. Daher meinte er, zusammen mit MacLeod und McCarthy den »Traum der Genetiker« erfüllt zu haben.

Doch darin hatte er sich gründlich geirrt. In dem bitter ironischen Vorwort zu seinen *Essays on Nucleic Acid* bemerkte Chargaff später, daß in der Wissenschaft »die Überzeugungskraft der Wahrheit durch die Lautstärke der Akklamation ersetzt worden« sei: In anderen Worten: »Cliquen sind von Claquen umgeben. Die Entwicklung eines wissenschaftlichen Establishments, einer Machtelite, hat ein erstaunliches Phänomen hervorgebracht: Die Entstehung dessen, was Dogmen im biologischen Denken genannt wird.«[67] Und ein derartiges Dogma stand auch der Anerkennung der grundlegenden Bedeutung von Averys Arbeit im Weg.

Zur Verteidigung seiner früheren Kollegen führt der Wissenschaftshistoriker Gunther Stent einen einfachen Grund an: Das »kanonische Wissen« dieser Zeit habe nicht mit der Tatsache in Übereinstimmung gestanden, daß DNA und nicht Protein genetisch wirksam ist. DNA bestand, so wie man damals annahm, aus einer schematischen Wiederholung von vier verschiedenen Moleküleinheiten, sogenannten Nukleotiden, hier durch die Symbole A, C, G, T wiedergegeben. Und ebensowenig wie sich aus vier sich ständig wiederholenden Buchstaben auch nur ein simpler Satz von Bedeutung bilden läßt, konnte diese einfache Schematik nicht die unendliche Variationsbreite genetischer Möglichkeiten erklären. (A-C-G-T)-(A-C-G-T)-(A-C-G-T)- usw. ließ keine Variationsmöglichkeiten offen. Die Gen-Aktivität mußte daher, trotz Avery, mit dem Proteinanteil der Chromosomen verknüpft sein.[68]

Nur ein Außenseiter mit Phantasie und dem Mut, dem »kanonischen Wissen« seiner Kollegen zu widersprechen, konnte die Bedeutung des Transformationsexperiments für die Genetik begreifen: Erwin Chargaff, ein Österreicher, der vor den Nationalsozialisten in die Vereinigten Staaten geflüchtet war.

Er berichtet, Averys Ergebnisse hätten ihn in »dunklen Umrissen die

Anfänge einer Grammatik der Biologie« ahnen und beschließen lassen, alles aufzugeben, woran sein Labor arbeitete, um unverzüglich mit deren Erforschung zu beginnen.[69]

Chargaff ging im Gegensatz zur Masse seiner Kollegen davon aus, daß Averys Transformationsexperiment höhere Einsichten vermittelte als das Dogma, das die genetische Wirkung weiter in Proteinen suchte. Nach Averys Ergebnis konnte die DNA nicht so einfach gebaut sein, wie bisher angenommen worden war. Die Reihenfolge der 4 Nukleotide konnte ähnlich der Reihenfolge zweier Signale des Morsecode den »Text« der genetischen Anweisungen bilden: -A-C-G-T- würde darin eine andere Bedeutung ergeben als -A-T-G-C- oder -C-A-T-G- oder -A-A-T-T- usw. Da die DNA-Moleküle nicht nur aus vier Nukleotid-Einheiten gebildet werden, sondern einer sehr viel größeren Zahl, würde sich die nahezu unbegrenzte Variationsbreite der genetischen Möglichkeiten erklären lassen.

Die Hypothese erwies sich als richtig. Chargaff und seine Mitarbeiter beobachteten, daß die vier Nukleotide A, C, G, T nicht, wie es das Dogma unterstellte, in gleichen Anteilen in der DNA enthalten waren, sondern sehr stark variierten. Aber immer fanden sie gleich große Anteile von A- und T-Nukleotiden und von C- und G-Nukleotiden.* Mehr noch: Sie untersuchten die DNA einer ganzen Reihe höchst unterschiedlicher Arten von Lebewesen und stellten sehr große Unterschiede bei den einzelnen Nukleotidanteilen fest. Aber stets wiederholte sich das Prinzip, nach dem auf jedes A ein T kommt und auf jedes C ein G. Chargaff veröffentlichte 1950 dieses »Basenpaarung« genannte Prinzip, das sich für die weitere Entwicklung als entscheidend erweisen sollte.

Doch auch Chargaffs Ergebnisse genügten noch nicht, um ein Dogma umzustoßen, das die genetische Aktivität mit dem Proteinanteil der Chromosomen verband. Es bedurfte eines weiteren Anstoßes.

Dank der Überlegungen und Arbeiten von Delbrück und Luria hatte sich eine ganze Schule, die sogenannte »Phagengruppe«, auf das Studium von Bakterienviren als des einfachsten Modells für die Untersuchung genetischer Wirkung konzentriert. Diese »Bakteriophagen« genannten Viren bestehen nur aus Protein und aus DNA. Sie sind so etwas wie lebende Gene ohne störendes Beiwerk. Die Phagen infizieren Bakterien, indem sie in sie eindringen und den Stoffwechsel des Bakteriums zur Erzeugung neuer Viren umprogrammieren.

* Chargaff analysierte nur einen Teil der Nukleotide, die entscheidenden Basen, die die vier Nukleotidarten unterscheiden.

Eines der Mitglieder der Phagengruppe, Thomas Anderson, erinnerte sich 1966, wie er 1950 mit anderen »die phantastisch komische Idee« diskutiert hätte, daß nur die DNA des Virus in die Bakterienzelle eindringen könnte, während der Proteinanteil draußen bliebe. Die »Komik« lag darin, daß Anderson die genetische Aktivität dort suchte, wo Avery und Chargaff sie bereits gefunden hatten. Noch gläubiger Anhänger des Dogmas, verband Anderson die Idee mit »Wahnsinn«. Doch eben dies wurde 1952 durch Hershey und Chase in einem eleganten Experiment demonstriert. Das Protein der Bakteriophagen blieb außerhalb der infizierten Bakterien, während die DNA die Bakterien genetisch umprogrammierte. Der Traum der Genetiker hatte sich acht Jahre nach Averys Entdeckung endlich erfüllt.[70]

Hier beginnt jene so oft nacherzählte Story, die einer der Beteiligten in seinem Bestseller *Die Doppel Helix*[71] so vielsagend mit einer Rückblende einleitet: »Während ich mich mühsam den Berg hinaufschleppte, dachte ich wieder an unsere früheren Begegnungen in London. Die DNA war damals noch etwas sehr geheimnisvolles, alle Chancen standen offen, und niemand wußte mit Sicherheit, wer den großen Preis kriegen würde, ob er ihn auch verdiente, falls er wirklich so aufregend war, wie wir halb insgeheim glaubten. Aber nun war das Rennen zu Ende, und als einer der Gewinner wußte ich . . .«

Die beiden Gewinner des Rennens, James Watson und Francis Crick, vermochten genau das herzustellen, was Molekularbiologie ausmacht: Eine ad hoc-Verbindung der unterschiedlichsten Fachgebiete von Genetik bis zur Kristallographie, eine Wissenschaft, die ihre Erkenntnisse ebenso von der Physik wie von der Biologie oder Chemie bezieht, wobei im Fall von Watson und Crick, nicht nur die Grenzen zwischen den Fachgebieten, sondern auch zwischen An- und Entwendung fremden Wissens fließend wurden.

Im Zentrum ihrer Bemühungen stand nicht mehr der Versuch, einen Lebensvorgang in seine Einzelheiten zu zerlegen, um ihn zu verstehen, sondern die Aufklärung einer chemischen Substanz, der DNA, in der Erwartung, aus dieser Struktur eines »leblosen« Moleküls auf den Lebensvorgang der Vererbung schließen zu können. Watson berichtet in seinem Buch von dieser Erwartung: »Und wenn man eines Tages die Struktur der DNA kenne, werde man vielleicht in einer besseren Position sein, um das Wirken der Gene zu verstehen.«

Nach einem Lichtbildervortrag, in dem Maurice Wilkins Röntgenstrukturaufnahmen der DNA vorgeführt hatte, fand Watson die Chemie, die ihn nie interessiert hatte, plötzlich »ungeheuer aufregend«: »Vor Maurices Vortrag hatte ich mir Sorgen gemacht, die Gene seien womöglich phantastisch unregelmäßig. Doch jetzt wußte ich, daß sie kristallisieren konnten; also mußten sie eine regelmäßige Struktur besitzen . . .« und dies erst ließ es aussichtsreich erscheinen, daß nicht nur die DNA-Struktur aufgeklärt werden konnte, sondern auch, daß sich daraus Schlüsse über die Besonderheiten von Genen ableiten ließen.

Die Struktur der DNA kommt der Denkweise ihrer Entdecker entgegen. Wer wie Chargaff anfängt darüber nachzudenken, daß die Naturwissenschaften »ebensogut ein Kampf *gegen* als *für* die Tatsachen« sind, wird nicht so leicht bereit sein, anzunehmen, daß Gene tatsächlich so einfach gebaut sind, wie es Crick und Watson meinten. »Moral« der Geschichte, so belehrte George Beadle, Urheber der ähnlich kühnen »Ein Gen – Ein Enzym«-Hypothese, seinen Kollegen Chargaff: »Verwirf keine Hypothese, nur weil sie einfach ist – sie könnte richtig sein.«[72]

Produkt dieser Moralität ist das Doppel-Helix-Modell der Erbsubstanz: Eine durch zwei spiralenförmige, parallel nebeneinander verlaufende Einzelmoleküle gebildete einfache Struktur. Das Rückgrat jeder dieser Spiralen wird durch eine »Kette« gebildet, die aus abwechselnden Phosphat- und Desoxyribose- (eines Zuckers) Elementen besteht. An jedem der Desoxyribose-Elemente des Moleküls sitzt eine der vier organischen Basen Adenin, Cytosin, Guanin und Thymin (A, C, G, T). Der Zusammenhalt zwischen den beiden Einzelspiralen der Doppel-Helix wird durch physikalische Bindekräfte hergestellt, durch die sich jeweils ein A und ein T und ein C und ein G gegenseitig anziehen, genau Chargaffs Regel der Basenpaarung entsprechend. Beide Spiralen verhalten sich zueinander wie Gußform zu Gußstück, wobei freilich qualitativ kein Unterschied zwischen beidem besteht. (Abb. 3)

Bei der Zellteilung, der Vermehrung von Zellen, muß sich auch die in ihnen enthaltene Erbsubstanz mit vermehren. Und die DNA-Struktur liefert die Erklärung für diesen Vorgang, bei dem mit bemerkenswerter Exaktheit die DNA-Doppel-Helix der Mutterzelle in beiden Tochterzellen rekonstruiert wird: Die Doppel-Helix öffnet sich von einem Ende zum andern wie ein Reißverschluß, der langsam aufgezogen wird. An die Basen jeder der beiden freiwerdenden DNA-Einzelspiralen lagert sich nun das von der Zelle produzierte Nukleotid-Gegenstück an – also an jede freiwerdende A-Base lagert sich ein T-enthaltendes Nukleotid an, an ein C- ein G-Nukleotid etc. – und wird sofort anschließend mittels eines Enzyms zu einer neuen Spirale »verschweißt«. Um nochmals das Guß-

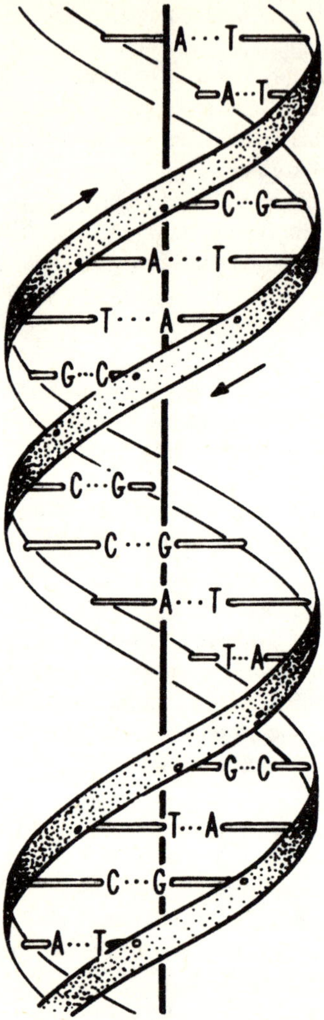

Abb. 3: Schematische Darstellung der Doppel-Helix. Die außenliegenden Zucker-Phosphateinheiten bilden das spiralenförmige Gerüst. Innen liegen die entscheidenden Basen, die die beiden parallelen DNA-Moleküle durch Anziehungskräfte miteinander verbinden. (nach Watson[71])

form-Gußstück-Bild zu gebrauchen: Jede der einzelnen Spiralen der Doppel-Helix dient bei der Zellteilung als Gußform für die Bildung einer neuen Doppel-Helix. Verfolgt man den Weg der Doppel-Helix der Elternzelle, so findet sich eine der beiden Einzelspiralen in jeder der beiden Tochterzellen wieder. Die andere Hälfte der Doppel-Helix der Tochterzellen ist neu fabriziert worden. (Abb. 4)

Und dieses Vermehrungs- und Stabilisierungsprinzip beantwortet 1953 auch Schrödingers Frage nach den Ursachen für die Stabilität der Habsburgerlippe: »Es ist«, so kündigen Watson und Crick am Ende ihrer Veröffentlichung über die Struktur der DNA in einer der bemerkenswertesten Verallgemeinerungen der Wissenschaftsgeschichte an, »unserer Aufmerksamkeit nicht entgangen, daß die spezifische Paarung, die wir postuliert haben, sofort einen möglichen Vervielfältigungsmechanismus für das genetische Material nahelegt.«[73]

Das Geheimnis der Beständigkeit der Habsburgerlippe war damit gelüftet, nicht jedoch die Frage beantwortet: »Was ist Leben?« Offen blieb auch, wie die in den Zellkernen verborgene DNA in die Vorgänge eingreift, die dieses fleischgewordene häßliche Merkmal feudaler Legitimität zumindest biologisch hervorgebracht haben.

Glückliche Menschen

Delbrück, der theoretische Physiker, der sich auf der Suche nach anderen physikalischen Gesetzen in den dreißiger Jahren in die Biologie begeben hatte und zu den Stiftern der Molekularbiologie zählt, begann sich um 1950, lange vor der Aufklärung der Struktur des genetischen Code, nach einem neuen Fachgebiet umzusehen. »Offensichtlich konnte er schon zu dieser Zeit erkennen, daß die Suche, auf die er, Luria und Hershey sich gemacht hatten, zum Verständnis der biologischen Selbstreproduktion führen mußte, ohne dabei auf irgendwelche Paradoxa zu stoßen«, erklärt Stent in der Festschrift zu Delbrücks 60stem Geburtstag *Phagen und die Entwicklung der Molekularbiologie.*

»Folglich wandte er sich jenem letzten Hauptproblem der biologischen Forschung zu, für das vernünftige molekulare Mechanismen noch nicht einmal geahnt werden können: dem höheren Nervensystem.« Vielleicht sah Delbrück hier noch eine Chance, bei der Untersuchung von Erscheinungen wie Bewußtsein oder Gedächtnis auf »andere Gesetze« der Physik zu stoßen.

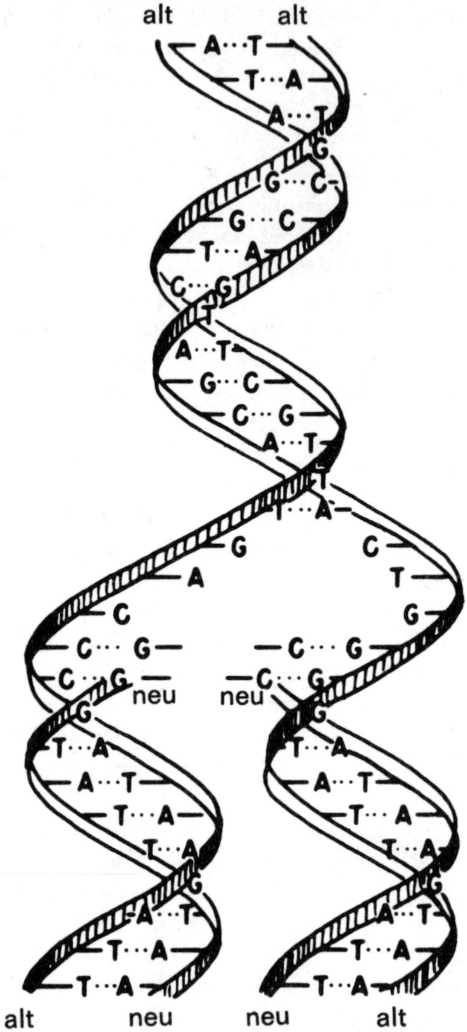

Abb. 4: Verdoppelung der Doppel-Helix bei der Zellteilung. Die beiden Spiralen lösen sich voneinander und an jeder der nun freiwerdenden Einzelspiralen bildet sich nun eine neue Doppel-Helix. (nach Watson[71])

Es blieb anderen überlassen, Wissenschaftlern mit bescheideneren Ansprüchen, zu tun, was nun durch Watson und Cricks DNA-Modell fast zwangsläufig geschehen mußte: die Maschinerie der Zelle auseinanderzunehmen, um sowohl den »Bauplan« als auch die wichtigsten »Räder« zu untersuchen. Und dies war noch aufregend genug. Einer der Beteiligten, der 1962 für die Aufklärung der Struktur des Hämoglobin mit dem Nobelpreis ausgezeichnete Max Perutz, hielt 1976 eine Rückschau auf sein wissenschaftliches Leben, die er mit den Worten begann: »Manchmal glaube ich der glücklichste aller Menschen zu sein, da ich die Geburt einer Wissenschaft erlebt habe, die unser Verständnis von der Biologie umgewandelt hat.«[74]

Nach Aufklärung der DNA-Struktur wurde die Untersuchung der von der DNA gesteuerten Funktionen zum zentralen Ereignis in der molekularbiologischen Forschung: Denn alles, was in der Zelle geschieht, Tausende oder Zehntausende chemischer Synthese- und Stoffwechselvorgänge, wird nach den auf der DNA gespeicherten Anweisungen gesteuert. Dabei tritt die DNA nicht unmittelbar in Aktion, sondern liefert nur den »Bauplan«, nach dem Eiweißmoleküle hergestellt werden, die diese Funktionen übernehmen und so die eigentliche Arbeit leisten.

Diese Proteine bilden, im Gegensatz zur DNA, die nur einen verschwindenden Bruchteil der Zellmaterie ausmacht, einen der Hauptbestandteile der Zelle. Es sind aus zwanzig verschiedenen Aminosäuren zusammengesetzte Moleküle von höchst unterschiedlicher Größe. Art, Zahl und Reihenfolge der einzelnen Aminosäuren und natürlich auch die Größe des Proteinmoleküls bestimmen die Funktion des Proteins: als Enzym, Hormon, Bestandteil des Blutfarbstoffs Hämoglobin oder einer Gewebesubstanz.

Da alles was in der Zelle geschieht von der DNA ausgeht, muß die Anweisung für den Bau der Proteine auf ihr gespeichert sein. Nichts anderes als die Reihenfolge der vier Basen im DNA-Molekül legt den Bauplan für die verschiedensten Eiweißmoleküle fest. Da aber nur vier Basen den Einbau von zwanzig Aminosäuren steuern, muß mehr als eine Base den Einbau einer Aminosäure kontrollieren.

Eine einfache Rechnung zeigt, daß auch eine Zweierkombination von Basen nicht ausreicht: Es gibt nur $4 \times 4 = 16$ verschiedene Möglichkeiten, vier Basen in Zweierkombinationen anzuordnen, nicht genügend für 20 Aminosäuren. Erst Dreierkombinationen ergeben eine ausreichende Anzahl von Kombinationsmöglichkeiten, nämlich: $4 \times 4 \times 4 = 64$. Das aber heißt: sollen nicht $64 - 20 = 44$ Kombinationen ungenutzt bleiben, müssen mehrere Kombinationen den Einbau ein und derselben Aminosäure steuern.

Damit ist aus rein theoretischen Überlegungen schon das Prinzip des *genetischen Code* festgelegt, doch entschlüsselt ist er freilich noch nicht. Das verbleibende praktische Problem besteht nun darin, festzustellen, welche der theoretisch möglichen 64 Kombinationen den Einbau jeder einzelnen von 20 verschiedenen Aminosäuren kontrolliert. Erst mit diesem Wissen kann man aus der Zusammensetzung der DNA eines Gens auf die Zusammensetzung des entsprechenden Proteins schließen.

Die erste von 64 möglichen Dreierkombinationen der A, C, G, T Signale wurde 1961 durch einen jungen amerikanischen Biochemiker auf raffinierte Weise entschlüsselt: Er stellte ein künstliches Ribonukleinsäuremolekül her, das monoton eine Base entlang der Molekülstruktur wiederholte. In einer zellfreien Reaktionsmischung, die alle 20 Aminosäuren und die notwendigen Enzyme zur Katalyse der biochemischen Reaktionen enthielt, entstand nach diesem künstlichen Bauplan spontan ein künstliches Eiweiß: Dieses Protein bestand aus nur einer Aminosäure. Das erste von 64 Signalen des genetischen Code war entschlüsselt: Die Dreierkombination -T-T-T- auf der Ribonukleinsäure steuert stets die Aminosäure »Phenylalanin«.

Der Vortrag, in dem dieser junge, noch unbekannte Biochemiker, Marshall Nirenberg, 1961 auf einem Internationalen Kongreß in Moskau sein Ergebnis vorstellte, war, wie sich Perutz erinnert, eine Sensation. Crick kam sich wie »elektrisiert« vor und ähnlich ging es vielen anderen Wissenschaftlern. Eine heftige Entschlüsselungskampagne begann. Bereits fünf Jahre später waren 63 von 64 Dreierkombinationen entschlüsselt. Die zuletzt entdeckte Kombination bedeutet ein Stopsignal. Sie beendet die Synthese des Eiweißmoleküls.[74]

Der Genbegriff der klassischen Biologie konnte nun in Beziehung zu molekularbiologischen Erkenntnissen gebracht werden. Bereits Beadle und Tatum hatten in den vierziger Jahren festgestellt, daß ein Gen einem Enzym entspricht. Mit der Entschlüsselung des genetischen Code konnte diese Hypothese jetzt erweitert werden. Ein Gen ist nichts anderes als ein bestimmtes Teilstück eines sehr viel größeren DNA-Moleküls, das durch Start- und Stopsignale begrenzt, die Synthese eines bestimmten Proteinmoleküls steuert.

Doch das Protein wird selbst nicht an der DNA hergestellt, sondern an einer Negativkopie, die die Zelle von einem DNA-Teilstück anfertigt. Das chemische Material für diese Negativkopie unterscheidet sich nur geringfügig von der DNA. Es ist sogenannte RNA, und die Negativkopie wird als Matrizen-RNA bzw. abgekürzt m-RNA bezeichnet.

Der Vorgang der Proteinsynthese ist im Prinzip einfach. Benötigt die Zelle ein bestimmtes Protein, etwa ein Enzym, das einen bestimmten Stoffwechselvorgang katalysieren soll, so ergeht ein biochemisches Signal an die DNA, das für die Synthese benötigte Teilstück freizugeben. Nun wird die Kopie dieses Teilstücks in Form von m-RNA angefertigt. Diese m-RNA löst sich wieder von der DNA ab und dient in der Zelle als Anleitung für die Synthese des Enzyms.

So einfach das Prinzip auch ist, so komplex ist die Ausführung. Die DNA eines der einfachsten aller Lebewesen, des Bakteriophagen ∅ 174, besteht aus 5374 Nukleotiden, die die Anweisung für den Bau der acht bekannten Proteine des Phagen enthalten. Würde man die A, C, G, T-Zeichen für diese 5374 Nukleotide auf einer Seite zusammenfassen, so brauchte man für die Charakterisierung der DNA eines immer noch äußerst einfachen Lebewesens wie des Bakteriums E.coli mit seinen 3000 bis 4000 Genen bereits 2000 Seiten. Für die Bezeichnung der menschlichen DNA würden dann etwa eine Million Seiten benötigt.[75] Und diese Informationsmenge ist in jeder einzelnen menschlichen Körperzelle auf 46 Chromosomen gespeichert, die, könnte man sie entknäueln und aneinanderknüpfen, sich zu einem Faden von anderthalb Metern Länge »dehnen« lassen würden. (Abb. 5)

Dies mag Laien als eines der großen »Wunder des Lebens« erscheinen. Für Wissenschaftler ist es eher ein Wunderwerk an Miniaturisierung und Präzision. Und diese Präzision wird durch physikalische Faktoren wie Atomabstände, Bindungswinkel, elektrische Felder, Energiepotentiale, kurz durch das kaum überschaubare und noch nicht einmal ansatzweise kalkulierbare System von Kräften bestimmt, die das Verhalten kleinster Elementarteilchen bestimmen. Im Prinzip ist es jedoch ein »geistloses« System. Um zu funktionieren, bedarf es keiner außergewöhnlichen Kräfte. In diesem System unterscheiden sich die »Baupläne« für einen Menschen von denen eines so einfachen Organismus, wie es ein Bakterium ist, nur durch den Grad von Komplexität. Der Code selbst ist universal: A-A-A auf der DNA bedeutet immer das Signal für den Einbau der Aminosäure Phenylalanin, gleichgültig ob sie in einer Pflanze, einem Virus oder einem Säugetier eingebaut wird.

»Die Zukunft des Menschen«

Radikale Einengung der wissenschaftlichen Fragen, die an die Natur gestellt werden, hatten zum Erfolg geführt. Zu Beginn der sechziger Jahre war Schrödingers Frage, was Leben sei, zwar nicht gelöst, aber immerhin summierten sich die Hinweise darauf, wie Leben auf der Ebene von Molekülen funktionieren könnte.

Die Naturwissenschaft hatte die Monstren früherer Jahrhunderte aus ihrem Weltbild vertrieben. Es gab allenfalls noch Monstrositäten, die keine Verstöße mehr gegen einen Schöpfungsplan signalisierten, sondern nur Erzeugnisse falsch programmierter DNA-Moleküle waren.

Auch Bohr bekannte in dieser Zeit kurz vor seinem Tod in einer Rede »Licht und Leben – noch einmal«, wie gründlich er sich dreißig Jahre früher geirrt hatte, als er von der Existenz des Lebens als einer »Elementartatsache« gesprochen hatte, für die »keine nähere Begründung gegeben werden kann«.[76] Keine »anderen Gesetze der Physik« wurden benötigt als die bekannten, um die Lebensvorgänge auf molekularbiologischer Ebene zu deuten. Ja, auf dieser untersten biologischen Ebene gab es zwar erhebliche Unterschiede zwischen den Lebewesen, etwa im Grad der Komplexität, aber das Grundprinzip mußte gleich sein. Daher spielte es auch keine Rolle, daß nahezu alles molekularbiologische Wissen dieser Zeit an Viren und Bakterien gewonnen worden war.

Die molekularen Mechanismen der Steuerung von Stoffwechselvorgängen und der Vererbung sind tatsächlich die unterste Ebene, auf der sich Moleküle zu dem arrangieren, was man als Beginn von Lebensvorgängen betrachtet. Die oberste Ebene, zumindest aus menschlicher Sicht – denn für blaugrüne Algen hat die letzte Jahrmilliarde nur unnötig Verwirrung im bis dahin klaren Konzept »der« Evolution gestiftet – ist die soziale Organisation menschlicher Gesellschaften. Versuchen wir, die Beziehung zwischen der untersten und der obersten Ebene des Lebens zu erkennen, so müssen wir mehrere Stufen überspringen, auf denen sich jeweils eine Anzahl von Elementen einer niedrigeren Ebene organisieren, um eine höhere zu bilden: Verbindung von Molekülen zu Zellen; von Zellen zu Verbänden gleichartiger Zellen wie Organen; Wechselbeziehung der Organe in einzelnen Individuen; Steuerfunktionen von Nervenrefle-

Abb. 5: Genetischer Code des Virus øX 174, der aus 5375 Nukleotiden besteht. Der genetische Code eines Bakteriums würde bereits 2000 Seiten, der des Menschen etwa 1 Million Seiten füllen. (nach Grobstein[75])

TTTATCGCTTCCATGACGCAGAAGTTAACACTTTCGGATATTTCTGATGAGTCGAAAAATTATCTTGATAAACGAGGAATTACTACTGCTTGTTTA

CTACCGCTTTCCAGCGTTTCATTCTCGAAGAGCTCGACGCGTTCCTATCCAGCTTAAAAGAGTAAAAGGCGGTCGTCAGGTGAAGCTAAATTAAGC

ATTCTGTCAAAAACTGACGCGTTGGATGAGGAGAAGTGGCTTAATATGCTTGGCACGTTCGTCAAGGACTGGTTTAGATATGAGTCACATTTTGTT

CTGAGTACTAAAGAATGGATAATCACCAACTTGTCGTAGCCTGAGTCTATCATTAGGTGCGAGAAAATTTTACAGTTGTTCTCTTAGAGATGGTAC

GAACAATCCGTACGTTTCCAGACCGCTTTGGCCTCTATTAAGCTCATTCAGGCTTCTGCCGTTTTGGATTTAACCGAAGATGATTTCGATTTTCTG

TCCCATAGGATGTTTCAGGTCGCATGGTATTTGCGTTCGGAGTTGCGTCGCTGCTCGTGCTCTCGCCAGTCATCGTTAGGTTTGAAACAATGAGCA

TGCTCCTGTTGAGTTTATTGCTGCCGTCATTGCTTATTATGTTCATCCCGTCAACATTCAAACGGCCTGTCTCATCATGGAAGGCGCTGAATTTAC

CATTCTTGCAGTCACAAAGGACGCGCATGTGCGTTCCATTTGCGCTTGTTAAGTCGCCGAAATTGGCCTGCGAGCTGCGGTAATTATTACAAAAGG

AAGAAAACGTGCGTCAAAAATTACGTGCGGAAGCAGTGATGTAATGTCTAAAGGTAAAAAACGTTCTGGCGCTCGCCCTGGTCGTCCGCAGCCGTT

ATAGGAGTTCATTCCCCGGCTTCGGGGACGTTAATTTTAACAACTGGTGGATGTATGGTTTCTGCTCGCGGAAATGCGAACGGAAATCATGGAGCG

CTAATATTCAAACTGGCGCCGAGCGTATGCCGCATGACCTTTCCCATCTTGGCTTCCTTGCTGGTCAGATTGGTCGTCTTATTACCATTTCAACTA

GATGTCATCTCAGTTATCGTTCCGGTGCTGCGTTAGCTCTTTCTGCCTCTCGCGGTTGCCGCAGGTAGAGCTTCCTCAGCGGTCGCTATTGGCCTC

ACTTTTTATGTCCCTCATCGTCACGTTTATGGTGAACAGTGGATTAAGTTCATGAAGGATGGTGTTAATGCCACTCCTCTCCCGACTGTTAACCAA

TCTATAGTTTATTGGGACTTTGTTTACGAATCCCTAAAATAACCATAGTCCCAATTAGCACGGTTCTTTTCGCCGTACCAGTTATATTGGTCATCA

TTTTAAAGCGCCGTGG ATGCCTGACCGTACCGAGGCTAACCCTAATGAGCTTAATCAAGATGATGCTCGTTATGGTTTCCGTTGCTGCCATCT

CGAACGTCTGGGTATTACAGTTATCTACACCATCTTCAGCAGTAAACCGCTCTTTCGAGTCAGAGTCCTCCTTCGCCTCGTCAGGTTTACAAAAAC

CTAATTTGCATACTGACCAAGAACGTGATTACTTCATGCAGCGTTACCATGA-GTTATTTCTTCATTTGGAGGTAAAACCTCATATGACGCTGACA

GTGCTGGTCTTTTGACCGGATTGCTGCAAACCAGTCAAGGTAGTTGTAGTATCGGTCTACGGGTCTCTAATCTCGCGTACTGTTCATTTCCTGCCA

ACCTATAAACATTCTGTGCCGCGTTTCTTTGTTCCTGAGCATGGCACTATGTTTACTCTTGCGCTGGTTCGTTTTCCGCCTACTGCGACTAAAGAG

GTATCTTTAAAGTGCGCCGCCGTTCAACGGTATGTTTTGTCCCAGCGGTCGTTATAGCCATATTCAGTTTCGTGGAAATCGCAATTCCATGACTTA

TTTCCGTTCTGGTGATTCGTCTAAGAAGTTTAAGATTGCTGAGGGTCAGTGGTATCGTTATGCGCCTTCGTATGTTTCTCCTGCTTATCACCTTCT

CTTGCTGACTTTGTGACCAGTATTAGTACCAACGCTTATTCATGCGCAAGAACGTTTAGTGGTCTTCCGCCAAGGACTTACTTACCCTTCGGAAGT

CAGTGGATAGTCTTACCTCATGTGACGTTTATCGCAATCTGCCGACCACTCGCGATTCAATCATGACTTCGTGATAAAAGATTGAGTGTGAGGTTA

AGACTTTGTACTAATTTGAGGATTCGTCTTTTGGATGGCGCGAAGCGAACCAGTTGGGGAGTCGCCGTTTTTAATTTTAAAAATGGCGAAGCCAAT

TCTCGCCACAATTCAAACTTTTTTTCTGATAAGCTGGTTCTCACTTCTGTTACTCCAGCTTCTTCGGCACCTGTTTTACAGACACCTAAAGCTACA

TAATCGCCGCAACTGTCTACATAGGTAGACTTACGTTACTTCTTTTGGTGGTAATGGTCGTAATTGGCAGTTTGATAGTTTATATTGCAACTGCT

TTCAGTTGGTGCTGATATTGCTTTTGATGCCGACCCTAAATTTTTTGCCTGTTTGGTTCGCTTTGAGTCTTCTTCGGTTCCGACTACCCTCCCGAC

GGCCCGCATGCCCCTTCCTGCAGTTATCAGTGTGTCAGGAACTGCCATATTATTGGTGGTAGTACCGCTGGTAGGTTTCCTATTTGTAGTATCCGT

TCTACGTTGGTTTCATGGTTTGGTCTAACTTTACCGCTACTAAATGCCGCGGATTGGTTTCGCTGAATCAGGTTATTAAAGAGATTATTTGTCTCC

GGCGGAGGTTTGTTAAATCTGTACCGCGGTGGTCGTTCTCGTCTTCGTTATGGCGGTCGTTATCGTGGTTTGTATTTAGTGGAGTGAATTCACCGA

CCGCCTCCGCTGGCATTCAAGGTGATGTGCTTGCTACCGATAACAATACTGTAGGCATGGGTGATGCTGGTATTAAATCTGCCATTCAAGGCTCTA

ACGGTCGGACGTTGCATGGAAGTTCTTCAGGAAATGGTCGAAATCGTTATCGTGTGCTTTGTTTTGATCCCCGCCGGAGTAGTCCCAATCCTTGTA

GTTTCTGATAAGTTGCTTGATTTGGTTGGACTTGGTGGCAAGTCTGCCGCTGATAAAGGAAAGGATACTCGTGATTATCTTGCTGCTGCATTTCCT

AACGTAAAATCATTCGAGAAAAACTAAGAGTTTAGGCCGCAGTTGGTATGGTCGTCTCCTTCGTAGTCGTGGTCGTGCGAGGGTTCGTAATTCGAG

TCAGAAAGAGATTGCCGAGATGCAAAATGAGACTCAAAAAGAGATTGCTGGCATTCAGTCGGCGACTTCACGCCAGAATACGAAAGACCAGGTATA

TGGACGACAACGAACCTTTCTAACCACAAAAGGTATTATCTGCGTTGCGTCGTCATCTGAGGAAGACACTTATTCGTTCGTAGAGTAAAACACGT

ATTATGCGCCAAATGCTTACTCAAGCTCAAACGGCTGGTCAGTATTTTACCAATGACCAAATCAAAGAAATGACTCGCAAGGTTAGTGCTGAGGTTG

TTCGTCGTAGTCACTGCTGTAATCTTTATAGGAAACGTCATCGCGGTTATACTCTTCTCGGTATGGCGACTAAGACGCAAACGACTACTTGATTCA

GTTGATATTTTTCATGGTATTGATAAAGCTGTTGCCGATACTTGGAACAATTTCTGGAAAGACGGTAAAGCTGATGGTATTGGCTCTAATTTGTCT

TCTTCCCATTATTCTTGCTTGGTATTTTTTCGGAGGTTCTAAACCTCCGTACTTTTGTATGTTAACCCTCCCACAGTTAGGACTGCCAATAAAGGA

CGCTGATTATTTTGACTTTGAGCGTATCGAGGCTCTTAAACCTGCTATTGAGGCTTGTGGCATTTCTACTCTTTCTCAATCCCCAATGCTTGGCTT

CAGTTGTATGTATAGTGGTAATAGCTTGAGTTGCGGGACGTATGCTTTTCTGTCTTAGAGAAGGTTCTCGAACTACGCCAATAGGTAGACGAATACC

AGGCTGCTTCTGACGTTCGTGATGAGTTTGTATCTGTTACTGAGAAGTTAATGGATGAATTGGCACAATGCTACAATGTGCTCCCCCAACTTGATA

CAAGTCGTCGGTCGAACGTTTTGACGCATTGGCAGAAGAGCAAGAGATTTTTGGTAAAAAGCAGGGGAAGCCCCGCCACCAGATATCACAATAATT

AAGGATATTCGCGATGAGTATAATTACCCCAAAAAGAAAGGTATTAAGGATGAGTGTTCAAGATTGCTGGAGGCCTCCACTAAGATATCGCGTAGA

AGCCAGCAGTCGGTTGCACTCTCACAGTTTTTGCTATTTGGTTGGTAGTCGTACTCGGACAGCGTAACGTAAGTAGTTTGCGACTTATCGTTTCGG

CGTTTTATGATAATCCCAATGCTTTGCGTGACTATTTTCGTGATATTGGTCGTATGGTTCTTGCTGCCGAGGGTCGCAAGGCTAATGATTCACACGC

TGGACATCCTTCACAGGCGTATTTCACGTGGCGTACCTTTACTTCTGCCGGTAATCGACATGGTATGAGTCCGTGTGTTTTTATGACTATCGTCAGC

GACCCTAATTTTGGTCGTCGGGTACGCAATCGCCGCCAGTTAAATAGCTTGCAAAATACGTGGCCTTATGGTTACAGTATGCCCATCGCAGTTCGCT

TCTTTGGTTGTCGGTATATTGACCATCGAAATTCGCCGAGTGGAAATCGTAGTTGTCCGGTGTTGGTTGGTCTTGCACTTTTTCGCAGGACGCACA

TAAATACGTTAACAAAAAGTCAGATATGGACCTTGCTGCTAAAGGTCTAGGAGCTAAAGAATGGAACAACTCACTAAAAACCAAGCTGTCGCTACTT

ACCATTCAACCTAATTCGTGAGGCACCTGTCTAAACAGTAACACTCGTAAAAGTAGGGCTTCAACGCCGAGTAAGACTAAGACTTGTCGAAGAACCC

GTTACGACGCGACGCCGTTCAACCAGATATTGAAGCAGAACGCAAAAAGAGAGATGAGATTGAGGCTGGGAAAAGTTACTGTAGCCGACGTTTTGGC

ACGTCCAACCTATGCGGTTAGTAAAAATAGCTTCGCGCGTATTTAAACTCGTCTAAACAGCAGTGTCCAACGCGG xen; Steuerfunktionen von starren Gehirnfunktionen (Trieben und Instinkten); Wechselbeziehung der starren mit flexiblen Gehirnfunktionen wie Erfahrung und Wille des Individuums; soziale Erfahrung assoziierter Individuen; Organisation des gesellschaftlichen Lebens in den unterschiedlichsten Formen.

Molekularbiologen befassen sich wissenschaftlich mit der untersten Ebene: der Assoziation von Atomen und Molekülen in lebenden Zellen. Im Erfolgsrausch, in den ersten Chiffren des genetischen Code den »Schlüssel zum Leben« gefunden zu haben, beginnen 1962 erstmals Molekularbiologen und Genetiker, in ihrer gesellschaftlichen Rolle *als Wissenschaftler*, die Verbindung zur obersten Ebene herzustellen.

1962, dem Jahr, in dem sich Watson und Crick ihren zwar nicht ganz redlich aber wohlverdienten Nobelpreis teilen konnten, trifft sich eine Gruppe weltbekannter Biologen auf einem von der Ciba-Foundation veranstalteten Symposium, auf dem über das Problem »der Mensch und seine Zukunft«* diskutiert werden soll. Unter den Rednern finden sich Namen wie Julien Huxley, J. B. S. Haldane, Albert Szent-Györgyi, Francis Crick, Hermann J. Muller und Joshua Lederberg.

Die Nobelpreisträger Muller und Lederberg referieren über die genetische Zukunft des Menschen. Der erste ist der Entdecker der künstlichen Mutationsauslösung durch Strahlen, der zweite hat die gleiche Auszeichnung für Arbeiten auf dem Gebiet der Bakteriengenetik verdient.

Muller kommt in seinem Vortrag zu dem Schluß, daß die Zukunft des Menschen durch die Segnungen der Zivilisation gefährdet sei. Sie räume sozialen Versagern und genetisch defekten Individuen Vermehrungschancen ein, die aus genetischer Sicht nicht zu verantworten seien. Abhilfe könnte allein eine freiwillige Zuchtwahl schaffen, in der künstliche Befruchtung durch den gespeicherten Samen höherwertigerer Träger von Erbmaterial eine entscheidende Rolle spielen müßte.[77]

Lederberg räumt ein, daß sich der Dichter zwar zu kühneren Visionen der menschlichen Existenz aufschwingen könne als der Wissenschaftler: »Doch Politik muß auf einer genaueren Betrachtungsweise der Grenzen der menschlichen Evolution aufbauen.« Die Molekularbiologie habe – so Lederberg weiter – die Voraussetzungen dafür geschaffen: Sie hat »vor kurzem den Mechanismus der Vererbung aufgedeckt . . . und wir können nun sagen, daß die wesentlichen Merkmale des irdischen Lebens sich nun vorhersehbar dem Zugriff experimenteller Biologie erschließen«:

* Originaltitel: Man and His Future.

»Wir können nun den Menschen definieren«, erklärt der Bakteriengenetiker Lederberg. »Genotypisch besteht er aus sechs Fuß einer bestimmten molekularen Sequenz von Kohlenstoff-, Wasserstoff-, Sauerstoff-, Stickstoff- und Phosphatatomen – der Länge der festverknäulten DNA im Kern seiner Keimzellen und in den Kernen jeder Körperzelle . . .« Und, nachdem jetzt die Molekularbiologie im Begriff war, das Geheimnis zu entschlüsseln, sei »die endgültige Anwendung der Molekularbiologie direkte Kontrolle der Nukleotidsequenzen in den menschlichen Chromosomen, verbunden mit Erkennen, Auswahl und Integration der erwünschten Gene«.

Warum? Die Zukunft der Menschheit sei bedroht: »Die Fakten der menschlichen Reproduktion sind düster – die Schichtung der Fruchtbarkeit nach dem ökonomischen Status, die neuen Beeinträchtigungen unserer Gene durch Umweltbelastungen, die Kompensation einst tödlicher Defekte durch humanitäre Medizin« – all das führt für Lederberg zur rapiden genetischen Degeneration der menschlichen Art: »und selbst wenn diese Übel tragbar oder neutralisierbar oder falsch gesehen wären, vergeuden wir nicht sündhaft den Schatz unseres Wissens, wenn wir die schöpferischen Möglichkeiten genetischer Verbesserungen vernachlässigen?«[78]

Die technischen und wissenschaftlichen Voraussetzungen für derartige Veränderungen liegen, wie Lederberg 1962 einräumt, noch in weiter Ferne. Und daher sieht Crick die Möglichkeit einer Soforthilfe darin, die unteren, genetisch weniger erwünschten Bevölkerungsschichten davon abzuhalten, sich im bisherigen Maß zu vermehren: »Der einfachste Weg dazu ist, Kinder zu besteuern.« Einem »guten Liberalen«, das räumt Crick durchaus ein, würde das »entsetzlich« vorkommen: »Aber zumindest ist es logisch.«

Im Verlauf mehrerer Jahrhunderte biologischer Wissenschaft war die Fragestellung immer weiter eingeschränkt worden. Ausgehend von Fragen, die stets den Plan der ganzen Schöpfung mit einbezogen hatten, war man 1962 bei der Erforschung des Verhaltens von Molekülen angelangt. Hier, an diesem Extrempunkt des biologisch noch sinnvollen Reduktionismus, weitete sich nun der Anspruch, wissenschaftliche Aussagen über die Gestaltung der Zukunft der Menschheit zu machen, ins Unermeßliche aus. Scharlatanerie, gewiß. Doch von allen ihren Erscheinungsformen ist diejenige, die im Namen der exakten Wissenschaft auftritt, die eindrucksvollste.

Gott wird dich strafen

Die Furcht des Paul Berg

Ernsthafte Forschung, nicht die spekulative Lust, bizarre genetische Monstrositäten herzustellen, steht auf dem Programm von Paul Berg, einem Biochemiker von internationalem Ruf. Und doch veranlaßte ihn eine unbestimmte Furcht vor einem monströsen, unerwarteten Ergebnis, ein Experiment aufzugeben, das, wäre es ordnungsgemäß durchgeführt worden, vermutlich kaum die gleiche Aufmerksamkeit auf sich gezogen hätte. Aber, da Berg die Möglichkeit nicht ganz ausschalten konnte, durch ein in seinen Labors am Biochemieinstitut der kalifornischen *Stanford University* konstruiertes künstliches Bakterium, eine verheerende Epidemie auszulösen, verzichtete er auf ein vielversprechendes Projekt.

Zu Beginn der siebziger Jahre stammte nahezu alles Wissen über die molekularen genetischen Mechanismen, die die Produktion von Proteinen steuern, aus Prokaryonten, das sind einzellige Lebewesen ohne festen Zellkern wie Bakterien. So gut wie nichts war über die Wirkungsweise von Genen in höheren Organismen bekannt, sogenannten Eukaryonten, deren Genom in einem abgegrenzten Zellkern enthalten ist; eine Gruppe, die von Hefezellen bis zum Menschen reicht.

Für seine Versuche wählte Berg ein möglichst einfaches Gen: Er entschied sich für das gal-Gen, das in E.coli-Bakterien die Herstellung eines Enzyms steuert, das die Bakterien benötigen, um den Milchzucker ß-Galactosidase abzubauen. Dieses Prokarynten-Gen (aus dem Bakterium) wollte er in Eukaryontenzellen einschleusen (in Tierzellen), um dort seine Wirkungsweise zu untersuchen.

Zwei experimentelle Schritte waren notwendig: Zuerst mußten Berg und seine Mitarbeiter das gal-Gen aus E.coli isolieren. Da dieses DNA-Stück nicht von selbst in Tierzellen eindrang, mußten sie es daher mit einem Träger verkoppeln, der diese gewünschte Fähigkeit hatte. Und das war ein Tiervirus.

Der erste Schritt bot keine besonderen Schwierigkeiten. Denn es war bekannt, daß das Bakteriophag λ (das Bakterienvirus lambda) in der Lage ist, nach der Infektion von E.coli einzelne gal-Gene aus den Bakterien herauszureißen. Es entstehen Bakteriophagen, an deren DNA nun ein gal-Gen hängt.

Das gal-Gen mit dem Bakteriophagen am einen Ende war die erste Stufe. Nun mußten Berg und seine Mitarbeiter in der zweiten Stufe das noch freie Ende des gal-Gens mit der DNA eines Tiervirus verbinden, der das aus inzwischen drei Elementen bestehende DNA-Molekül (Bakterienvirus – gal-Gen – Tiervirus) in Tierzellen einzuschleusen erlaubte. Sie entschieden sich für den sogenannten Affenvirus SV 40.

Während Berg und seine Mitarbeiter in teilweise ziemlich mühsamen biochemischen Verfahren ihre DNA-Elemente miteinander verbanden, kamen sie auf eine neue Idee: Das Bakteriophagenende des neugeschaffenen DNA-Moleküls konnte ebensogut als Träger dienen wie auch das Tiervirus. Und diese Eigenschaft wollten sie sich für einen Versuch zunutze machen, der ihnen plötzlich weitaus aufregender erschien, als der ursprünglich geplante.

Denn SV 40 gehört zur Gruppe der krebsauslösenden Viren. Und eines seiner wenigen Gene steuert die Herstellung eines Proteins, das in den von SV 40 befallenen Zellen Krebs auslösen kann. Die Verhältnisse in Tierzellen sind zu kompliziert, um die Funktionsweise des »Krebs-Gens« dort direkt untersuchen zu können.

Im Bakteriophagenende seines künstlichen DNA-Moleküls verfügte Berg jedoch über einen Träger, mit dem er SV 40 in E.coli-Bakterien einschleusen konnte. Und der Stoffwechsel von E.coli ist im Verhältnis zu dem von Tierzellen erstens sehr viel einfacher und zweitens sehr viel besser erforscht. Berg hoffte daher, die Wirkungsweise eines »Krebs-Gens« in dieser einfachen Zelle »E.coli« untersuchen zu können. Alle Voraussetzungen für den entscheidenden Schritt waren erfüllt. Berg mußte jetzt nur noch das neugeschaffene DNA-Molekül in E.-coli-Bakterien einführen.[79]

Anlaß zu mehr als den üblichen Vorsichtsmaßnahmen schien es zunächst nicht zu geben. SV 40, das »gefährlichere« Ende des Moleküls, infiziert zwar viele Tierarten, doch Krebs entsteht nur bei wenigen, zum Beispiel bei Hamstern.

Wenn auch Laborkulturen menschlicher Zellen wucherungsartige Symptome einer starken Reaktion auf SV 40 zeigen, scheinen die Abwehrkräfte des menschlichen Organismus doch auszureichen. In den fünfziger Jahren waren mehrere Millionen Menschen mit einem Impfstoff gegen Kinderlähmung immunisiert worden, der, wie sich später herausstellte, mit SV 40 Viren verseucht gewesen war. Seitdem durchgeführte regelmäßige Untersuchungen hatten jedoch bisher keinen Krebsverdacht ergeben.

Bergs Experiment wurde nicht ausgeführt. Es löste aber eine Kette von Ereignissen aus, die fünf Jahre später einen sachkundigen Beobachter in Berg und seinen Kollegen heiße Kandidaten gleich für zwei Nobelpreise sehen ließ: »Wenn Dr. Berg und seine Kollegen schon nicht den Nobelpreis für Medizin erhalten werden, dann sollten sie den Friedensnobelpreis erhalten.«[80]

Die Geschichte dieser Entwicklung, angefangen von Bergs einmaligem Verzicht – einer Aktion, der später ein ganzer Wissenschaftsbereich folgte, und dabei in den Verdacht geriet, zu einem prinzipiellen Nein bereit gewesen zu sein – bis hin zu den abschließenden, zuerst verzweifelten, dann immer sicherer werdenden Bemühungen der Wissenschaftler, die Unruhe in der Bevölkerung, die sie selbst erzeugt hatten, zu beschwichtigen und schließlich zu übergehen, sei in den wichtigsten Phasen rekonstruiert. Sie verweist symptomatisch auf die grundlegenden Mißverständnisse zwischen Wissenschaft und Öffentlichkeit. Die Ursachen zu erkennen, heißt einen Ansatzpunkt zu suchen, um diese Mißverständnisse auszuräumen. Denn grundlose Angst und haltlose Verdächtigung sind eine denkbar schlechte Grundlage, um Interessenkonflikte auszutragen.

Zurück zu den historischen Ereignissen, die zum Abbruch von Bergs Versuch führten. Der Anstoß, wichtig genug, kam nicht von Berg oder einem seiner Mitarbeiter, sondern von einem Unbeteiligten, der auf der anderen Seite des Kontinents Krebsforschung betrieb.

Der Kampf gegen den Krebs ist ein Ziel des von James Watson geleiteten *Cold Spring Harbor Laboratory*. Früher Zentrum der eugenischen Bewegung in den Vereinigten Staaten, ist das scherzhaft »Camp Cancer« genannte Labor zu einem in der Welt führenden molekularbiologischen Forschungszentrum geworden. Doch nicht nur wegen seines wissenschaftlichen Renommees, sondern auch seiner Nachbarschaft zu einer idyllisch am Long Island Sound, nördlich von New York gelegenen früheren Walfangstation übt das Institut in den Sommermonaten große Anziehungskraft auf Wissenschaftler in der ganzen Welt aus.

In Cold Spring Harbor nahm im Sommer 1971 Janet Mertz, eine Diplomantin aus Bergs Labor, an einem Kurs über Tumorviren teil. Zum Programm gehörte auch Schulung in Sicherheitstechniken beim Umgang mit Tumorviren.

Mit dem Eindringen einer großen Zahl von Molekularbiologen in die Krebsforschung, ausgelöst durch Präsident Nixons offizielle Kriegserklärung an den Krebs, und die anschließend in die Krebsforschung dirigierten großen Geldmengen, waren erhebliche Sicherheitsprobleme entstanden. Denn die im Umgang mit pathogenen Keimen nicht oder nur wenig geschulten Molekularbiologen, die häufig noch nicht einmal die Risiken kannten, hatten gerade auf diesem gefährlichen Sektor der biologischen Forschung erhebliche Gefahren geschaffen. Elementare Sicherheitsregeln wurden aus Nachlässigkeit oder zugunsten rascher Erfolge vernachlässigt.

Watson, selbst Leiter eines Krebsforschungszentrums, warf dem *National Cancer Institute* vor, das einen großen Teil dieser Forschung finanzierte, seiner »moralischen, wenn nicht sogar rechtlichen Verantwortlichkeit nicht nachzukommen«. Man bagatellisiere die Gefahren, wenn man nicht berücksichtige, daß man es mit Erregern heimtückischer Krankheiten zu tun hatte, deren schleichende Wirkungen sich erst nach Jahren oder gar Jahrzehnten zeigten.

Sträflicher Leichtsinn wie infektionsförderndes Rauchen, Trinken und Essen in Labors, in denen es aus Sicherheitsgründen offiziell verboten ist, vergrößerten die Gefahren erheblich. Ein Beamter des kalifornischen Gesundheitsministeriums berichtete 1973 den Teilnehmern einer Konferenz über Laborsicherheit von seinem Erschrecken beim Besuch einiger Labors, in denen er Forscher, die »wenig oder keine Ahnung von medizinischer Mikrobiologie hatten«, mit Mikroorganismen hantieren sah, die als bekannte oder mögliche Krankheitserreger galten.[81]

Auf dem Kurs über Tumorviren in Cold Spring Harbor hielt ein junger Krebsforscher, Robert Pollack, eine Vorlesung über Sicherheitsmaßnahmen. Pollack war schon lange über die Sorglosigkeit beunruhigt, mit der seine Kollegen gefährliche Krankheitserreger manipulierten. Als er nun von Janet Mertz über das auf der anderen Seite des Kontinents geplante Experiment erfuhr, reagierte er mit Entsetzen, wie seine Schilderung noch deutlich erkennen läßt, die er einige Jahre später einem Journalisten der Zeitschrift *Harpers* gab:

»Das paßte für mich alles zusammen. SV 40 ist ein kleiner tierischer Tumorvirus; in Zellkulturen im Labor verwandelt er einzelne menschliche Zellen und läßt sie ziemlich wie Krebszellen ausschauen. Und der Bakteriophag lebt von Natur aus in E.coli, und E.coli lebt von Natur aus in Menschen. Sie (Mertz) schien das alles als eine saubere akademische Übung anzusehen. Und ich sagte: Sei um Himmels willen doch nicht so dumm, es in einen Phagen zu tun, der Bazillen befällt, die in deinem Bauch leben! Was passiert, wenn die Kombination aus dem Labor entwischt; dann hast du SV 40, der sich im Takt mit E.coli vermehrt, und dauernd sind die Zellen deiner Eingeweide der DNA von SV 40 ausgesetzt. Und das ist ein Weg für einen Virus, den es in der Natur noch nicht gegeben hat, und daher etwas, was du nicht mehr loswerden kannst.«[82]

Pollack eilte ans Telefon, um Berg zu warnen. Der reagierte erwartungsgemäß: »Er war völlig sprachlos. Soweit ich beurteilen kann, muß es ihm vorgekommen sein, als hätte jemand gesagt, ›Gott wird dich strafen‹. Aber ich habe ihn festnageln können, weil er ein aufrichtiger Kerl ist und keine Antwort fand.«[83]

Doch Berg war nicht gerade überzeugt. Er fragte andere Wissenschaftler. Die warnten. Zunächst schien es ihm gegen den Strich gegangen zu sein: ». . . alle empfahlen es nicht zu tun. Ich konnte weder mich selbst, noch irgendeinen anderen überzeugen, daß ich das Risiko auf Null bringen könnte. So gaben wir die Experimente auf.«[84]

Das klingt nicht so, wie es der Virologe Wallace P. Rowe später darstellte, als er erklärte, »das Berg-Experiment läßt viele Leute, ihn eingeschlossen, vor Schreck aus den Pantinen kippen«.[84]

Der große Sprung

Bergs Verfahren, genmanipulierte Bakterien herzustellen, hatte zu dieser Zeit noch den Vorteil, zu kompliziert zu sein, um von vielen Wissenschaftlern angewandt zu werden. Um 1972 arbeiteten nur zwei Arbeitsgruppen in Stanford an Verfahren, DNA unterschiedlicher Lebewesen miteinander zu verknüpfen: Jackson, Symons und Berg, Lobban und Kaiser.

Doch dann lieferten mehrere unabhängige Entdeckungen den Schlüssel zu einem neuen Verfahren; einem Verfahren, das so einfach ist, daß es sich rasch zu einer Universalmethode entwickelte, die in vielen Labors der biologischen und medizinischen Forschung auf der ganzen Welt eingesetzt werden kann.

Zu Beginn der sechziger Jahre hatte Werner Arber aus Basel einen Schutzmechanismus entdeckt, mit dem sich Bakterien gegen den Befall durch Bakteriophagen schützen können. Sie produzieren sogenannte Restriktionsenzyme, die die eindringende DNA der Phagen biochemisch in Stücke »zerschneiden« und damit unwirksam machen.

Etwa zehn Jahre später fanden Herbert Boyer und seine Mitarbeiter an der Universität von Kalifornien in San Francisco, daß eines dieser Restriktionsenzyme, »Eco RI«, die DNA nicht an beliebigen Stellen schneidet: Es greift immer an einer bestimmten Stelle des Doppelmoleküls der DNA an. Und es ist die Nukleotidsequenz, die das Erkennungssignal für das Schneiden liefert:

DNA – – – – – G↓A–A–T–T–C – – – – –
DNA – – – – – C–T–T–A–A↑G – – – – –

Schnittstellen Eco RI

Nur an dieser Stelle kann das Enzym angreifen. Und damit bestimmt die Häufigkeit, mit der diese Basensequenz auf beiden sich gegenseitig anziehenden DNA-Molekülen auf der Doppel-Helix vorkommt, die Zahl der Fragmente, in die Eco RI die DNA zerlegt. Wie groß diese Zahl ist, hängt von Art und Größe der DNA ab. Sie kann ebenso gut null, eins oder jede beliebige andere Zahl sein.

Kurz nach Boyer bemerkten Janet Mertz und Ronald Davis aus Bergs Labor, daß die Enden auch nach dem Schneiden noch lose aneinander hafteten. Die Erklärung für diese sonderbare Beobachtung ist einfach: Auch wenn die chemischen Verbindungen gelöst sind, wirken die schwachen Anziehungskräfte zwischen den Nukleotiden an den überstehenden Enden weiter.

DNA – – – – – – G   A–A–T–T–C – – – – – –
DNA – – – – – – C–T–T–A–A   G – – – – – –

»klebrige Enden«

Diese Anziehungskräfte sind zwar nicht so stark wie die gelöste chemische Bindung, aber immerhin so, daß die Molekularbiologen von »klebrigen« Enden sprechen. Und diese klebrigen Verbindungsstellen lassen sich nun mit Hilfe eines zweiten Enzyms »DNA-Ligase« wieder zu einer normalen chemischen Verbindung »verschweißen«.

Nach einer Reihe chemischer Reaktionen ist der Ausgangszustand wiederhergestellt. In der praktischen Ausführung bedeutet »Schneiden« und »Verschweißen« von DNA-Molekülen – Analogien aus dem visuellen Bereich, die absurd erscheinen, wenn man sich die »Größe der Moleküle vor Augen hält – nichts anderes als Zugabe zweier Enzyme zur Reaktionsmischung.

Stanley Cohen, der wie Berg an der Stanford University, jedoch an der medizinischen Fakultät arbeitet, wollte diese theoretisch interessante, praktisch jedoch vorläufig bedeutungslose Reaktionssequenz benutzen, um die DNA verschiedener Organismen miteinander zu verbinden. Denn gleichgültig woher die DNA auch stammt, das Restriktionsenzym Eco RI schneidet immer an der gleichen Nukleotidsequenz. Die entstehenden Enden müssen sich daher nicht nur »klebrig« in bezug auf das Gegenstück aus dem gleichen DNA-Molekül verhalten, sondern auch zu dem aus einem fremden DNA-Molekül. Also müßte es möglich sein, DNA beliebiger Herkunft miteinander zu verbinden; damit entstünde »neukombinierte DNA«, die jetzt nur noch wieder in geeignete Wirtsorganismen überführt werden müßte, um wieder zum »Leben zu erwachen«.

Auch Berg hatte in seinem aufgegebenen Experiment neukombinierte DNA hergestellt, freilich auf sehr viel umständlichere Weise. Bei Berg hätte das Bakterienvirus am einen Ende als Träger für die neukombinierte DNA in Bakterien, das Tiervirus am anderen Ende als Träger in Tierzellen dienen können.

Cohen fand eine andere Lösung. Als einer der führenden Spezialisten für *Plasmide*, war er mit seinen Initialen, SC, bereits Namenspatron für ein halbes Dutzend dieser kleinen relativ frei beweglichen DNA-Stücke, die im genetischen Austausch zwischen Bakterien gewissermaßen das Kleingeld sind.

Es sind kleine ringförmige DNA-Elemente, die außerhalb des Hauptchromosoms von Bakterien liegen. Während das Hauptchromosom von Bakterien einige tausend Gene trägt, enthalten die meisten Plasmide nur wenige Gene. 1960 hatte Watanabe eine entscheidende störende Funktion dieser Plasmide entdeckt. Es sind Träger jener bis dahin rätselhaft erscheinenden Verbreitung von Resistenzen, die Bakterien gegen Antibiotika entwickeln können, was die Behandlung so vieler Infektionskrankheiten erschwert: Bestimmte Arten von Plasmiden enthalten die verhängnisvolle genetische Information, die ein Bakterium instandsetzt, ein bestimmtes Antibiotikum unschädlich zu machen. Berühren sich zwei Bakterien, kann ein Plasmid in das andere Bakterium übertreten und damit auch den Resistenzfaktor übertragen.

Diese Fähigkeit eines seiner Plasmide, p SC 101, das einen Resistenzfaktor gegen das Antibiotikum Tetracyclin trägt, machte sich Cohen zunutze. Er isolierte es, schnitt es nach dem erwähnten Verfahren auf, fügte ein DNA-Stückchen aus einer zweiten Plasmidart ein, das einen Resistenzfaktor gegen das Antibiotikum Penicillin trägt, und verschweißte die »Klebestellen« wieder zu einer festen Verbindung. Dieses neukombinierte, künstliche Plasmid wurde nun mit E.coli-Bakterien in Berührung gebracht. Nur ein sehr geringer Teil dieser Bakterien nahm das künstlich geschaffene Plasmid auf. Doch das genügte.

Cohen und seine Mitarbeiterin Chang konnten diese wenigen Bakterien leicht identifizieren: Sie mußten der Bakterienkultur nur die beiden Antibiotika Tetracyclin und Penicillin zufügen. Der größte Teil der Bakterien starb erwartungsgemäß ab. Übrig blieben ein paar Bakterien, die das künstlich geschaffene Plasmid aufgenommen und dadurch zweifache Resistenz erworben hatten. Da sie sich in halbstündigen Abständen verdoppelten, entstanden aus jedem einzelnen Bakterium, das die neukombinierte DNA aufgenommen hatte, über Nacht Milliarden gleichartiger Nachfahren. (Abb. 6)

Eine neue Bakterienart war geschaffen worden. Stanley Cohen verkündete in der Zeitschrift *Scientific American* einen »Bruch der Schranken, die normalerweise biologische Arten voneinander trennen«.[85]

Das schrieb er im Juli 1975. Zwei Jahre später allerdings war er wesentlich bescheidener geworden. In einem nach eigenem Bekunden »streng wissenschaftlichen Dokument«, von dem die amerikanische Öffentlichkeit zuerst durch einen prominenten Politiker erfuhr, meinte Cohen nachgewiesen zu haben, »daß Mutter Natur die ganze Zeit in der Lage gewesen ist, das zu tun, was die Wissenschaftler jetzt tun können«.[86] Warum also hatten sich Cohen und seine Mitarbeiter so in ihren Labors bemüht, anstatt in »Mutter« Natur nach den gewünschten Chimären zu suchen? Oder anders: Was war das Verdienst des Stanley Cohen? Welche »Schranken« hatte er gebrochen?

Die Frage soll schon hier beantwortet werden. Der Widerspruch löst sich auf, wenn man die Umstände betrachtet, unter denen die Erklärungen abgegeben wurden. 1975 ging es Cohen darum, sein wissenschaftliches Verdienst ins rechte Licht zu rücken. 1977 aber stand die Politik im Mittelpunkt. Senator Kennedy hatte ein Gesetz entworfen, das *genetic engineering* wegen *künstlich* erzeugter Biogefahren unter staatliche Kontrolle stellen sollte. Und Cohens Demonstration, daß die Schranken zwischen den Arten in der Natur doch nicht so strikt sein könnten, wie zuvor angenommen, veranlaßte Kennedy, seinen Antrag zurückzuziehen.

Die Definition von »Schranken, die normalerweise biologische Arten voneinander trennen« (Cohen), wird somit auch zur Frage der politischen Opportunität, eine der grundlegenden Erkenntnisse, die wir der Neuen Biologie verdanken.

Doch zurück in das noch weniger durch Definitionsfragen belastete Jahr 1973. Bereits das nächste Experiment, zu dem sich Cohen und Chang mit Boyer, Goodman, Helling und Morrow verbündeten, zeigte die Möglichkeiten von Cohens Verfahren. Diesmal setzten die Wissenschaftler in das bekannte Plasmid pSC 101 DNA eines Frosches ein und überführten das Produkt in E.coli-Bakterien, die es aufnahmen und sich bereitwillig vermehrten.

Vor Hunderten von Millionen Jahren hatte sich die Entwicklungslinie der Frösche von den Einzellern getrennt. Am Freitag, dem 27. Juli 1973, gelang es einem halben Dutzend kalifornischer Wissenschaftler, Teile

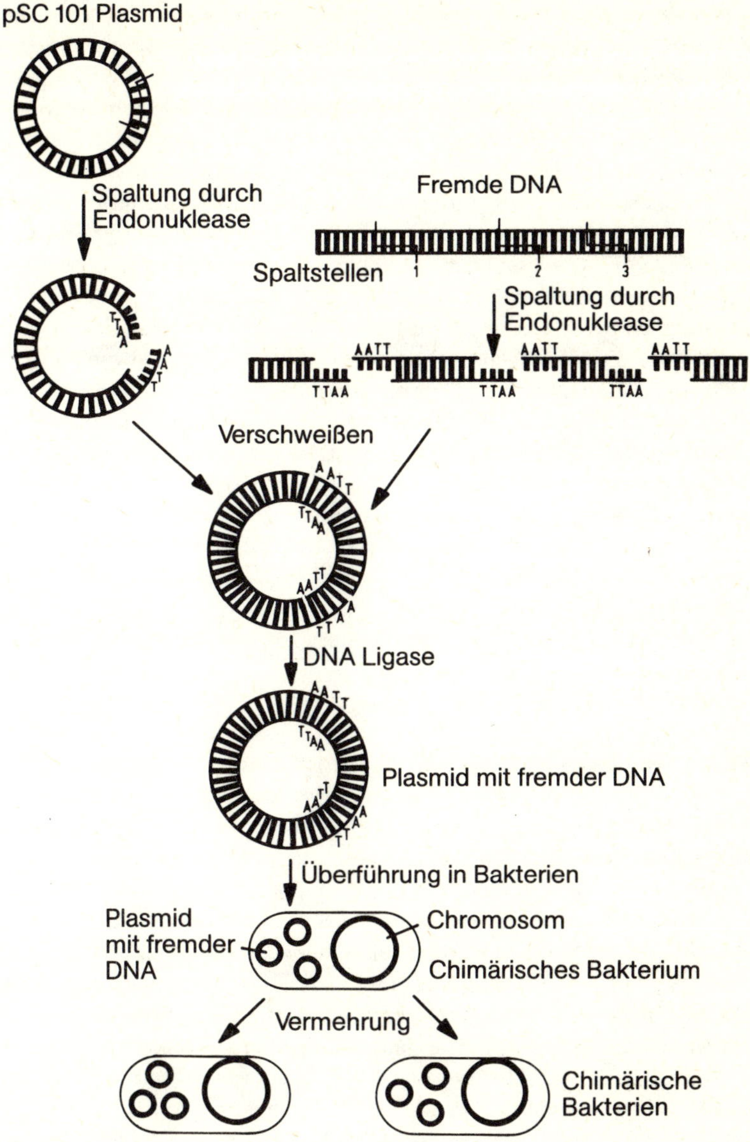

Abb. 6: Schematische Darstellung eines Genübertragungsexperiments. (nach Cohen[85])

dieser Entwicklungslinien wieder zusammenzuführen. Diese E.coli-Bakterien quakten zwar nicht, aber sie reproduzierten immerhin die Frosch-DNA sowie die eigene.[87]

Was Cohens Verfahren so attraktiv machte, war jedoch nicht die Möglichkeit, möglichst bizarre genetische Monstren herzustellen. Vielmehr erlaubte die neue Technik, Bakterien als Vervielfältigungsmaschinen für Gene beliebiger Herkunft einzusetzen: Man pflanzt den Bakterien ein beliebiges DNA-Stück ein, überläßt die Bakterienkultur ein paar Stunden oder Tage sich selbst und kann aus dem milliardenfach vermehrten Produkt das gewünschte DNA-Stück mit Hilfe des selben Restriktionsenzyms wieder herauslösen, das zur Herstellung der »klebrigen Enden« gedient hatte. Die Biologen nennen diesen Kopiervorgang »Klonieren«.

Dieses Klonieren erlaubt nun erstmals, auch das Genom höherer Organismen zu untersuchen. Denn wegen seiner außergewöhnlichen Komplexität hatte sich das Erbmaterial höherer Lebewesen bis dahin jeder systematischen molekularbiologischen Analyse entzogen. In einer DNA-Menge, die (wie beim Menschen) für mindestens eine halbe Million Gene ausreicht, ein bestimmtes Gen zu suchen, es in ausreichenden Mengen zu isolieren, um es untersuchen zu können, wäre aussichtslos gewesen. Die Technik der Neukombination von DNA erlaubte nun, nach Antworten auf eine Unzahl wissenschaftlicher Fragen zu suchen, die sich in Jahrzehnten angesammelt hatten.

Die Verbürokratisierung der Risiken

In Stanford, dem Zentrum des neuen Forschungsgebiets, häuften sich Anfragen von Wissenschaftlern nach Details der Versuche. Cohen, der mit seinen Plasmiden zeitweilig über ein Monopol für Träger neukombinierter DNA verfügte, wurde mit Bitten nach Plasmiden überhäuft. Den guten Sitten unter Wissenschaftlern gehorchend, erfüllte er sie zunächst bereitwillig. Doch nach kurzer Zeit änderte sich seine Haltung. Er gewann den Eindruck, viele seiner Kollegen planten leichtfertig Experimente mit »unvorhersehbaren infektiösen und ökologischen« Folgen.[88]

Auch Berg, Cohens Institutsnachbar in Stanford, erinnert sich, daß auf seine Fragen nach der Verwendung der verlangten Plasmide, »meist die Beschreibung irgendeines Horrorversuchs« folgte: »Und wenn wir den Anrufer dann fragten, ob er tatsächlich auch darüber *nachgedacht* hätte, fanden wir, daß er es nicht getan hatte.«[89]

Die Stanforder Biologen begannen, den Versand von Plasmiden mit Bedingungen zu verknüpfen. Ein erster Bruch mit geheiligten Traditionen des freien Austauschs unter Wissenschaftlern – so unanfechtbar, daß 1971 der einflußreiche James Watson seinem jüngeren Kollegen Andrew Lewis mit massiven Repressalien gedroht hatte, als dieser die Herausgabe eines künstlich geschaffenen gefährlichen Virus mit ähnlichen Bedingungen verknüpfen wollte. Doch mit Berg im Rücken, lief Cohen ein geringeres Risiko, unter Druck gesetzt zu werden.

Cohen und Berg erkannten jedoch bald, daß diese Art von Kontrolle nicht ausreichte. Eine ganze Anzahl weiterer Restriktionsenzyme wurde entdeckt, die die DNA an anderen Basenkombinationen schneiden. Zwar konnte DNA noch nicht »nach Maß« geschnitten werden, doch mit der Zahl der Restriktionsenzyme verbesserte sich auch die Aussicht, möglichst nahe an einer gewünschten Stelle zu schneiden. Weitere Plasmide und auch Bakterienviren wurden als Träger für neukombinierte DNA in Bakterien gefunden.

Die Sorgen einiger Biologen, daß sich die Verbreitung der Genübertragungstechnik zu einer großen Gefahr entwickeln und neue unkontrollierbare Seuchen auslösen könnte, drangen erstmals im Herbst 1973 an die Öffentlichkeit. Am 23. September erschien in dem weitverbreiteten Wissenschaftsjournal *Science* ein außergewöhnlicher Aufruf.

Die Unterzeichner, Maxine Singer und Dieter Soll, warnten vor Gefahren, zu denen sich »hybride DNA-Moleküle« für Laborpersonal und Bevölkerung entwickeln könnten. Daher sollte die ehrwürdige Wissenschaftsorganisation *National Academy of Sciences* eine Studiengruppe einsetzen, die über »spezifische Richtlinien« beraten müßte.[90]

Ob die Veröffentlichung dieses Aufrufs ein Fehler war, ist unter den Beteiligten heute umstritten. Vier Jahre später, im Februar 1977, jedenfalls glaubte Stanley Cohen einigen Grund zur Verbitterung zu haben, als er in der gleichen Zeitschrift schrieb: »Was als Akt der Verantwortlichkeit von Wissenschaftlern begann, darunter auch einige derer, die diese neuen Techniken entwickelt haben, ist zur Brutstätte eines Publizistenschwarms geworden – die meisten schlecht informiert, einige wohlmeinend und einige selbstsüchtig.«[91]

Philipp Abelson, der Herausgeber von *Science*, mußte schon 1973 so etwas geahnt haben. Vorsichtshalber fragte er die Absender des Aufrufs, ob sie auf Veröffentlichung bestünden. Doch diese fühlten sich an einen, wenn auch nur mit der knappen Mehrheit von 48:42 Stimmen herbeigeführten Beschluß der Teilnehmer der *Gordon Konferenz* von 1973 gebunden, auf der Herbert Boyer erstmals vor einem größeren wissenschaftlichen Auditorium über die neuen, in Kalifornien entwickelten Verfahren referiert hatte. Neben Beifall hatte der Vortrag eines der Pioniere der Genübertragungstechnik auch Diskussionen ausgelöst, vor allem unter den jüngeren Wissenschaftlern, die die Veröffentlichung des Aufrufs durchsetzten.

Der Präsident der mächtigen National Academy war zunächst einigermaßen überrascht. Er delegierte das Problem an einen Mitarbeiter. Dieser, selbst ratlos, wandte sich wieder an Maxine Singer, die den Aufruf unterschrieben hatte, und diese schließlich wußte Rat. Sie empfahl, Paul Berg zu konsultieren: »Dieses Problem hat ihn schon länger beschäftigt«, erinnerte sie an Bergs Verantwortungsgefühl.[92]

Damit lag das Problem wieder in den Händen eines redlichen Mannes, der zwei Jahre zuvor selbst auf einen vielversprechenden Versuch verzichtet hatte, weil er weder andere noch sich selbst überzeugte, daß er das Risiko »auf Null« bringen konnte. Berg war es dann, der mehr als jeder andere dem nun folgenden Ablauf der Dinge seinen Stempel aufdrückte. 1974 vertraute er einem Journalisten an, er sähe in Genmanipulation nicht ein »besonderes moralisches oder ethisches Problem«, sondern eines »öffentlicher Gesundheit«.[92] Damit war die Richtung von Bergs Vorgehen vorgezeichnet, offen bleibt das Verfahren selbst.

Greifen wir etwas vor: Das Ergebnis der Bemühungen Bergs und seiner Kollegen sind die zweieinhalb Jahre später verabschiedeten Richtlinien der *National Institutes of Health* (NIH). Sie bringen die Risiken der Genübertragungsexperimente zwar ebensowenig »auf Null«, doch in Form verbindlicher Arbeitsvorschriften, hinter denen die Autorität einer Behörde des Gesundheitsministeriums steht, sind sie respektabel geworden. Fortan ist es nicht mehr der Wissenschaftler X, der vor sich und der betroffenen Bevölkerung begründen müßte, wie sicher und wie notwendig seine Experimente sind. Jetzt wird die Allgemeinheit darauf festgelegt, die verbleibenden verbürokratisierten sogenannten Restrisiken zu akzeptieren. Das Risiko ist sozialisiert worden. Sich dagegen zu wehren, hieße »den Fortschritt« in Frage zu stellen.

Anfang 1977, ein halbes Jahr nach Verabschiedung der NIH-Richtlinien, doziert Berg: »Unser tägliches Leben, unsere gesellschaftlichen Entscheidungen und nationalen Handlungen bringen gewisse Risiken mit sich. Gleichermaßen kann die Suche nach neuem Wissen nie risikofrei sein.«[93]

Das Risiko ist anonym geworden. Verbindliche, amtlich abgestempelte

Vorschriften stellen es fortan in den Kontext eines Lebens, in dem jeder täglich das größte aller Risiken hinnehmen muß: das des Todes.

Als Berg 1973 die ihm von der NIH gestellte Aufgabe übernahm, versammelte er zunächst eine Gruppe von Wissenschaftlern, die kurz darauf unter dem wahrhaft ehrfurchtgebietenden Namen »Komitee über neukombinierte DNA-Moleküle, Assembly of Life Sciences, National Research Council, National Academy of Sciences« an die Öffentlichkeit trat.

Mit Berg als Vorsitzendem, Boyer, Cohen, Ronald Davis und Hogness waren fünf der Pioniere der neuen Forschungsrichtung im »Komitee« vertreten. Andere Namen stammten aus dem *Who is who* der modernen Biologie: allen voran James Watson, der mit seinem und Cricks DNA-Modell einer ganzen Generation von Molekularbiologen Arbeit verschafft hatte, und David Baltimore, der 1975 den Nobelpreis erhielt, dazu kamen Ronald Davis, Daniel Nathans, Richard Roblin, Sherman Weissmann und Norton D. Zinder.

Im April 1974, schon bei seiner ersten Sitzung im Massachusetts Institute of Technology (MIT) entschloß sich das »Komitee« zu einem Schritt, der weltweit Aufsehen erregte. Die Ausschußmitglieder waren sich einig, daß das Problem nur auf einer internationalen Konferenz führender Biologen gelöst werden konnte. Bis zum Zustandekommen einer solchen Konferenz würde jedoch noch viel Zeit vergehen, vielleicht zuviel Zeit: Denn das Besondere an Genmanipulation ist, nach einem Wort von Erwin Chargaff, daß auch ein Genie nicht mehr gutmachen kann, was ein Trottel angerichtet hat.

Also mußten die Wissenschaftler, die ahnungslos irgendwo in der Welt gerade gefährliche Experimente durchführten oder planten, vor den Folgen ihres Tuns gewarnt werden. Die elf Komiteemitglieder entwarfen einen Aufruf. Unter dem Titel »Potentielle Biogefahren neukombinierter DNA-Moleküle« veröffentlichten sie ihre Warnung im Juli 1974 in den drei führenden Wissenschaftszeitschriften *Science, Nature* and *Proceedings of the National Academy of Sciences.*[94]

Das »Komitee« wandte sich in seinem Aufruf an »Wissenschaftler in der ganzen Welt«: »Obwohl solche Experimente wahrscheinlich die Lösung wichtiger theoretischer und praktischer biologischer Probleme erleichtern würden, könnten sie auch zur Schaffung neuer Arten infektiöser DNA-Elemente mit unvorhersehbaren biologischen Eigenschaften führen.« Besonders beunruhigte die Wissenschaftler, daß »neue DNA-Elemente, eingeführt in E.coli, sich möglicherweise weit unter menschlichen, bakteriellen, pflanzlichen oder tierischen Populationen verbreiten könnten, mit unvorhersehbaren Auswirkungen«. Bestimmte Versuche sollten vorläufig besser ganz unterbleiben, darunter Einführung neuer Resistenzen gegenüber Antibiotika in Bakterien oder Übertragung von DNA, die Bakterien zu Krebserregern oder Erzeugern von Giftstoffen machen könnte.

Ein neuzugründendes Komitee sollte unter der Verantwortung der *National Institutes of Health* (NIH) das Problem der Biogefahren diskutieren und Richtlinien für die Arbeit mit neukombinierter DNA entwerfen. Die Unterzeichner des Aufrufs schlugen außerdem vor, die offenen Fragen auf einem internationalen Treffen von Wissenschaftlern im Frühjahr 1975 zu diskutieren.

Die Bedeutung dieses in der Geschichte der Wissenschaft einmaligen Aufrufs wurde später von den Beteiligten kräftig heruntergespielt. James Watson versicherte vor einem Untersuchungsausschuß des Bundesstaates Kalifornien: »Ich hielt unsere Aktion immer für ziemlich unwichtig.«[95] Berg, der Vorsitzende des »Komitees«, bekannte, nie das Gefühl gehabt zu haben, »an etwas Historischem« beteiligt gewesen zu sein.[96]

Was auch immer die elf Wissenschaftler angetrieben haben mochte, die von einer Pressekonferenz der National Academy of Sciences begleitete Veröffentlichung des Aufrufs war dramatisch genug inszeniert, um einer »ziemlich unwichtigen Aktion« Schlagzeilen zu sichern. Doch die Reaktion war anders als erwartet. Die Wissenschaftler hatten bald Grund, sich mißverstanden zu fühlen. Sie beschwerten sich, aus »potentiellen« Gefahren, vor denen sie gewarnt hätten, seien »wirkliche« Gefahren gemacht worden, und der vorsichtige Konjunktiv »könnte« habe sich in der vergröbernden Darstellung der Presse und dem wenig differenzierenden Bewußtsein der Öffentlichkeit in den Indikativ »wird« verwandelt. Berg meinte, »erwartungsgemäß ist dann die öffentliche Debatte von der Frage, wie die Forschung sicher durchzuführen sei, übergesprungen auf die Frage, ob sie überhaupt zugelassen werden sollte«.[97]

In seiner sympathischen Bescheidenheit versuchte er, die Dinge wieder ins rechte Lot zu bringen: »Ich meine, daß wir eine Menge Lob für Gefühle und Vorstellungen bekamen, die zumindest ich nicht hatte. Wir hatten nur das Gefühl, hier einen Weg gefunden zu haben, auf dem wir anderen Leuten mitteilen konnten, wie wir zur Sache standen, um sie zum Nachdenken anzuregen und zur Zurückhaltung.«[98]

Watson wurde schon etwas deutlicher. Nach der Veröffentlichung des Aufrufs sei ihm »speiübel« geworden. Auf der Pressekonferenz, die er nebenbei nicht selbst zu verantworten gehabt habe, sei darüber geredet worden, »daß die Wissenschaftler, indem sie auf ihr Recht verzichteten, bestimmte Forschung zu betreiben, etwas getan hätten, was zuvor niemals geschehen ist, und dies wäre ein wichtiger Schritt, und es wurde sogar ein Vergleich mit dem Dilemma gezogen, vor dem die Physiker zu der Zeit standen, als die Kernenergie freigesetzt wurde«.[99] Wie immer ohne ein Blatt vor den Mund zu nehmen, verglich er die Wissenschaftler mit einer »Herde von Eseln«, weil sie die Frage einer Gefahr aufgeworfen hatten, deren Größe sie nicht kannten.[100]

Wanderschmetterlinge, Biologen und Juristen

Eine schönere Gegend als die Monterey-Halbinsel hätte Paul Berg für die im Aufruf des »Komitees« geforderte Konferenz in ganz Kalifornien nicht finden können. Als Vorsitzender des »Organisationskomitees für die Internationale Konferenz über neukombinierte DNA-Moleküle, Assembly of Life Sciences, National Research Council, National Academy of Sciences«, so die eindrucksvolle Bezeichnung der offiziellen Mission, unter der Berg, Singer, Baltimore, Richard O. Roblin und Sidney Brenner nun in Erscheinung traten, trug er eine große Verantwortung: Hundertvierzig führende Biologen wurden erwartet: aus England, Japan, den USA, der Schweiz, der Sowjetunion, aus Frankreich, Polen, Belgien, Kanada, der Bundesrepublik Deutschland, aus Australien, den Niederlanden, Dänemark, Schottland, Mexiko, Schweden, Israel und Italien. Diese Ansammlung international führender Biologen mußte angeleitet werden, sich zu verständigen. Das war, da Englisch längst zur internationalen Wissenschaftssprache geworden ist, kein Sprachproblem. Sehr viel schwieriger war es, eine gemeinsame Ebene zu finden, auf der unterschiedliche Interessen, divergierende Anschauungen über die gesellschaftliche Rolle von Wissenschaft überbrückt und so etwas wie ein sachlicher Konsensus hergestellt werden konnte. Jede Reglementierung bedeutet Freiheitsbeschränkung. Sicherheitsmaßnahmen würden die Forschung behindern, und zwar die der einen stärker als die der anderen.

Einen Vorgeschmack hatte schon eine quer über den Atlantik geführte öffentliche Kontroverse in der britischen Wissenschaftszeitschrift *Nature* geliefert. Das Journal verkündete, wie wenig von einem Vorschlag Baltimores zu halten sei, Veröffentlichungen abzuweisen, die Ergebnisse von »verbotenen« Versuchen enthielten. Die Herausgeber erklärten, sich nicht zum Schiedsrichter über die Moral von Wissenschaftlern aufschwingen zu wollen. Außerdem würde Zensur nichts verhindern, sondern allenfalls Forscher in den Untergrund drängen. Also besser alles publizieren. Dann könnte man die Brandstifter hinterher wenigstens dingfest machen.[101]

Über die gleiche Zeitschrift hatte bereits der britische Forscher E. S. Anderson verbreitet, daß er zumindest eine der vom »Komitee« mit Bann belegten Gruppen von Experimenten für harmlos im Vergleich zu anderen hielt, die erlaubt waren. Er jedenfalls habe seit 1964 künstlich Resistenzfaktoren in so gefährliche Krankheitserreger wie Typhusbazillen oder Salmonellen eingeführt. Nichts sei passiert. »Aus diesem Grund«, verkündete Anderson, »habe ich wenig Neigung, einem Aufruf zu einem Moratorium für Experimente der ersten Gruppe im NAS-Brief zu folgen.«[102]

Hunderttausend Dollar, von zwei amerikanischen Wissenschaftsorganisationen aufgebracht, erlaubten dem »Organisationskomitee«, der Versammlung einen Rahmen zu geben, in dem Ruhe, Abgeschiedenheit und schöne Landschaft beitragen sollten, die erhitzten Gemüter zu beruhigen. Eine Umgebung, in der, fernab vom Trubel und den Alltagsproblemen der Institute, hundertvierzig führende internationale Vertreter der biologisch-medizinischen Wissenschaften unter sich, unbeschwert und sachlich über sachliche Probleme reden konnten.

Berg hatte das Konferenzzentrum von Asilomar gemietet, eine Ansammlung rustikaler Gebäude um eine aufgegebene Kapelle unter mächtigen Pinien und Redwoodbäumen am Rande des Stillen Ozeans. Von San Francisco in ein paar Autostunden erreichbar, liegt Asilomar auf der pittoresken Monterey-Halbinsel, die schon dem Romancier John Steinbeck als Kulisse für seine *Straße der Ölsardinen* gedient hatte.

Zur gleichen Zeit wie die Wissenschaftler wurden 1975 auf Monterey die berühmten Schwärme von Wanderschmetterlingen erwartet, eine Attraktion, die jährlich Touristen wie dem örtlichen Andenkenhandel den Beginn des Frühjahrs signalisiert. Auch in den Berichten über die Konferenz von Asilomar bedeckten diese Schmetterlinge zu Millionen mit gelben, manchmal mit orange und schwarz gemusterten Flügeln die tiefgrünen Äste der Nadelbäume rings um das Konferenzzentrum, ein wirkungsvoller Kontrast zum Blau des pazifischen Himmels.

Neben Vertretern der »frei« genannten Forschung hatte das »Organisationskomitee« einige Repräsentanten von Behörden eingeladen, dazu Vertreter der Industrieforschung, so des Mischkonzerns General Electric und der Pharmaunternehmen Merck, G. D. Searle und Hoffmann-La-

Roche. Um auch Haftungsprobleme fachgerecht diskutieren zu können, waren fünf Juristen hinzugezogen worden, und die Öffentlichkeit schließlich durfte in Gestalt von 16 Journalisten teilnehmen, die sich verpflichten mußten, bis zum Schluß in Asilomar zu bleiben, um erst nach Konferenzende zu berichten.[103]

Aus dem fernen New York beobachtete, spitz formulierend »in tiefer Melancholie« Erwin Chargaff, wie sich auf der anderen Seite des Kontinents »die kongregierten molekularen Bischöfe und Kirchenväter aus aller Welt« versammeln, um die »Häresien zu verdammen«, denen sie selbst als erste verfallen seien.[104]

In Asilomar sollte, wichtig festzuhalten, »die Unterbrechung der Forschung«, die der Brief des Komitees vom Juli 1974 gefordert hatte, »nicht unaufgelöst« bleiben. Zur Debatte stand laut provisorischer Abschlußerklärung daher nur, »ob es Möglichkeiten gäbe, die wissenschaftliche Arbeit mit minimalen Risiken für das Laborpersonal und die ganze Bevölkerung durchzuführen«.[105]

Obwohl den Konferenzteilnehmern bewußt war, »daß sich langfristig sogar noch schwierigere Probleme aus der Anwendung dieser Arbeit in Industrie, Medizin und Landwirtschaft ergeben könnten«, beschränkten sie ihre Diskussionen auf den sehr viel engeren Rahmen der Gesundheitsgefahren.[106] »Das Treffen«, so hält der offizielle Konferenzbericht fest, »wurde organisiert, um den wissenschaftlichen Fortschritt in der Forschung über neukombinierte DNA-Moleküle zu überblicken und geeignete Wege zu diskutieren, mit den möglichen Biogefahren dieser Arbeit umzugehen.«[107] Mehr nicht!

Aber auch nicht weniger: Die Teilnehmer der Konferenz von Asilomar merkten sehr bald, daß sie nicht mehr über Dinge verhandeln konnten, die nur Wissenschaftler etwas angehen. Sidney Brenner, einer der führenden Molekularbiologen, ein unbritisch wirkender Brite, der nach Ansicht eines Beobachters die Szene in Asilomar beherrschte, als befände er sich in seinem Labor in Cambridge bei London, trug wesentlich dazu bei, den Konferenzteilnehmern ihre neue Rolle verständlich zu machen. Man müßte, so argumentierte er, Sicherheitsstandards setzen: Sicherheitsstandards, die so hoch seien, daß der Verdacht von Eigennützigkeit nie auftauchen könnte. Sonst würde man nur die Regierungsbehörden auffordern, selbst die Grenzen zu ziehen. »Ein guter Sicherheitsstandard«, so erklärte Brenner der Versammlung, »ist einer, den wir im Licht späterer Erfahrung *heruntersetzen* können. So und nur so können wir uns an die Gesellschaft wenden – und unter Gesellschaft meine ich die, die Wissenschaftspolitik und Forschungsgelder kontrollieren – und sagen, wenn sie den möglichen Nutzen für die Menschheit als außergewöhnlich einschätzten, müßten sie sich auch darauf einstellen, dafür zu bezahlen.«[108]

Der Wunsch, die »Feds«, die Regierungsbehörden, draußen zu halten und sich selbst die Sicherheitsstandards zu setzen, forderte seinen Preis. Der Druck, unter dem sich viele der anwesenden Wissenschaftler fühlten, war deutlich zu spüren. Dem Journalisten Judson berichtete Brenner nach der Konferenz, der Wettbewerb innerhalb der amerikanischen Biologie habe ihn »schockiert« und sei »besorgniserregend«. Brenner: »Die Leute dort werden hart vorangetrieben. Ich habe immer wieder das Wort *Geschäft* gehört, etwa: ›Mit diesen Richtlinien werden Sie mich aus dem Geschäft bringen.‹«[109]

Unter diesem Druck wurden die Interessenkonflikte der Konferenzteilnehmer ausgetragen. Und die Probleme vergrößerten sich erheblich dadurch, daß es keine objektive, wissenschaftlich gesicherte Grundlage gab, die Höhe der Risiken zu erkennen und abzustufen. Welches waren die harmloseren und welches die gefährlichen Experimente?

Watson nahm diese Ungewißheit zum Anlaß, Einspruch zu erheben. Als Leiter eines Krebsforschungszentrums habe er es täglich mit Organismen zu tun, die weitaus gefährlicher seien als alles, worüber man sich in Asilomar die Köpfe heiß rede. Und diesen realen Gefahren würde auch nicht ein Bruchteil der Aufmerksamkeit zugewandt wie den hypothetischen der Genmanipulation.

Das gesamte Arbeitsgebiet sollte in Risikogruppen unterteilt werden. Experimente, die als besonders gefährlich galten, durften dann nur in Labors mit dem höchsten Sicherheitsgrad durchgeführt werden, manche gar nicht, andere dagegen schon in normalen Biologielabors. Doch welches sind harmlose Experimente und welche gefährlich? Watson sah nicht die geringste wissenschaftliche Grundlage für Risikoabstufungen.

Spätestens seit Asilomar gehörte Watson zu den entschiedensten Gegnern der Richtlinien, an deren Zustandekommen er so maßgeblich beteiligt gewesen war: Im Mai 1977, zwei Jahre später, sah Watson in der Konferenz den verzweifelten und irrationalen Versuch der Wissenschaftler, nicht öffentlich eingestehen zu müssen, daß der Aufruf von 1974 ein falscher Alarm gewesen war. »Unglücklicherweise war die Mehrheit der Teilnehmer von Asilomar nicht bereit zu sagen, daß die ganze Sache im Begriff stand, über jedes vernünftige Maß hinaus aufgeblasen zu werden.« Er jedenfalls habe sich schon damals gefragt, ob man es überhaupt mit einem »wirklichen Problem« zu tun hatte.[110]

»Im Verlauf der Konferenz«, berichtet Paul Berg, »machte ich mir Sorgen, vor allem weil ich keine Übereinstimmung sehen konnte. Ich meine, die Leute verhielten sich sehr eigennützig . . . Jeder versuchte einen Kreis um seine Arbeit zu ziehen und sie als rein und unschuldig auszugeben, und stets war es die der anderen, die als schlimm galt und geächtet werden sollte.«[111]

Lösung schien ein neues Sicherheitsprinzip zu versprechen. Bakterien sollten biologisch soweit verkrüppelt werden, daß sie nur noch unter extrem unnatürlichen Laborbedingungen überhaupt am Leben gehalten werden könnten. Einer der anwesenden Spezialisten meinte, derartig verstümmelte Bakterien in ein paar Wochen herstellen zu können. Die uneinigen Wissenschaftler schöpften neue Hoffnung. Stanley Cohen sprach von der Erwartung eines »Messias«. Denn einfache und billige biologische Schutzmaßnahmen würden teure und umständliche physikalische Schutzmaßnahmen ersetzen können. Wenn ein Bakterium in der Natur nicht lebensfähig ist, braucht man es auch nicht daran zu hindern, aus dem Labor zu entweichen.[112]

Die Spannungen verringerten sich. Ausgeräumt waren sie damit freilich noch nicht. Sidney Brenner drängte, nicht so eigennützig zu sein. Jeder müsse sich kompromißbereit zeigen. Man könnte nicht sagen, es gäbe zwar eine Gefahr, und zugleich auf einen Kompromiß hoffen, »der mein eigenes kleines Gebiet unangefochten läßt, so daß ich meine Programme und Gelder durchbekommen, in die Akademie berufen werde und alle anderen Dinge genieße, an denen Wissenschaftler interessiert zu sein scheinen«.[113]

Nächster entscheidender Diskussionspunkt waren Haftungsfragen. Für die juristische Belehrung hatte man Rechtsexperten eingeladen. Und deren Ausführungen ließen an Deutlichkeit nicht zu wünschen übrig.

Hatten die Biologen schon an so einfache Dinge gedacht wie Schadenersatzforderungen im Fall von Unglücksfällen? Schließlich waren fast alle sich einig, daß die Arbeit Risiken birgt. Kein Gericht der Vereinigten Staaten würde nach dem Aufruf und nach der Konferenz von Asilomar noch anerkennen, daß die Gefahren unvorhersehbar gewesen seien. Höhe der Schadenersatzforderungen? Genug jedenfalls, um eine Universität an den Rand des Ruins zu bringen! Fälle professioneller Nachlässigkeit würden, wie manche Mediziner bereits erfahren hatten, zumindest in den Vereinigten Staaten auf immer strengere Richter stoßen.

Soweit die negativen Aspekte. Doch es gab auch positive. Einer der Juristen, Roger Dworkin, machte die in Asilomar versammelten Wissenschaftler auf ihre besondere Macht aufmerksam: Sie repräsentierten eine internationale Elite, über deren Urteil keine Regierung so einfach hinweggehen könnte. »Diese Körperschaft hier kennt wahrscheinlich noch nicht einmal ihre Macht. Das Gesetz hat eine Tradition, Expertengruppen, die sich selbst regulieren, anzuhören und zu respektieren.«[114]

Bei der Mehrheit der Versammlungsteilnehmer hinterließ der juristische Exkurs einen tiefen Eindruck. Eine für alle verbindliche Regelung hatte auch ihre Vorteile. Sicherheitsvorschriften, auf die sich international führende Experten geeinigt hatten, würden nicht nur die Bevölkerung vor den Wissenschaftlern schützen, sondern auch die Wissenschaftler vor der Bevölkerung.

Paul Berg drängte: »Wenn unsere Empfehlungen eigennützig aussehen, laufen wir Gefahr, daß uns Standards auferlegt werden. Wir müssen hoch ansetzen und (später, wenn die Gefahren überschaubar werden) heruntergehen. Wir können nicht sagen, daß 140 Wissenschaftler vier Tage in Asilomar verbracht haben, die sich einig waren, zwar gäbe es Gefahren, aber mit keinem einzigen Vorschlag aufwarten konnten. Das hieße die Regierung einzuladen, es für uns zu tun.« James Watson entgegnete: »Immerhin können wir ihr sagen, daß sie es ebensowenig kann wie wir.«[114]

Buchstäblich in letzter Minute einigten sich die Wissenschaftler. Das »Organisationskomitee« arbeitete in einer hektischen Nacht eine mehrseitige Empfehlung aus, das Gerüst für die späteren Richtlinien.

Übernächtigt trug Berg am nächsten Morgen die Empfehlungen vor. Bis Mittag mußte die Konferenz abgeschlossen sein. Die Tickets waren gebucht. Termine drängten die vielbeschäftigten Institutschefs. Dennoch wurde über jeden Punkt kurz debattiert und abgestimmt.

Was keiner von den Organisatoren mehr zu hoffen gewagt hatte, trat ein. Ihr Entwurf fand eine überwältigende Mehrheit. Nur zwei Nobelpreisträger stimmten dagegen: Joshua Lederberg und James Watson. Der eine, weil er einen Präzedenzfall für behördliche Eingriffe in die Forschung befürchtete, dem anderen erschien ohnehin »die ganze Asilomargeschichte irrational«.

Glaubensstreit

Der Damm wird brechen

Die Konferenz von Asilomar war erfolgreich beendet worden. Das »Organisationskomitee« mit Paul Berg an der Spitze hatte es geschafft, 140 Wissenschaftler aus 16 verschiedenen Staaten zu einer gemeinsamen Entschließung zu bringen. Die Arbeit konnte fortgeführt werden, wenn auch unter Beachtung von Vorsichtsmaßnahmen.

Asilomar lieferte die Prinzipien. Die Formulierung genauer Richtlinien sollte, wie schon Berg und seine zehn Kollegen im Aufruf von 1974 gefordert hatten, den *National Institutes of Health* (NIH) übertragen werden. Und damit war ein großer Teil der späteren Auseinandersetzungen bereits vorprogrammiert.

Denn Aufgabe dieser Mammutorganisation ist die Förderung der biologisch-medizinischen Forschung. Auf dem Gebiet der Genmanipulation ging es jedoch vor allem um Kontrolle. Und bereits der Auftakt der Arbeit an Richtlinien demonstrierte deutlich, wie in diesem Interessenkonflikt zwischen Kontrolle und Förderung die Gewichte verteilt waren.

Die NIH berief zunächst ein Komitee, das sogenannte »Beratungskomitee über das Programm neukombinierter DNA-Moleküle«. Dieses »Beratungskomitee« hatte, wie im Mitteilungsblatt der Regierung festgehalten, folgende Aufgabe: »Den gegenwärtigen Stand des Wissens und der Technologie von DNA-Neukombinationen zu untersuchen, ihre Überlebensfähigkeit in der Natur und ihre Übertragbarkeit auf andere Organismen; Forschungsprogramme zu empfehlen, die mögliche Verbreitung bestimmter DNA-Neukombinationen zu untersuchen und die möglichen Gefahren für die öffentliche Gesundheit und die Umwelt abzuschätzen; schließlich aufgrund der Forschungsergebnisse Richtlinien zu empfehlen«.[115]

Der Auftrag ließ an Deutlichkeit nicht zu wünschen übrig. Zuerst galt es, Wirkungen und Gefahren der neuen Technik experimentell zu untersuchen, um anschließend aus diesen Forschungsergebnissen Richtlinien zu entwickeln – ein Programm, das, wäre es auch nur halbwegs gründlich ausgeführt worden, mehrere Jahre intensiver und systematischer Forschung beansprucht hätte. Und daher wurde es auch gar nicht erst in Angriff genommen. Die vom »Beratungskomitee« entwickelten Richtlinien stützten sich vielmehr auf Hypothesen.

Dieser Widerspruch zwischen Kontroll- und Förderfunktion der Organisation NIH setzte sich später, als die Richtlinien bereits in Kraft gesetzt waren, in Doppelzüngigkeit fort. Nach dem amerikanischen Umweltschutzgesetz sind die NIH als Regierungsbehörde verpflichtet, die Konsequenzen von Maßnahmen zu untersuchen und zu veröffentlichen, *bevor* sie verwirklicht und damit Tatsachen geschaffen werden. Diese in einem »environmental impact statement« ausführlich zu untersuchenden Wirkungen von Maßnahmen auf Bevölkerung und Umwelt sollen die Grundlage für die Diskussion möglicher Probleme, Ungereimtheiten und Widersprüche durch Öffentlichkeit und Regierungsämter bilden und gegebenenfalls Korrekturen einleiten.

Im Fall Genmanipulation hatte die NIH bereits eine Vielzahl von Forschungsprojekten finanziert, und im Juni 1976 die Richtlinien in Kraft gesetzt und damit vollendete Tatsachen geschaffen, lange bevor sie das vorgeschriebene Umweltgutachten im September 1977 veröffentlichte. Die Verantwortlichen begründeten diesen Verstoß damit, daß ohnehin in vielen Labors schon mit neukombinierter DNA gearbeitet worden sei. Aus diesem Grund habe es im öffentlichen Interesse gelegen, die Richtlinien schnell in Kraft zu setzen und nicht erst *nach* Diskussion der Umweltbelastungen. Denn nur die Richtlinien erlaubten Kontrolle. Eine langwierige Diskussion hätte zusätzliche Risiken geschaffen.[116]

Überzeugend ist diese Erklärung freilich nicht. Denn es war niemand anderes als die NIH selbst, die die meisten dieser Forschungsprojekte finanzierte und daher auch die Möglichkeit gehabt hätte, das Verfahren den gesetzlichen Vorschriften anzupassen: durch unmittelbaren Einfluß auf die Wissenschaftler, notfalls durch Entzug von Forschungsgeldern. Doch damit wäre die NIH in Konflikt mit ihrer Hauptaufgabe, der Forschungsförderung, geraten.

So aber diktierten die Interessen der Wissenschaftler den Ablauf des Verfahrens. Rechnet man, daß um die Jahreswende 1976/77 in den Vereinigten Staaten höchstens 200 Gruppen auf diesem Gebiet arbeiteten, und jede Gruppe aus durchschnittlich vier Wissenschaftlern bestand, so bestimmten weniger als tausend Menschen, was für die Gesamtbevölkerung von mehr als 200 Millionen gutzusein hatte.

Als das Richtlinienkomitee der NIH 1975 nach Abschluß der Konferenz von Asilomar seine Arbeit aufnahm, bestand es aus zwölf Mitgliedern, die, mit Ausnahme seines Vorsitzenden, eines stellvertretenden Direktors der NIH, sich alle aus biologischen und medizinischen Disziplinen rekrutierten. Als die einseitige Zusammensetzung auf Kritik stieß, wurde der Ausschuß um zwei weitere Vertreter der gleichen Fachgebiete erweitert – und schließlich, kurz vor Verabschiedung des Entwurfs, noch einmal. Der zuletzt berufene angesehene Politikwissenschaftler Emette S.

Redford sollte, wie eines der Ausschußmitglieder schrieb, als Aushängeschild dienen:

»Ich wie viele andere Mitglieder des jetzigen Komitees bin zwar nicht sicher, daß diese Person zu den Beratungen beitragen kann, aber sicher, daß wir jemanden brauchen, damit wir sagen können, wir hätten jemand, falls es Beschwerden gibt.« Die Biologin Jane Setlow, die dies zu bedenken gab, behielt recht. Auf einer Sitzung, der letzten vor Verabschiedung des Entwurfs, konnte Redford nicht viel beisteuern.[117]

Der Druck aus der wissenschaftlichen Gemeinde war groß. Robert Sinsheimer, Leiter des Biologieinstituts am Caltech, kritisierte später die »Begierde der Forscher«, schnell weiterzumachen.[118] Die Zeitschrift *Nature* berichtete, daß die Atmosphäre, in der der Ausschuß gearbeitet hatte, »mit Verdächtigungen geladen war und mit unbestätigten Gerüchten, daß heimlich Versuche durchgeführt würden, die das Embargo brachen«. Anonym gestand ein Ausschußmitglied, er habe unter dem Druck gestanden, daß »der Damm wahrscheinlich gebrochen wäre«, hätte man sich nicht rasch geeinigt.[119]

Auch bei der Wahl eines Wirtsorganismus für Genübertragungsexperimente wurden die Interessenkonflikte offenbar, unter denen die NIH-Wissenschaftler entschieden. Zur Debatte standen eine Vielzahl möglicher Bakterienarten. Das Spektrum der vorgeschlagenen Organismen reichte von nur in Heißwasserquellen lebensfähigen Bakterien bis zu Pestbazillen; erstere aus dem naheliegenden Grund, daß Entweichen von Bakterien aus dem Labor Selbstvernichtung bedeuten würde; der Vorschlag der Pestbazillen war ein eher ironischer Hinweis auf die Notwendigkeit, beim Arbeiten *in jedem Fall* die größtmögliche Vorsicht walten zu lassen. Doch man wählte weder die von Chakrabarty vorgeschlagenen Pseudomona-Bakterien, noch Bacillus subtilis, noch irgendein anderes Bakterium, das nur in einer vom Menschen entfernten ökologischen Nische leben kann, sondern Escherichia coli.

E.coli aber besiedelt in Pfundmengen die Eingeweide jedes Menschen und vieler Tierarten. Man findet E.coli im Boden, in Abwässern, auf Lebensmitteln und im eitrigen Ausfluß bei einigen Entzündungsarten. Mit dem Kot werden riesige Mengen von E.coli in die Umwelt ausgeschieden, der in den Eingeweiden verbleibende Rest verdoppelt sich zweimal am Tag.[120] Für die außergewöhnliche Widerstandsfähigkeit dieser Art auch unter extremen Bedingungen können E.coli-Bakterien bürgen, die als einzige Lebewesen Scotts schicksalhafte Südpolexpedition von 1911 überlebt haben. Aus dem Kot von Scotts sibirischen Ponys isolierten 1962

Mikrobiologen E.coli-Bakterien, die Jahrzehnte im Wechsel von Frost und Tauwetter überlebt hatten.[121]

Die Bezeichnung E.coli vereinigt eine Vielzahl unterschiedlicher Stämme. Die meisten dieser Stämme sind harmlos. Doch es gibt auch Krankheitserreger darunter, so die Erreger von »Montezumas Rache«, krampfartigen Durchfällen, die Reisende in südlichen Ländern befallen, wenn sich durch schlechte Hygiene die »einheimischen« mit den »importierten« E.coli-Stämmen genetisch austauschen.

Vieles sprach gegen E.coli als universellem Wirt für Genübertragungsexperimente und nur eines für E.coli: Über Stoffwechsel und Genetik dieses »Haustiers« der Molekularbiologen ist mehr bekannt als bei jedem anderen Lebewesen. Dieses Wissen, auf dem man aufbauen konnte, machte die problematische Bakterienart so attraktiv.

Kritik an dem Vorschlag, E.coli als universellen Wirt für Genübertragungsexperimente zuzulassen, kam aus allen Richtungen. Eine Gruppe junger Wissenschaftler von der Harvard und der Brandeis University, die sich »Boston Area Recombinant Group« nennt, protestierten. Sie empfahlen dem NIH-»Richtlinienkomitee«, nach einem anderen Wirtsorganismus zu suchen, der ökologisch weiter vom Menschen entfernt steht. Das würde zwar einige Jahre dauern, aber der »Nutzen aus der Forschung mit neukombinierter DNA wird für die Gesellschaft gleich groß sein, ob er nun in 20 oder 25 Jahren, in 50 oder 55 Jahren, in 100 oder 105 Jahren kommen wird«.[122]

Erwin Chargaff verlangte in einem Brief an *Science*: »Nehmen wir uns Zeit, untersuchen wir gründlich, und dann werden wir mit der Zeit sehr viel mehr über Organismen erfahren, die nicht in Menschen leben können. Wir müssen uns nicht beeilen, kein Grund zur Hast.«[123]

Wallace P. Rowe, Mitglied des »Richtlinienkomitees« der NIH, ein erfahrener Virologe, war überzeugt, »daß E.coli der falsche Wirtsorganismus für neukombinierte DNA-Moleküle ist«. Nur eines sprach seiner Meinung nach nicht gegen E.coli: der Druck der an dieser Forschung interessierten Wissenschaftler. »Ich glaube nicht, daß die mit dieser Forschung befaßten Leute je ein vollständiges Moratorium bis zur Entwicklung eines anderen Wirtsorganismus akzeptieren würden.« Und dieser Druck wird auch noch aus Paul Bergs Behauptung deutlich, es sei »reine Sophisterei zu argumentieren, eine Verzögerung der erhofften Fortschritte von 5–10 Jahren wäre annehmbar: Es würde 10–20 Jahre dauern, und das Ergebnis wäre dann immer noch ungewiß«.[124]

Zunächst übertrug man die Detailarbeit an den Richtlinien einem Unterausschuß. Daß ausgerechnet David Hogness zu dessen Vorsitzendem bestimmt wurde, veranlaßte einen Kritiker vom Fuchs zu reden, den man zum Wächter des Hühnerhofes mache. Denn Hogness galt als Verfechter niedriger Sicherheitsstandards. Die Empfehlungen dieses Unterausschusses, der sogenannte *Woods Hole Entwurf*, zunächst als endgültig gedacht, zogen dann auch heftige Kritik auf sich.

Etwa 50 Teilnehmern einer Konferenz in Cold Spring Harbor schien der Woods Hole Entwurf die Standards von Asilomar gefährlich herabzusetzen. Sie protestierten energisch. Auch Paul Berg kritisierte, die Sicherheitsstandards entsprächen kaum den Risiken.

Ein zweiter Untersuchungsausschuß wurde eingesetzt. Im Dezember 1975 lag ein neuer Entwurf vor, der vom Gesamtausschuß in einem Hotel in Südkalifornien in Gegenwart von Paul Berg, Maxine Singer und Sidney Brenner beraten wurde. Erneute Kritik. Noch immer entsprachen die Sicherheitsstandards nicht den möglichen Gefahren. Eine weitere Korrektur wurde notwendig. Das Ergebnis war der sogenannte *La Jolla Entwurf*, den man als Empfehlung dem Direktor der NIH übergab.[125]

Im Februar 1976, ein Jahr nach der Konferenz von Asilomar, lud der Direktor der NIH, Donald S. Fredrickson, Gegner wie Befürworter des *La Jolla Entwurfs* zu einer abschließenden Diskussion ein. Erstmals waren auch Vertreter grundsätzlicher Kritik offiziell aufgefordert, Stellung zu nehmen: neben Wissenschaftlern und Studenten auch nicht biologisch-medizinischer Fachgebiete und neben Vertretern von Umweltschutzorganisationen wie »Friends of the Earth«, »Environmental Defense Fund« auch Vereinigungen wie »National Consumers League«, »Sierra Club«, »Federation of American Scientists« usw.[126]

Nach geringfügigen abschließenden Veränderungen, die ein Minimum dieser Kritik am La Jolla Entwurf berücksichtigten, setzte der NIH-Direktor im Juni 1976 die »NIH-Richtlinien für die Forschung mit neukombinierten DNA-Molekülen« in Kraft. Von da an waren sie verbindlich für alle von der NIH geförderten Forschungsprojekte. Die härteste Sanktion gegen schwerwiegende Verstöße ist der Entzug öffentlicher Forschungsgelder.

Das Problem der Richtlinien war, so betont der NIH-Direktor Fredrickson in seinem Vorwort, »ein vernünftiges Gleichgewicht«, einen Interessenausgleich zwischen Verfechtern hoher und niederer Sicherheitsstandards herzustellen.

Bürokratie und Natur

Wer im Labor Gene übertragen will, muß, folgt er den Richtlinien der NIH oder ihrer europäischen Ableger, die Welt durch ein Raster betrachten. Es ist ein Raster, das sich aus vier physikalischen und drei biologischen Sicherheitsabstufungen zusammensetzt.

P1 bis P4 sind die Bezeichnungen für physikalische Abschirmungsmöglichkeiten. Am unteren Ende der Skala bezeichnet P1 eine Sicherheitsstufe, die in jedem Biologielabor erreichbar ist, am oberen Ende ist P4 der höchst mögliche Grad erreichbarer physikalischer Abschirmung, wie er zu Beginn des Jahres 1978 nur in einem einzigen Labor auf der ganzen Welt erreicht werden konnte: in dem eingangs beschriebenen Superlabor, in dem die NIH ihre biologischen Katastrophenfälle durchspielt. Wesentliches Element dieser Art von Sicherheit ist auch die Arbeitstechnik: Ein ungeübter Molekularbiologe kann in einem P3-Labor, der bereits sehr aufwendig konstruierten zweithöchsten Sicherheitsstufe, zu einem größeren Sicherheitsrisiko werden, als es ein erfahrener Mikrobiologe selbst in einer Waschküche wäre.

Die vier physikalischen Sicherheitsstufen werden durch drei biologische ergänzt, EK1 bis EK3. EK1-Stämme von E.coli, sogenannte K12-Stämme, die vor mehreren Jahrzehnten aus dem Kot eines Kranken isoliert worden sind und seitdem nur im Labor weitergezüchtet wurden, haben bereits die Vitalität der Wildstämme verloren. Bringt es ein gesunder Mensch über sich, den »unappetitlichen Cocktail« (Chargaff) von ein paar Millionen K12-Bakterien in Milch suspendiert zu verschlucken, so lassen sich nach wenigen Tagen bereits keine K12-Bakterien mehr in seinem Darminhalt nachweisen. Zwar können K12-Bakterien für kurze Zeit im menschlichen Darm leben, doch werden sie langsam von den robusteren Wildstämmen verdrängt, die dort die »besten Positionen« besetzt halten und sich rascher vermehren.

Damit ein Bakterienstamm das NIH-Gütesiegel EK2 erhalten kann, muß seine Lebensfähigkeit unter natürlichen Bedingungen drastisch herabgesetzt werden. Nur eins von 100 Milliarden EK2-Bakterien darf in »freier Wildbahn« überleben, das heißt außerhalb extrem künstlicher Laborbedingungen. EK3, die höchste biologische Sicherheitsetikette, unterscheidet sich von EK2 nur dadurch, daß EK2-Bedingungen auch im lebenden Organismus erfüllt werden: das heißt, ein paar Freiwillige müssen sich der Prozedur unterziehen, die Bakterien schlucken, um anschließend ihren Kot untersuchen zu lassen.

In Asilomar hatten die Spezialisten noch versprochen, EK2-Stämme von E.coli in ein paar Wochen herzustellen. Es dauerte jedoch anderthalb Jahre, bis gegen Ende 1976 E.coli-Bakterien entwickelt worden waren, die EK2-Bedingungen erfüllten. Cohens »Messias« wurde von dem Mikrobiologen Roy Curtiss III. aus K12-Bakterien hergestellt, die rund ein Dutzend Mutationen über sich ergehen lassen mußten. Sein patriotischer Schöpfer Curtiss taufte den beklagenswerten Invaliden χ (chi) 1776 zum Gedächtnis der zweihundert Jahre zurückliegenden amerikanischen Unabhängigkeitserklärung.

Ein wichtiges Sicherheitsprinzip ist auch, daß χ 1776 unter EK2-Bedingungen nur in Verbindung mit Plasmiden gebraucht werden darf, bei denen die Wahrscheinlichkeit eines unkontrollierten spontanen Übergangs in andere Bakterienstämme drastisch verringert worden ist. Das heißt, auch die Plasmide müssen von der NIH freigegeben werden.

Durch dieses Raster von vier physikalischen und drei biologischen Sicherheitsstufen pressen die NIH-Vorschriften alle denkbaren Versuche. Bestimmte Experimente, wie künstliche Resistenzerzeugung in Bakterien, Übertragung von Genen, die Bakterien zu Gifterzeugern machen könnten, oder Übertragung von Genen bekannter Krankheitserreger in harmlose Bakterienarten bleiben weiter verboten. Andere Experimente, die P4-Bedingungen verlangen, sind für die meisten Wissenschaftler praktisch verboten, da vorläufig der Zugang zu P4-Labors nur Wenigen vorbehalten ist.

Versuchen wir, anhand der Risikoabstufung von sogenannten »Schrotschußexperimenten«, eines der Grundprinzipien der Vorschriften zu verstehen. In diesen als besonders riskant geltenden Experimenten wird nicht ein einzelnes Gen isoliert, sondern die gesamte DNA eines Lebewesens wird der Wirkung eines oder mehrerer Restriktionsenzyme ausgesetzt. Dabei entsteht eine Vielzahl von DNA-Fragmenten. Unbekannt bleibt, wie viele es sind, welche Größe sie haben, welche Gene auf einem Fragment liegen. Allein der Zufall, wie oft und an welchen Stellen die Basensequenz, auf die das Restriktionsenzym anspricht, in der Erbsubstanz enthalten ist, entscheidet über Zahl und Verteilung der Fragmente. Man arbeitet blind. Je nach Größe des Genoms können Hunderte oder Zehntausende unterschiedlicher DNA-Fetzen entstehen.

Dieses Püree von DNA-Teilchen wird anschließend an Plasmide gekoppelt und wahllos in Bakterien eingeführt. Erst nach dem Klonieren, der Vermehrung dieser genetischen Chimären, wird sortiert: Man versucht die Stämme herauszufinden, die das gewünschte DNA-Element tragen – eine Sisyphusarbeit, aber in vielen Fällen der einzige Weg zum Erfolg.

Es ist leicht zu erkennen, warum diese Schrotschußexperimente besonders gefährlich sind. Denn welche DNA-Elemente in das Mikrobengemisch aufgenommen worden sind, bleibt bis zum Schluß unbekannt. Beim Schrotschußexperiment wird alle im Organismus vorhandene DNA miterfaßt. Ist das Versuchstier von Viren befallen, so gerät auch die virale DNA in die künstlich erzeugte Kolonie von Tausenden unterschiedlicher Bakterien, die fremde DNA aufgenommen haben. Und eine einzige pathogene Keimart unter Tausenden harmlosen würde genügen, um eine Katastrophe auszulösen.

Zwei Horrorszenarien, denen die NIH durch ihre Sicherheitsvorschriften vorzubeugen versucht, sollen demonstrieren, was geschehen könnte. Nehmen wir an, in beiden Fällen würde das Unglück durch ein mißglücktes Schrotschußexperiment ausgelöst:

Man kennt hochgradig gefährliche DNA-Elemente, die für lange Zeit »still« im Genom eines Tieres oder Menschen verborgen liegen. In dieser Ruhephase sind sie ungefährlich und können, da das einzig erkennbare Indiz ihrer Anwesenheit die von ihnen ausgelösten Krankheitssymptome sind, auch nicht erkannt werden. Plötzlich, nach Tagen, Wochen, Monaten oder Jahren, vielleicht aber auch nie, da das befallene Individuum vorher eines anderen Todes stirbt, können diese ruhenden Gene durch noch unbekannte Einflüsse in Funktion gesetzt werden.

Diese DNA-Elemente können von Viren stammen, die sich ohne unmittelbar Krankheitssymptome zu zeugen, in das Genom der befallenen Organismen integriert haben. Ebensogut kann es sich aber auch um natürliche DNA-Elemente handeln, deren Struktur stark jener von Tumorviren ähnelt. Auch sie »ruhen« und werden – so eine Hypothese – durch Einwirkung von außen in Betrieb gesetzt. Bestimmte Chemikalien, sogenannte Co-Karzinogene, regen diese potentiellen Krebszentren an und bringen so Krebs zum Ausbruch, der ohne sie nie aufgetreten wäre.

Vor dem Schrotschußexperiment ist diese »Verseuchung« nicht bekannt. Das Tier ist scheinbar gesund. Durch das Experiment werden auch die krankheitserregenden DNA-Elemente mit erfaßt und in Bakterien überführt. Würde sich ein unvorsichtiger Laborant an diesen Bakterien infizieren, wären hier die Folgen besonders tückisch. Da die Krankheit erst nach längerer Zeit ausbricht, können Jahre vergehen, bevor man sie entdeckt und Gegenmaßnahmen einleiten kann. Zeit genug für die neugeschaffenen Krankheitskeime, sich unentdeckt weit unter der Bevölkerung zu verbreiten. Die Herkunft dieser neuen Krankheit ist nach Jahren kaum noch feststellbar.

Bei der zweiten Art von Katastrophenexperiment produzieren genetisch veränderte Darmbakterien in den Eingeweiden große Mengen eines menschlichen oder tierischen Hormons. Was an anderer Stelle des Organismus in natürlicher Dosierung eine nützliche lebenserhaltende Funktion hat, könnte in den Eingeweiden die empfindlichen mikrobiellen Gleichgewichte stören. Würde dieses Hormon sogar die Darmwände durchdringen und in den Blutkreislauf gelangen, wären erhebliche Störungen, ein vielleicht tödlicher Schock, die Folge.

Dies sind Vorstellungen, die den von der NIH konsultierten Wissenschaftlern bei der Klassifizierung von Risiken und Schutzmaßnahmen für Schrotschußexperimente vorschwebten. Da in jedem Fall die Gefahr für den Menschen um so größer zu sein scheint, je näher die manipulierte DNA der menschlichen steht, muß in dieser Richtung auch der Sicherheitsaufwand gesteigert werden. Als besonders gefährlich gelten daher Schrotschußexperimente mit der DNA von Menschen oder von nahen Verwandten des Menschen. Am unteren Ende der Risikoskala stehen Pflanzen und wirbellose Tiere.

So darf, nach den 1976 verabschiedeten NIH-Richtlinien, jeweils auf EK2-Bakterien die DNA aus Menschen und Affen nur in P4-Labors übertragen werden, die von Vögeln und niedrigeren Säugetieren in P3- und die DNA kaltblütiger Wirbeltiere schon in P2-Labors. In P2-Labors darf auf EK1 erniedrigt werden, wenn man mit der DNA wirbelloser Tiere oder von Pflanzen arbeitet.[127]

Ein liebevoll ausgearbeitetes Sicherheitssystem! Jedem nur denkbaren Neukombinationsfall ist sein Sicherheitskästchen zugedacht. Eine große Fülle technischer Details und organisatorischer Ausführungsbestimmungen reguliert die Durchführung, von Kompetenzfragen bis zum Konstruktionsplan und der Farbgebung für das Schild »BIOGEFAHR«. Würde die Natur ebenso gradlinig funktionieren wie das wissenschaftliche Denken über sie, bestünde zur Sorge wenig Anlaß.

Doch ein bereits früher erwähntes Beispiel zeigt, daß die Natur auch phantasievollere Wege einschlagen kann. Wer versuchen wollte, E.coli-Bakterien sogenannte Zellulase-Gene aus Bakterien grasfressender Tiere einzupflanzen, könnte dies im guten Bewußtsein tun, ein neuer Prometheus zu werden, der den Menschen instand setzt, die bisher unverdauliche Zellulose abzubauen. Das Hungerproblem wäre gelöst, Menschen könnten sich wie die Ziegen von Blättern und Gräsern ernähren.

Nach NIH-Vorschriften würde für derartige Versuche ein bescheidener Sicherheitsaufwand genügen. Beide Bakterienarten sind harmlos. Ihre Kombination muß es nicht sein. Da das menschliche Verdauungssystem auf einen hohen Anteil an unverdaulicher Zellulose in der Nahrung eingerichtet ist, so wurde argumentiert, könnte die Verarbeitung dieser Nahrungsbestandteile durch die neugeschaffenen Bakterien unvorhersehbare Folgen haben. Sie müßten noch nicht einmal unmittelbar spürbar sein.

Eine Theorie vermutet einen Zusammenhang zwischen der wesentlich höheren Mortalität an Magen- und Darmkrebs in den Industrieländern im Vergleich zu Entwicklungsländern und dem niedrigen Schlackeanteil der industriell aufbereiteten Nahrung. Die Verbreitung von zelluloseabbauenden E.coli-Stämmen könnte daher erst nach Jahren oder Jahrzehnten spürbare Folgen haben.[128]

Dieses Problem wurde rechtzeitig erkannt. Chakrabarty vernichtete seine Bakterienstämme.[129] Doch andere Fälle können nicht ausgeschlossen werden. Und niemand kann garantieren, daß ein anderer Forscher die Gefahren dann rechtzeitig erkennt. Die Vorschriften können ihn in Sicherheit wiegen.

Auf diese Willkür der Abstufung in säuberlich getrennte Risikokategorien bezog sich James Watson im Oktober 1976 vor dem Justizminister des Staates New York, als er erklärte: »Aber in Abwesenheit gesicherter Fakten, die wirkliche Gefahren anzeigen würden, müssen die Richtlinien notwendigerweise kapriziös erscheinen, wenn nicht in Details sogar eigennützig, und sie lassen sich daher nicht leicht auf einer quantitativen Grundlage verteidigen.« Für Watson freilich ein Grund, jede Form von Kontrolle abzulehnen und zu erklären, »man muß eben mit der Tatsache leben, daß einen jemand auf eine Million Dollar verklagt, wenn man sorglos ist«.[130]

Und vielleicht liegt eine der größten Gefahren darin, daß die Richtlinien eine Sicherheit vortäuschen, die in Wirklichkeit bestenfalls eine Annäherung darstellt. In 1000 Fällen mögen sie ausreichen, vielleicht sogar übertrieben erscheinen, und dennoch können sie nicht ausschließen, daß *der eine Fall, den sie nicht erfassen*, sich zur Katastrophe ausweitet.

Das Ausmaß unserer Ignoranz

Die Richtlinien für das neue Forschungsgebiet stützen sich, wie Watson richtig bemerkt, nicht auf objektiv gesicherte Tatbestände, sondern auf

Meinungen und Erfahrungen von Wissenschaftlern. Die Entwicklung der Richtlinien wurde durch Interessenkonflikte und deren Ausgleich geprägt. Die Kritiker durften sich zwar äußern, die entscheidenden Elemente ihrer Kritik blieben jedoch unberücksichtigt. Die Öffentlichkeit durfte die Vorgänge beobachten, konnte jedoch keinen Einfluß auf Entscheidungen nehmen, die in hohem Maße auch sie betrafen. Somit hatte sich genügend Konfliktstoff angesammelt, um die folgenden Auseinandersetzungen innerhalb der wissenschaftlichen Gemeinde, sowie zwischen der Mehrheit der an diesen Arbeiten interessierten Biologen und der Bevölkerung unausweichlich zu machen. Es begann damit, daß auch nach Verabschiedung der NIH-Richtlinien die Diskussion unter den Wissenschaftlern nicht verstummen wollte, ja mit zunehmender Erbitterung geführt wurde.

Was wissen wir schon, um so grundlegende Veränderungen zu lizensieren, wie es die Schaffung neuer Lebewesen ist, fragt Robert Sinsheimer, zu dieser Zeit noch Leiter der Biologieabteilung am California Institute of Technology.Die Ökologie unsererEingeweide ist weitgehend unerforscht. Dennoch machen wir E.coli zum universell verwendeten Wirtsorganismus für neukombinierte DNA. Welche Rolle spielen Bakterien für die menschliche Ernährung? Was wissen wir über die Wirkung von Plasmiden und Bakteriophagen auf die Überlebensfähigkeit von Bakterien in den Eingeweiden?

Wir haben gerade gelernt, daß Darminfektionen durch Plasmidaustausch zwischen eigenen und fremden Bakterien erzeugt werden. Wir wissen, daß E.coli mit etwa vierzig anderen Bakterienarten Gene austauscht. Sind das alle? Was sich in unseren Eingeweiden dabei abspielt, ist völlig unbekannt. »Wir wissen«, faßt Sinsheimer seine lange Liste des Nicht-Wissens zusammen, »noch nicht einmal, wie wenig wir wissen.«[131]

Doch andere, nicht minder reputierte Wissenschaftler behaupten mit der gleichen Überzeugung das Gegenteil. Auf einem Hearing beruhigt der Mikrobiologe Daniel Nathans US-Parlamentarier: Es ist »schwer, wenn nicht unmöglich«, die vorgeschriebenen K12-Stämme von E.coli in Krankheitserreger zu verwandeln. Sie können sich nicht im Darm festsetzen. Schneuzen und Husten, die für Seuchenverbreitung so gefährliche Verbreitung bakteriengesättigter Wassertröpfchen, würde bei Darmbakterien als Infektionsquelle entfallen, versichert auf derselben Veranstaltung Bernard Davis von der Harvard Medical Scool. Und der Virologe Rowe schließlich sekundiert, indem er darauf verweist, daß in den Industrieländern Darminfektionen wie Cholera und Typhus so gut wie ausgerottet sind. »Auf diesem Gebiet«, garantiert Rowe, »wissen wir genug, um zu sagen, daß das außer Frage steht.« Hygiene sei alles.[132]

»Das Überleben von Laborstämmen von E.coli selbst ist gar nicht das Problem«, kritisiert Burke E. Zimmermann vom Environmental Defense Fund in Washington einen wesentlichen Aspekt des Sicherheitskonzepts der Richtlinien. Entscheidend sind die genetischen Austauschvorgänge: E.coli-Stämme tauschen DNA sowohl untereinander aus, als auch mit so gefährlichen Krankheitserregern wie Shigella und Salmonellen, die Ruhr und Nahrungsmittelvergiftungen hervorrufen. Und selbst die EK2-Sicherheitsstämme von E.coli können noch immer ihre Plasmide mit einem der rund 150 verschiedenen serologischen Typen von E.coli austauschen, die in den Eingeweiden von Menschen gefunden werden. Eine ganze Reihe von möglichen Mechanismen kommen für derartige Austauschvorgänge in Frage:

1. Direkter Plasmidaustausch zwischen Sicherheitsstämmen und Wildstämmen: ein unwahrscheinliches aber nicht auszuschließendes Ereignis, dessen Wahrscheinlichkeit mit der Zahl der Bakterien wächst, die zueinander in Kontakt kommen.

2.a) Die Sicherheitsbakterien mit der neukombinierten DNA sterben ab, wie es von ihnen erwartet wird. Dabei setzen sie ihre DNA frei. Die Wildstämme übernehmen Teile dieser DNA, darunter auch die problematischen Gene, und integrieren diese in ihr Genom. Das Produkt ist ein Wildstamm mit neukombinierter DNA.

2.b) Im umgekehrten Fall können die mutierten Sicherheitsbakterien aus Wildstämmen Gene übernehmen, die ihnen die Lebensfähigkeit von Wildstämmen verleihen würden.

Die beiden letztgenannten Fälle sind nichts anderes als Varianten des Transformationsexperiments von Griffith und Avery: Hier hatten nichtpathogene Pneumokokken DNA aus abgetöteten pathogenen Pneumokokken übernommen und wurden dadurch wieder zu Krankheitserregern.

3. Bakterienviren können die Rolle des Genüberträgers zwischen Sicherheits- und Wildstämmen von E.coli spielen. Sie dringen in den einen Stamm ein, reißen nach der Auflösung der Bakterien einzelne Gene heraus und übertragen sie auf einen anderen Stamm.[133]

Es sei überaus unwahrscheinlich, daß einer dieser Fälle eintreten wird, wenden die Verteidiger des Sicherheitsprinzips ein und werfen Zahlen in die Debatte, die aus einer Eins nach acht bis neun Nullen *hinter* dem Komma bestehen. Doch man hat es bei Bakterien oder Viren mit Zahlen von Individuen zu tun, bei denen die Eins und ebenso viele oder mehr Nullen *vor* dem Komma stehen.[134] Daher führt die Verbindung einer verschwindenden Wahrscheinlichkeit mit einer riesigen Zahl zu Ereignissen, die keineswegs unwahrscheinlich sind, sondern recht häufig auftreten. Um eine Vorstellung von der Größenordnung zu geben: Sinsheimer schätzt, daß in den Forschungslabors der Vereinigten Staaten jährlich 10^{15} bis 10^{16} (1 000 000 000 000 000) genmanipulierte Lebewesen hergestellt werden. Sollten industrielle Anwendungen dazukommen, würden diese Zahlen noch einmal um Größenordnungen zunehmen.[135]

»Wir haben wenig Ahnung über den Bereich und die Häufigkeit der Genübertragung in der Welt der Prokaryonten«, der zellkernlosen Einzeller, sagt Sinsheimer. »Wir wissen nichts über viele Aspekte der komplexen mikrobiologischen Gleichgewichte, die tasächlich der gesamten Lebenswelt in ihrer gegenwärtigen Form unterliegen und sie aufrechterhalten – dynamische Gleichgewichtszustände mit Bakterien, die unsere Abfallstoffe abbauen, Stickstoff und Kohlendioxyd (der Atmosphäre) erneuern, unseren Boden bilden und die Gewässer reinigen – und aus diesem Grund können wir auch die Folgen der Einführung neuer mikrobieller Formen kaum abschätzen.«[135]

Aus Kenntnis der selben wissenschaftlichen Daten leitet Watson, Autor eines wissenschaftlichen Standardwerks über Molekularbiologie, die entgegengesetzte Schlußfolgerung ab. »Kann man neue Bakterienformen schaffen?« fragt er rhetorisch vor einer Untersuchungskommission des Staates Kalifornien: »Man kann das Erbmaterial von Pflanzen durch Bakterien verändern.« Plasmide aus natürlich vorkommenden Bakterien »dringen in Pflanzenzellen ein und bilden ein Bakterien-Gen, das in einer Pflanze funktioniert und Gallen verursacht«, d. h. tumorartige Wucherungen in der Pflanze: »So ist nach meiner Ansicht Gen-Transfer in der Natur wahrscheinlich ziemlich häufig.«[136]

Sinsheimers Argument erscheint wieder, freilich in umgedrehter Form. Watson vermutet, »alle Bakterien sind vielleicht nur eine Art«: »Sie haben wenig DNA – wenn sie nämlich ein Gen für irgend etwas brauchen, bringen es ihnen die Viren, von denen sie laufend infiziert werden.«[136]

David Baltimore, der 1975 den Medizinnobelpreis für seine Untersuchungen an RNA-Viren erhielt, meint, die DNA der unterschiedlichsten Organismen habe sich in der Natur seit Urzeiten vermischt: »Wäre es gefährlich, einem Plasmid oder einem Virus ein beliebiges DNA-Stück anzuhängen, wäre das«, wie er mit Nachdruck versichert, »inzwischen bekannt.«[137]

Peter Hans Hofschneider, Direktor am Max-Planck-Institut für Biochemie in Martinsried bei München, verweist darauf, daß E.coli-Bakterien in den Eingeweiden dauernd fremder DNA aus der Nahrung ausgesetzt sind. Vieles, was heute die Geister beunruhige, fände täglich auf der Toilette statt.[138]

Der Kölner Genetiker Peter Starlinger, wie Hofschneider Mitglied eines vom Forschungsministerium der Bundesrepublik einberufenen Sachverständigenausschusses, führt »vagabundierende Gene«, sogenannte Transposons als Beispiel für die Möglichkeit eines derartigen Austauschs von Genen in der Natur an: kleinere bewegliche DNA-Stücke von der Größe eines Gens, die in Chromosomen und Plasmiden von E.coli-Bakterien gefunden wurden und möglicherweise auch in höheren Organismen wie Mais eine Rolle spielen.

Innerhalb des DNA-Moleküls frei beweglich, können diese »vagabundierenden Gene« auch unterschiedliche DNA-Moleküle miteinander verbinden. Starlinger hält es für denkbar, daß dieser natürliche Mechanismus nicht nur bei Bakterien *einer* Art wirkt. Vielmehr könnte es sich um ein allgemeineres und auch *zwischen* den Arten wirkendes Phänomen handeln. In der Frühzeit der Evolution, so vermutet Starlinger, könnte es geholfen haben, genetische Information zwischen den Arten auszutauschen, »um durch Vereinigung neu entwickelter Stoffwechselwege Anpassungen für neue ökologische Nischen zu schaffen«.[139]

Das evolutionäre Chaos oder die Weisheit der Natur

»Wir sind gegenwärtig an einem Wendepunkt der Evolution des Lebens auf der Erde angelangt«, leitet Robert Sinsheimer seine »evolutionäre Perspektive für die Genübertragung« ein: »Aus diesem Grund glaube ich, daß wir lange und angestrengt über die Natur des Prozesses nachdenken müssen, in den wir jetzt durch *genetic engineering* eingreifen, bevor wir durch Unachtsamkeit große Verwüstungen anrichten.«

Sinsheimer befürchtet den Bruch einer grundsätzlichen Schranke in der Natur: einer genetischen Barriere, die im Verlauf der Evolution die höheren Lebensformen von den niederen abgeschirmt, die Eukaryonten vor dem Angriff der Prokaryonten geschützt hat. Würde sie durchbrochen, könnte das biologische Chaos drohen.

Was unterscheidet diese beiden Gruppen von Lebewesen so grundsätzlich? Eine simple Membran? Während die Erbsubstanz der einzelligen Prokaryonten frei in der Zelle schwimmt, ist die von Eukaryonten – von der Hefe bis zum Menschen – von einer Membran umgeben. Sie ruht fest im Zellkern.

Während der ersten Jahrmilliarde der Evolution beherrschten Einzeller die Welt. Erst dann erschienen die mehrzelligen Eukaryonten. Sinsheimer vermutet eine Voraussetzung ihrer Entwicklung in einem biologischen Schutzmechanismus, den sie gegen die genetischen Angriffe der Prokaryonten entwickeln mußten. Der fortwährende genetische Austausch mit den sehr viel einfacher gebauten Prokaryonten hätte die Entwicklung jeder differenzierteren Lebensform verhindert. Die Entwicklung des Lebens wäre auf einer niederen Stufe stehengeblieben.

Was könnte heute geschehen? Sinsheimer hält es für »ein Glück, daß das Meer von Mikroben, in das wir eingebettet sind, soweit wir wissen, kein Reservoir für menschliche Virenerkrankungen ist«.[140]

Nur ein Bruchteil aller Gene eines Organismus ist ständig in Funktion. Die überwältigende Mehrheit der Gene wird nur gebraucht, wenn das von ihnen synthetisierte Protein benötigt wird. Ein genetischer Schaltmechanismus, der hier nicht näher diskutiert werden muß, setzt das Gen bei Bedarf in Betrieb. Während die Gene auch bei unterschiedlichen Arten strukturell verwandt sind, unterscheiden sich die Schaltmechanismen für Prokaryonten und Eukaryonten grundsätzlich. Ein Bakterienvirus beispielsweise kann seine Gene in Bakterien an- und abschalten, nicht aber ein Tiervirus. Daher sind Tiere und Pflanzen vor Bakterienviren geschützt, und Bakterien kein Reservoir für Tier- und Pflanzenviren.

Sinsheimer befürchtet, daß durch *genetic engineering* diese subtilen und noch viel zu wenig verstandenen Schutzmechanismen außer Kontrolle geraten könnten. Weit davon entfernt, die Natur als »vollkommen« oder »weise« anzusehen, erkennt er in dem Natürlichen ein funktionierendes System, in das auch die menschliche Art eingebettet ist, und in dem sich ihre biologische und zivilisatorische Entwicklung eingerichtet hat. Alles andere als ein fortschrittsfeindlicher Konservativer, warnt Sinsheimer nur eindringlich davor, in die grundlegenden evolutionären Mechanismen einzugreifen, *bevor* man die Folgen absehen kann.

Genetic engineering schafft für Sinsheimer ganz neue Dimensionen evolutionärer Bedrohung. Bakterienviren können die Fähigkeit erwerben, sich auch in den Zellen von Pflanzen, Tieren und Menschen zu vermehren und diese dabei aufzulösen und zu zerstören, wie sie es mit Bakterien tun. Umgekehrt ist es denkbar, mit den Schaltstellen von Bakterienviren,

Tier- und Pflanzenviren auch die Fähigkeit zu übertragen, sich in Bakterien aufzuhalten und zu vermehren. Damit würde das »Meer« von Mikroben, in das wir eingebettet sind, zu einem gigantischen Reservoir von Krankheitserregern. Im einen wie im anderen Fall droht biologisches Chaos.[141]

Sinsheimers Gegner legen denselben Sachverhalt umgekehrt aus. Nur Lebewesen mit einem »ausgewogenen Genom« hätten eine evolutionäre Chance und *genetic engineering* würde die »Ausgewogenheit« des Genoms natürlicher Organismen sogar stören. So meint der angesehene Bakteriologe Bernard Davis, Advokat der Theorie vom »ausgewogenen Genom«, Sinsheimers Darstellung stelle »evolutionäre Prinzipien auf den Kopf«: »Die Evolution hat tatsächlich Fruchtbarkeitsschranken zwischen den Arten eingerichtet. Aber diese Barrieren dienen nicht dazu, die Bildung von *Monstren* zu verhindern, die die Macht im Darwinschen Kampf an sich reißen könnten: Sie verhindern verschwenderische Paarungen, die unausgewogene, lebensunfähige Monstrositäten erzeugen würden.«[142]

Die verschiedensten genetischen Verbindungen zwischen der DNA von E.coli-Bakterien und der von Eukaryonten hätten sich, da diese Darmbakterien seit Jahrmillionen der Wirkung eukaryontischer DNA ausgesetzt waren, bereits in der Natur gebildet. »Sie sind daher schon im Schmelztiegel der natürlichen Selektion erprobt worden«, sagt Davis. Da wir in E.coli keine menschlichen DNA-Sequenzen finden, können wir annehmen, daß sie »keinen hohen Überlebenswert haben«.[142]

»Alle natürliche Auswahl zielt auf ein ausgewogenes Genom. Ein Gen wird daher nicht im Vakuum ausgewählt, sondern nur, wenn es auf die restlichen Gene abgestimmt ist.« Bereits eine kleine Veränderung im Genom ist in der Mehrzahl aller Fälle unvorteilhaft und benachteiligt ihren Träger. Genübertragung aber, d. h. eine große Veränderung, »würde sich fast sicher als unvorstellbar erweisen«.[143]

Sinsheimer sieht darin ein »ad hoc-Argument«, ja sogar ein frei erfundenes: Was ist ein ausgewogenes Genom? Als ausgewogen gilt doch nur, was sich in der Evolution entwickelt und behauptet hat. Bedeutet das nun, daß die Evolution keine anderen als die gegenwärtig lebenden Organismen zulassen wird, weil nur sie ein ausgewogenes Genom haben? Gewiß nicht! »Wir haben keine Theorie der Evolution, die Voraussagen erlaubt.«[144]

»Mir jedenfalls kommt es so vor, als sage Dr. Davis: ›Ja, wir haben ein allgemeines Theorem – wir haben Darwins Theorie der natürlichen Auswahl und die erledigt die ganze Angelegenheit‹«, entgegnet Sinsheimer in einer Diskussion und fügt dann maliziös hinzu: »Ich glaube jedoch nicht, daß Darwin selbst einverstanden wäre. So etwas sollte vielleicht das Darwin-Davis-Theorem genannt werden. Ich meine, Sie sind zu bescheiden, Dr. Davis. Ich glaube, daß Sie ein ganz neues Theorem verkünden: nicht daß Organismen gut an ihre Umwelt angepaßt sind, sondern daß sie *perfekt* an ihre Umwelt angepaßt sind, und daß wir unmöglich bessere machen könnten.«*[145]

Wer hat recht? Eine Frage, auf die es vorläufig keine Antwort geben kann. Weder Sinsheimer noch Davis argumentieren wissenschaftlich, sondern tragen als Wissenschaftler Argumente vor, die ihre unterschiedlichen persönlichen Vorstellungen über die gesellschaftliche Rolle von Wissenschaft in einer kritischen Situation widerspiegeln. Auch Sinsheimer will die Genübertragung nicht verbieten, sondern nur solange in wenigen abgelegenen Forschungszentren isolieren, bis dort unter strengsten Sicherheitsbedingungen ausreichendes Wissen über die tatsächlichen Gefahren gesammelt worden ist. Auch Sinsheimer betont, daß er sich »wunderbare Ergebnisse« von *genetic engineering* verspricht, »darunter einige, von denen buchstäblich das Überleben der Zivilisation« abhängen könnte.

Solange die Frage, wer recht habe, nicht objektiv beantwortet werden kann, ist es sinnlos, daraus Entscheidungen abzuleiten. Wichtig ist vielmehr zu fragen, welcher der beiden Positionen man vertrauen darf. Und darüber kann nicht wissenschaftlich, sondern nur politisch entschieden werden. Und politische Gegensätze stehen auch im Hintergrund der »wissenschaftlichen« Kontroverse zwischen Sinsheimer und Davis.

Unter dem Titel »Möglicher Nutzen groß, Schutzmaßnahmen machen Risiken klein« führt Davis das Problem auf den ihm zentral erscheinenden Punkt zurück: »Da unsere Fähigkeit zu einer verläßlichen längerfristigen Technologiebewertung (technology assessment) praktisch null ist, bedeutet Wachsamkeit über den Erwerb neuen Wissens, das eines Tages

* Atwood errechnet, daß es $10^{2\,000\,000}$ Möglichkeiten gibt – eine Zahl mit zwei Millionen Nullen –, das Genom eines so einfachen Lebewesens wie E.coli aus seinen Nukleotidbestandteilen zusammenzusetzen. Selbst wenn alle Ressourcen des Universums seit dem Urknall zu nichts anderem verwandt worden wären, als die unterschiedlichen Anordnungsmöglichkeiten von zwanzig verschiedenen Aminosäuren in einem aus nur 150 Aminosäure-Einheiten bestehenden Protein durchzuspielen, hätte bis heute nur ein verschwindender Bruchteil der Möglichkeiten erprobt werden können. Danielli zieht die Schlußfolgerung: »1. Sogar die heute lebenden Organismen sind wahrscheinlich nicht die innerhalb ihrer Art bestmöglichen Anpassungen an ihre gegenwärtige Umgebung. 2. Eine ungeheure Vielfalt möglicher Organismen hat nie auf der Erde gelebt.«[146]

mißbraucht werden könnte, eine Bedrohung der Freiheit der Forschung, und, wie ich meine, eine Bedrohung des menschlichen Wohlergehens.«[147]

Für Sinsheimer dagegen spiegeln die Richtlinien ein Naturverständnis wider, das die Natur als vollkommen statischen Bereich auffaßt, der der menschlichen Beherrschung unterworfen ist: »Wenn wir über die Macht (der Wissenschaft) verfügen, glaube ich, können wir uns nicht mehr blind auf die ausgleichende Kraft der Natur verlassen, oder auf die Elastizität unserer gesellschaftlichen Institutionen, um uns vor unseren Torheiten und der Begrenztheit unseres Wissens zu schützen.«[148]

»Viele Dinge weiß der Fuchs«

»Das alles begann mit der Suche nach Wahrheit; aber Hunderttausende bezahlten in Hiroshima und Nagasaki für solch liebenswerten Erkenntnisdrang mit ihrem Leben«, schreibt 1963 Erwin Chargaff. Dieser Einsatz der Produkte einer wissenschaftlichen Großtat hat sein Bewußtsein als Naturwissenschaftler geprägt, obwohl er als Biochemiker nichts mit dieser Art Wissenschaft zu tun hatte und als Emigrant allen Grund gehabt hätte, die endgültige Niederlage des Faschismus zu begrüßen. »Niemals sehr weit von einer apokalyptischen Sicht der Welt entfernt, sah ich nun das Ende des Wesens der Menschheit«, erinnert er sich 1976: »Ein Ende, das durch den Berufsstand, dem ich angehörte, näher gebracht oder sogar möglich gemacht worden ist. Aus meiner Sicht waren alle Naturwissenschaften wie eine, und wenn *eine* Wissenschaft nicht mehr ›unschuldig‹ plädieren konnte, konnte es *keine* mehr. Die Zeit war längst vorbei, in der man sagen konnte, man sei Wissenschaftler geworden, um mehr über die Natur zu erfahren.«

In der wissenschaftlichen Gemeinde gilt Chargaff als Außenseiter. Man hört ihm zu, liest seine brillant formulierten Essays, und schmunzelt über Sarkasmen, hinter denen sich Trauer verbirgt; Trauer darüber, daß »die Natur über dem Versuch, sie zu verbessern, abhanden gekommen ist«. Ansonsten aber sei der Mann alt und verbittert, weil er bei der Vergabe von Nobelpreisen übersehen worden ist. Chargaff wiederum zitiert den rätselhaften Spruch des Archilochos von Paros, »viele Dinge weiß der Fuchs, aber der Igel *ein* großes Ding« – und er läßt keinen Zweifel, daß die meisten Naturforscher Füchse sind und viel wissen.

Nicht Wissenschaft, sondern die Bedingungen, unter denen sie realisiert oder besser gesagt: inszeniert wird, sind Angriffspunkte von Chargaffs Kritik. Gefahr droht vom Ehrgeiz und der Blindheit einer Generation von Naturwissenschaftlern, die Naturgesetze (oder was sie dafür halten) am Fließband entdecken, und deren Arbeitsprinzip er als »strip mining of nature« bezeichnet. Naturwissenschaft existiere heute hauptsächlich »zwecks Ernährung der Wissenschaftler«.

Auch in der Biologie hat sich dieser Geist breitgemacht: »In den letzten 15 Jahren«, schreibt Chargaff 1970, »hat sich etwas ereignet, das, glaube ich, einzigartig ist in der Geschichte der Naturwissenschaften: ihre Einspannung in den abscheulichen Reklamewirbel, Reklametaumel einer untergehenden Zeit«. Für ihn repräsentieren Watson und Crick, wie er in seiner Kritik von Watsons *Die Doppel-Helix* feststellt, einen »neuen Typ von Wissenschaftler«, und »zwar einen, der kaum denkbar gewesen wäre, bevor Wissenschaft zu einer Massenbeschäftigung geworden ist, allen Vulgaritäten der Massenmedien unterworfen und Teil von ihnen«. Der erfolgreiche Wissenschaftler sei eine moderne Version des mythischen Königs Midas: »Alles, was er anfaßt, wird zu Pressemitteilungen.«

Bereits 1963, zehn Jahre vor Entdeckung der Genübertragung, hatte Chargaff vor der Möglichkeit genetischer Manipulationen gewarnt: »Man fordert uns auf, tiefe Löcher zu graben, um uns vor den Folgen unserer atomaren Entdeckungen zu schützen; doch kein Loch wird tief genug sein, wenn wir einmal gelernt haben, das Genmaterial zu manipulieren.«

Die Möglichkeit war geschaffen. Und nun gehört Chargaff zu denen, die sich mit großer Überzeugung dem Wunsch der Mehrheit der betroffenen Wissenschaftler widersetzen, rasch weiterzumachen. Die Blindheit für die möglichen Folgen und die Taubheit gegenüber Warnungen, unter denen die Mehrheit »diskutiert«, erschrecken Chargaff. So wichtig das Gesundheitsproblem auch sei, sehr viel weiterreichende Gesichtspunkte würden darüber gänzlich verdrängt: »Anscheinend wurde vollkommen vernachlässigt, daß wir es hier sehr viel mehr mit ethischen Problemen zu tun haben als einem der öffentlichen Gesundheit, und daß die grundsätzlich zu beantwortende Frage ist, ob wir das Recht haben, Generationen von Ungeborenen eine zusätzliche furchtbare Last aufzubürden.«

Doch Ethik ist ein Bereich, der sich nicht messen oder zählen läßt. Und auch der Fluch zukünftiger Generationen, den Chargaffs düstere Vorahnung über den Häuptern seiner Kollegen schweben sieht, stört die Betroffenen wenig.

Chargaff ist als Dauerschwimmer gegen den Strom bekannt. Und auch er gibt sich keiner Illusion über die Wirkung seines Aufrufs hin: »Ich habe wieder einmal blasse Geister beim Nachdenken gestört«, sagt er lächelnd und glaubt nicht, daß Mahnungen helfen. »Aber es ist wichtig, daß man etwas dagegen unternimmt.«

Entscheidender noch als das Gesundheitsproblem ist für Chargaff die Befürchtung, daß Genmanipulation und ihre möglichen Ergebnisse mitsamt den vorhersehbaren wissenschaftlichen Verallgemeinerungen zu einer weiteren »Brutalisierung des wissenschaftlichen Denkens« beitragen werden. Was diese rätselhafte Andeutung bedeuten soll, erklärt er in einem Essay in der deutschen Zeitschrift *Scheidewege*: »Bedeutet das, daß der Rüssel des Elefanten, der Beutel des Känguruhs, das mathematische Genie in einer Familie oder die Habsburgerlippe, und so weiter, letztlich und ausschließlich am Wechsel der Sequenz und relativen Häufigkeit von vier verschiedenen Desoxyribonukleotiden liegen? Es muß molekulare Fundamentalisten geben, die ›Ja‹ antworten würden. Für mich ist es offensichtlich, daß es eine Unzahl miteinander in Verbindung stehender Schichten von Erkennung, Regulierung und Reaktionen gibt – von denen DNA und das ›Lesen‹ der Enzyme nur ein Teil ist.«

»Die unglaubliche Brutalität, mit der z. B. Eingriffe in den Erbapparat oder das Seelenleben von Menschen erwogen werden, ist die direkte Konsequenz der ›Statistifizierung‹ des wissenschaftlichen Denkens, die – von der Physik, Chemie und Bakteriologie ausgehend, wo sie durchaus notwendig sind – auch die Lehre vom Menschen ergriffen hat.«[149]

Die andere, im Bohrschen Sinn ›komplementäre‹ Seite von Chargaffs Warnung vor der Brutalisierung des wissenschaftlichen Denkens, wird aus den Reden von James Watson deutlich: »Ich war Präsident Kennedys Berater über biologische Kriegführung«, weist Watson sich auf einem öffentlichen Hearing des Justizministers des Staates New York im Oktober 1976 als Experte in Sachen »Biogefahr« aus. »Ich kannte alles, was wir in Fort Detrick (dem ehemaligen Entwicklungszentrum der US-Armee für B-Waffen) hatten, und, wenn ich ein Geheimnis verraten darf, über das, was wir hatten, so dies: wir hatten nichts. Die marginale Gefahr dieser Sache hier (Genmanipulation) ist jedoch ein Witz sogar im Vergleich dazu.«[150]

Und daher muß, wer andere Meinungen vertritt, für Watson auch sehr persönliche Motive haben: »Chargaffs Versuch zu bremsen ist ein ganz normales Verhalten für jemanden, der sich in den letzten dreißig Jahren nicht fortbewegt hat.« Ähnlich erklärt James Watson den Widerstand zweier anderer Kontrahenten: »Sie (Ruth Hubbard, eine mit dem Nobelpreisträger George Wald verheiratete Biologin) und diese elende kleine Ursula Goodenough . . . lehnen Leute ab, die härter als sie arbeiten.

Wenn andere Leute nicht so intensiv arbeiten würden, gäbe es keine so großen Unterschiede zwischen Ursula Goodenough und wirklichen Wissenschaftlern. Ich bin überzeugt, daß Ursula die Wissenschaft verlangsamen möchte. Dann könnte sie mithalten.«[151]

In einer Titelgeschichte des großen amerikanischen Nachrichtenmagazins *Time* läßt sich Watson zitieren, wie er von denen, die ihm widersprechen, als »Nichtskönner«, »Deppen« und »kleine Scheißer« redet. In einer anderen Zeitschrift verdeutlicht er sein Bezugssystem: Zur letzten Gruppe rechnet er die Vertreter einer politisch motivierten Kritik der Genübertragung; in die mittlere Gruppe reiht er die Vertreter »dogmatischer religiöser oder scheinheiliger ökologischer« Kritik ein; zur ersten Gruppe zählt er alle, die seit Jahrzehnten selbst wissenschaftlich nichts zuwege gebracht hätten.[152]

Das wären Anekdoten, wichtig allenfalls für zukünftige Biographen eines der erfolgreichsten Wissenschaftler dieses Jahrhunderts, wäre nicht Watson eine der dominierenden Figuren der Wissenschaftshierarchie, einer der Kurien-Kardinäle der wissenschaftlichen Gemeinde. Andere mögen sich zurückhaltender ausdrücken, der Druck, unter dem jüngere, noch abhängige Wissenschaftler stehen, ist deutlich.

»Das Ausmaß, das die Animositäten erreicht haben, ist unvorstellbar«, berichtet zu Jahresbeginn 1977 Richard Goldstein von der Harvard Medical Scool. Die Angst, sich eine Karriere zu verderben, hat an manchen Universitäten jüngere Wissenschaftler in das große Schweigen getrieben.[152] Auf dem Altar der Freiheit der Wissenschaft wird das Recht von Wissenschaftlern geopfert, frei ihre Meinung zu sagen.

In seinem Buch *The Ultimate Experiment* berichtet der Wissenschaftsjournalist Nicholas Wade, wie sich in dieser Phase Ursula Goodenough, eines der Opfer von Watsons Zorn, dafür entschieden hatte, das Handtuch zu werfen: »Obwohl ich gern offen über Dinge spreche, die mich wirklich berühren, beschloß ich, daß es in diesem Stadium meiner Laufbahn besser sei, meinen Kopf nicht gerade auf den Richtblock zu legen. Viele Leute schieden zur gleichen Zeit aus wie ich, vermutlich aus dem gleichen Grund.«[153]

»Das Leben wurde ziemlich unangenehm für diejenigen von uns, die die Dinge offenlegen wollten«, bestätigt Jonathan King, ein junger Biologieprofessor vom Massachusetts Institute of Technology.[154] Chargaff berichtet, daß festangestellte Leute wie King noch in einer etwas besseren Lage sind: »Von vielen anderen aber ist nichts mehr zu hören.«[155]

Straßentheater

Der vorprogrammierte Konflikt

Wissenschaft lebt vom Widerspruch. Widerspruch zwischen der beobachteten Wirklichkeit und etablierten Dogmen bringt an entscheidenden Stellen ihrer Geschichte die Wissenschaft auf eine neue, höhere Ebene des Verständnisses von Naturzusammenhängen. Große Entdeckungen, wie die der speziellen Relativitätstheorie, der Uranspaltung oder der Struktur der DNA, sind mit den Namen Einstein, Hahn/Strassmann und Watson/Crick verbunden und werden in die Jahre 1905, 1938 und 1953 datiert. In Wirklichkeit überwinden, wie das Beispiel der DNA-Struktur zeigt, die großen Entdecker nur die Widersprüche einer jahrelangen Diskussion auf einer höheren Stufe der Erkenntnis.

Auch in der sehr viel anspruchsloseren täglichen Routine, in der Ergebnisse interpretiert, Hypothesen formuliert, überprüft oder widerlegt werden, spielt die offene Diskussion unter Wissenschaftlern eine entscheidende Rolle. Eines der größten Probleme Oppenheimers, der 1943 mit ein paar hundert der besten Physiker in einem geheimen Labor in der Wüste verschwand, um unter militärischer Aufsicht die Atombombe zu bauen, waren Geheimhaltungsvorschriften und militärisches Reglement. Sie drohten die freie Diskussion zu verhindern, von der Wissenschaft lebt.

Deutlich davon abgesetzt sind die organisatorischen Abhängigkeiten und die hierarchischen Strukturen innerhalb des Wissenschaftsbetriebs. Hier bleibt ein Assistent, auch wenn er die besseren Ideen hat, weitgehend vom Wohlwollen seines Institutsdirektors abhängig. Und auch die überwiegende Mehrheit der kleineren Chefs ist souverän nur gegenüber ihren Untergebenen, nach außen aber abhängig von der Gunst der größeren Chefs, führender Wissenschaftler, die kraft ihrer Leistungen, ihrer Beziehungen zur Forschungsbürokratie, zu Politikern oder Industriellen, die einflußreicheren Positionen besetzt halten. Und mit der Vergrößerung des Wissenschaftsapparats, der Anwendungsnähe eines Wissenschaftsgebiets, seiner potentiellen wirtschaftlichen, militärischen oder medizinischen Bedeutung und dem Aufwand verfestigen sich diese Zwänge und Abhängigkeiten. So auch in der synthetischen Biologie, spätestens seitdem sie »heiß« geworden ist.

Nach einer kurzen Periode allgemeiner Unsicherheit, in der sich auch Watson noch fragte, wie gefährlich Genmanipulation sein mag, hatte sich spätestens seit der Konferenz von Asilomar eine Mehrheitsmeinung innerhalb der wissenschaftlichen Gemeinde gebildet. Während vor Asilomar der Widerspruch als rein *wissenschaftlicher Diskussionsbeitrag* gewertet wurde, erschien er nach der Konferenz bereits mit einem gewissen *forschungspolitischen Odium* behaftet und wurde endgültig seit Verabschiedung der Richtlinien als *Politikum* gewertet. Denn die Mehrheit, die meinte, alle Vernunft für sich gepachtet zu haben, wehrte sich gegen die Infragestellung ihrer Beschlüsse, indem sie die Kritiker ihrer Beschlüsse in Frage stellte. Aber auch diese Sünde des Widerspruchs gegen Mehrheitsbeschlüsse des Wissenschaftsbetriebs war noch absolutionsfähig – solange sie sich auf die wissenschaftsinterne Diskussion beschränkte. Streng geahndet dagegen wurde jener schlimmste Verstoß gegen den guten wissenschaftlichen Komment, die Probleme intern zu verhandeln, der darin bestand, die Kritik in die Öffentlichkeit zu tragen.

Die Mehrheit der in die Auseinandersetzungen verwickelten Wissenschaftler hatte geglaubt, dem Sicherheitsbedürfnis der Öffentlichkeit mit ihren Richtlinien Genüge getan zu haben. Daß die Öffentlichkeit sich damit nicht zufrieden geben wollte, erschien ihnen völlig unsinnig. Es widersprach ganz einfach ihrem Verständnis des Vorgangs, der zur Formulierung der Richtlinien geführt hatte. So erklärte etwa David Baltimore in einer Diskussion: »Wenn wir über öffentliche Beteiligung im Entscheidungsprozeß über die Wissenschaft reden, braucht man mich nicht zu überzeugen, daß Fragen der Wissenschaftspolitik nicht den Wissenschaftlern vorbehalten sein sollten.« Aber die Formulierung der Richtlinien durch die betroffenen Wissenschaftler stellte für Baltimore und die Mehrheit seiner Kollegen gerade »den Versuch eines großen Teils der Gemeinschaft der Biologen dar, selbst die Rolle des Anwalts der Öffentlichkeit zu spielen«.[156]

Wenn sich die Öffentlichkeit damit nicht zufrieden geben wollte, so mußte der nun einsetzende öffentliche Widerstand, der für eine ganze Anzahl amerikanischer Universitäten deutlich spürbar wurde, die sich anschließenden Initiativen von Senatoren und Kongreßabgeordneten und von einzelnen Bundesstaaten, Gesetze zur politischen Kontrolle der neuen genetischen Techniken zu entwerfen, auf Querulanten in den eigenen Reihen zurückzuführen sein. Es war leicht, die Schuldigen zu identifizieren, denn sie ließen auch in der Öffentlichkeit keine Zweifel an ihrer Meinung. Es waren Sinsheimer, Chargaff und George Wald unter den älteren Biologen. Dazu kamen Jonathan King, Jon Beckwith und andere weniger bekannte jüngere Wissenschaftler und Studenten, die meisten Mitglieder politisch aktiver Gruppen wie »Science for the People« oder »Friends of the Earth«.

Fraglich ist nur, ob diese »Querulanten«, wie die Mehrheit der Wissenschaftler vermutete, die Öffentlichkeit mobilisiert hatten, um ihre Niederlage in der wissenschaftsinternen Diskussion durch öffentliche Panikmache und politischen Druck doch noch in Siege zu verwandeln – oder ob die Öffentlichkeit von sich aus hinreichend beunruhigt war, um ihre Belange nicht mehr blind selbsternannten »Anwälten« anzuvertrauen, die man ebensogut als Interessenvertreter ansehen konnte.

Robert Sinsheimer berichtete seinen Kollegen, er habe in vielen Diskussionen mit Laien erfahren, daß sich die Öffentlichkeit die Wissenschaftler als ein »engstirniges Establishment« vorstellt, »das eifersüchtig seine Vorrechte bewahrt und sich gegen jede institutionelle Veränderung wehrt«: »Es gibt ein tiefgreifendes Mißtrauen gegenüber der Wissenschaft im allgemeinen und besonders gegenüber der Biologie. Die Sorge wird normalerweise in vereinfachenden angsterfüllten Katastrophenvorstellungen vorgetragen, aber ich glaube, daß dies weniger unmittelbare, jedoch tieferliegende und schlechter artikulierte Sorgen über Moralität und Invidualität verdeckt und über die menschliche Veränderung der Lebenswelt und die Werte der menschlichen Existenz.« Solche Vorstellungen sind für Sinsheimer eine Realität, der sich die Wissenschaftler zu stellen haben.[157]

Doch dazu müssen sie, wie die Vorgänge der Jahre 1976 und 1977 in Cambridge zeigen, erst gezwungen werden.

Vellucci blufft nicht

Im »Harvard-Team« spielen die anderen: die Eierköpfe, darunter ein paar Nobelpreisträger. Die *National Institutes of Health* sind alarmiert und haben aus Washington ihre Vertreter anreisen lassen. Es geht um die Forschung mit neukombinierter DNA in Cambridge, Massachusetts. Auf dem Spiel steht jedoch sehr viel mehr.

Teamchef auf der Gegenseite ist unbestreitbar der streitlustige Bürgermeister Vellucci, Anwalt der Bevölkerung einer Industriestadt, in der sich zwei der führenden Universitäten des Landes breitgemacht haben: Harvard und MIT.

Auch Vellucci hat seine Eierköpfe im Team, sogar einen Nobelpreisträger. Später dann hat der Bürgermeister soviel über die Arbeit mit neukombinierter DNA gelernt, daß er öffentlich kundtut, nun könne er allein es mit sämtlichen Nobelpreisträgern aufnehmen, die Harvard und MIT gegen ihn aufzubieten hätten.[158]

Velluccis Nobelpreisträger freilich wog in der Sache, um die es ging, weniger als die des Harvard-Teams: George Wald hatte sich seinen Preis mit der Aufklärung der Biochemie des Sehens verdient. Baltimore, einer der Nobelpreisträger der Gegenseite, dagegen war Spezialist auf dem Gebiet der Erbsubstanz. Auch meinten einige, bei Wald politische Profilneurose entdecken zu können, die sich weniger sachlich als persönlich orientiere. Ziemlich weit links stehe der Mann außerdem und sei stets auf öffentlich wirksame Auftritte bedacht. Atomwaffen, biologische Kriegführung, Vietnamkrieg, CIA-Machenschaften in Chile, Ausbeutung und so weiter – nichts, wogegen Wald nicht schon protestiert hätte. Verdächtigungen, Gerede, Gerüchte, wie auch die Geschichte, nach der Wald, aufgehetzt vielleicht sogar durch seine Frau, die Biologin Ruth Hubbard, den Bürgermeister erst darauf gestoßen habe, daß sich in Harvard etwas zusammenbraue. Wieder einmal.

Wald jedenfalls dementierte. Vellucci sei von allein dahintergekommen. Er hätte das zwar auch besorgen können, doch unverdientes Lob wolle er nicht ernten.[159]

Auch Vellucci stellte das später klar: Er sei es gewesen, der den Nobelpreisträger und seine Frau eingeladen habe. Und die beiden hätten »Informationen über Ameisen und Schaben und Flöhe und Fliegen und andere Sachen, die zu krabbeln beginnen, nur *herauströpfeln*« lassen. Aber, »*natürlich* haben sie mich zu Tode erschreckt«.[160]

Die genaue Suche nach den eigentlich Schuldigen in dieser Affäre führt daher zu jenen kleinen roten Ameisen, Importware aus Ägypten, die unter Umgehung der strengen amerikanischen Zollbestimmungen, versteckt unter den Papieren eines heimkehrenden Biologieprofessors, die Neue Welt erreichten und sich seitdem das Biologiegebäude der berühmten *Harvard University* als ertragreiche ökologische Nische erobert hatten. Auch massiver Insektizideinsatz konnte sie nicht mehr von den täglich frisch gefüllten Futtertrögen der Biologielabors vertreiben, die solche Köstlichkeiten bargen, wie es verschüttete Nährbrühe, Arbeitsabfälle, eingetrocknete Coca Cola und Brotkrumen eben für Ameisen und Schaben sind.

In diesem Gebäude arbeiteten außer Ameisen an der Aufzucht neuer Ameisen auch noch etwa dreißig Wissenschaftler an der Aufzucht von Mikroben mit neukombinierter DNA, allerdings nur auf den beiden unteren Sicherheitsstufen P1 und P2. Um auch Versuche der mittleren Risikostufe P3 durchführen zu können, mußte ein neues Labor eingerichtet werden. Und da die Ameisen ihren mittlerweile angestammten Lebensraum hartnäckig behaupteten, wurden die Biologen gezwungen, sich neuen Lebensraum zu erobern. Für ein paar hunderttausend Dollar sollte ein ameisenfreies P3-Labor gebaut werden.

Das war keine kleine Sache, und daher befaßte sich ein Artikel der Zeitschrift *Boston Phoenix* im Juni 1976 mit Auseinandersetzungen innerhalb der biologischen Fakultät von Harvard über entsprechende Baupläne. Als Vellucci das las, fand er es an der Zeit, einzuschreiten.

Denn noch mehr als alle »Schauder«, die ihm der Bericht von Wald und Hubbard über die Zustände in den Labors, »den Rücken rauf und runter jagte«, erboste den Bürgermeister die Eigenmächtigkeit der Universität: »Ich glaube, sie bereiteten sich darauf vor, ›Schwarzbrennerei‹ zu betreiben; Arbeit ohne Erlaubnis zu tun. Sie haben mich nie benachrichtigt. Nie was gesagt«, vertraute Vellucci später dem Wissenschaftsjournalisten Roger Lewin an.[160]

»Die Harvard- und MIT-Leute dachten, nur weil Washington o.k. gesagt hatte, wär's gut damit. Die waren platt, als sie entdeckten, daß ihnen Vellucci in ein paar Tagen die Schlinge um den Hals legen kann«, verriet ein Stadtrat den Lesern von *Science*: »Die haben's zunächst gar nicht kapiert.«[161]

Auseinandersetzungen zwischen Vellucci und den großen Universitäten von Cambridge haben Tradition. Harvard und MIT zahlen keine Steuern, verfügen über den besten Grund und Boden und ziehen außerdem die Söhne und Töchter des Establishments groß. Besonders Harvard steht im Ruf, sich nie um gutnachbarliche Beziehungen zu den Einwohnern und der Verwaltung der Industriestadt Cambridge gekümmert zu haben.

»1957 standen die Autos der Studenten überall herum«, erklärte Vellucci an einem historischen Beispiel sein Rezept im Umgang mit den Universitäten. »Die Leute von Cambridge fanden keinen Platz zum Parken ihrer Wagen. Ich schrieb an Harvard und MIT und bekam keine Antwort. Ich schrieb noch mal. Keine Antwort. So schlug ich dem Stadtrat vor, die (geheiligten, uralten) Bäume in Harvard Yard zu fällen, diesen zu pflastern und in einen Parkplatz zu verwandeln. Was glauben Sie, wie schnell die reagiert haben! Sofort haben sie ihre Autos von der Straße geholt.« Ähnlichen Erfolg bei der Behebung eines öffentlichen Ärgernisses hatte Vellucci, als er vorschlug, eines der traditionsreichen Universitätsgebäude in eine Bedürfnisanstalt zu verwandeln.

Lokalgeschichte. Doch als Vellucci ankündigt, die Forschung mit genmanipulierten Mikroben in den Stadtgrenzen von Cambridge mit einem zweijährigen Bann zu belegen, horchen nicht nur die Biologen von Harvard und MIT auf. Das ist eine politische Aktion von nationaler Tragweite. Die Freiheit der Forschung scheint gefährdet. Andere Universitätsstädte würden nachziehen.

Der Showdown findet am 23. Juli 1976 statt. Für diesen Tag haben sowohl die *National Institutes of Health* die Veröffentlichung ihrer Richtlinien angekündigt, als auch Vellucci die Begründung seines Verbots, die von der NIH lizensierte Forschung innerhalb der Stadtgrenzen von Cambridge zu betreiben.

Vellucci genießt seinen Triumph, Harvard und MIT in flagranti erwischt zu haben. Maxine Singer von den NIH, die eigens aus Washington angereist kommt, muß sich vorwerfen lassen, die Bürger von Cambridge einfach überrumpeln zu wollen. Ist das eine Art, über die Haut anderer Menschen zu verfügen?

Mit sicherem Gefühl für öffentliche Wirkung läßt Vellucci einen Schulchor im überfüllten Rathaussaal auftreten, in dem die Verhandlungen stattfinden: *This land is your land*, ein Guthrie-Song. Ein Land, in dem es, gottlob, noch Bürgermeister wie Vellucci gibt. Er wird den Wissenschaftlern schon noch Manieren beibringen.

Wer sich wem anzupassen habe? Keine Mißverständnisse! »Hören Sie auf, das Alphabet zu verwenden«, herrscht er die Wissenschaftler an, »die meisten von uns, auch ich, sind Laien, wir verstehen Ihr Alphabet nicht. Buchstabieren Sie für uns.«[162]

Man fügt sich. Mark Ptashne, designierter Leiter des umstrittenen Labors von Harvard: »Während der letzten zwei Jahre sind in Millionen von Bakterienzellen die Stücke fremder DNA aus anderen Bakterien, Hefe, Fruchtfliegen und Fröschen in vielen Labors dieses Landes eingeführt worden, in anderen Worten, typische Versuche mit neukombinierter DNA. Soweit bekannt ist, hat sich keine dieser Zellen mit fremder DNA als gefährlich erwiesen. Das Ausmaß der Gefahr in sorgfältig kontrollierten Experimenten mit neukombinierter DNA ist«, er macht eine Pause, »tatsächlich, wie ich meine, geringer, als wenn man ein Haustier hält.«[163]

Das wiederum wundert die junge, im Umgang mit Wissenschaftlern noch recht unerfahrene Stadträtin Sandra Graham: »Warum gibt es dann solche Debatten? Warum rufen Wissenschaftler uns, den Stadtrat, an und drängen uns, die Sache in die Hand zu nehmen? Da muß doch etwas furchtbar schief laufen.« Sollte man den uneinigen Wissenschaftlern nicht ein halbes Jahr Zeit geben, sich erst einmal untereinander klar zu werden? Ein anderer stellt verwundert fest, daß jedesmal wenn er begänne, das

Argument eines Wissenschaftlers zu verstehen, komme ein anderer und »bohrt Löcher hinein«.

Jonathan King, Biologieprofessor am MIT und Mitglied von »Science for the People« warnt vor falschen Propheten. Wenn diejenigen, die sich zu den Wächtern der Gesundheit ihrer Mitmenschen aufschwingen, hier aufstehen und sagen, »keine Gefahr, nichts worüber man sich beunruhigen könnte, supersichere Labors, die Bazillen machen nicht krank«, so seien sie die letzten, denen man die Entscheidung über die eigene Gesundheit anvertrauen sollte. Die Richtlinien schützen nicht die Bevölkerung vor den Wissenschaftlern, sondern umgekehrt, die Wissenschaftler vor der Bevölkerung.[164]

Es ist die stürmischste Sitzung, an die sich Vellucci in den 26 Jahren seiner politischen Laufbahn erinnern kann. »Da waren Wissenschaftler gegen Wissenschaftler; Doktoren gegen Doktoren; Biologen gegen Biologen. Sie widersprachen sich. Dann kamen sie in Hitze. Dann überhitzten sie sich. Und dann haben sie sich gegenseitig mit Schimpfworten belegt. Und dann . . . und dann begannen sie sich gegenseitig Lügner zu nennen.«[165]

Vellucci versucht, seine Resolution zu begründen, *alle* Arbeit mit neukombinierter DNA innerhalb der Stadtgrenzen für zwei Jahre zu verbieten. Verwirrung im Harvard-Team. Dann Mark Ptashne:

»Wenn Sie diese Resolution durchbringen, wird nahezu jedes Experiment von Mitgliedern des Biochemie- und die Hälfte der Experimente des Biologieinstituts gestoppt«, sagt er langsam und sehr ruhig, »einschließlich Experimente, die niemand, Sir, niemand je als gefährlich bezeichnet hat, nämlich Neukombination unter P1-Bedingungen.«[166]

Tor! Vellucci schweift ab. Die Harvard-Leute hätten doch vorhin erklärt, ihre Abwässer flössen über die Kanalisation in den Charles River. In seinen Sessel zurückgelehnt, das Hemd oberhalb des Gürtels nach oben gewölbt, erinnert sich Vellucci seiner Kindheit.

»Als ich ein kleiner Junge war, angelte ich immer im Charles River. Eines Morgens wachte ich auf und fand Millionen toter Fische. Und heute erzählen Sie mir, daß Sie Chemikalien in die Kanalisation fließen lassen, die in den Charles River mündet.«[166]

Doch die Verbindung zwischen den toten Fischen im Fluß und den Instituten der Universität lief nicht direkt über die Abwässer der Universitäten. Auch Vellucci deutete das an, als er später erklärte, »am Ende sind es die großen Firmen, die reich werden, die Wissenschaftler bekommen ihre Nobelpreise und die Leute von Cambridge werden krank«.[166]

Vellucci kam mit seinem Antrag auf ein generelles Moratorium nicht durch. Mit einer knappen Mehrheit verabschiedete der Stadtrat ein befristetes Abkommen, das Experimente bis zur P2-Stufe erlaubte. Harvard und MIT erklärten sich bereit, in dieser Zeit keine Experimente auf der P3-Stufe durchzuführen, was ihnen um so leichter fiel, als die entsprechenden Labors erst noch gebaut werden mußten. In der Zwischenzeit sollte ein aus Cambridger Bürgern zusammengesetzter Untersuchungsausschuß, der vom Stadtdirektor, nicht vom Bürgermeister berufen wurde, sich in die Materie einarbeiten und die endgültige Entscheidung des Stadtrats vorbereiten.

Eine Krankenschwester, ein Heizölhändler, ein Bauingenieur, eine Hausfrau, eine Sozialarbeiterin, ein Soziologe, ein Arzt und eine Sekretärin hatten darüber zu befinden, ob und unter welchen Bedingungen in Harvard und am MIT mit neukombinierter DNA gearbeitet werden durfte.

»Ich glaube nicht, daß eine Gemeinde in der Lage ist, diese Entscheidung zu treffen«[166], erklärte ein Dekan der Universität. Und ein Zyniker mit den besten akademischen Qualifikationen witzelte, die Kompetenz des Ausschusses reiche gerade aus, um darüber zu befinden, wo in Cambridge Verkehrsampeln aufgestellt werden müßten.[167]

»Wissen um seiner selbst willen«

Die acht Mitglieder des »Cambridge Experimentation Review Board« nehmen ihre Arbeit am 26. August 1976 auf. Ihre vier Monate später abgegebene Empfehlung für die Entscheidung des Stadtrats von Cambridge, die ihre Kritiker Lügen straft, beruht auf intensiver Beschäftigung mit der Materie und wird einstimmig abgegeben.[168] Sie haben insgesamt 35 Kritiker sowie Verteidiger der NIH-Richtlinien angehört und befragt, 25 Stunden über ihr eigenes Vorgehen und ihre Kompetenzen beraten, Auskünfte bei der NIH eingeholt, sich ein Genübertragungsexperiment vorführen lassen, Labors besichtigt, unzählige Stunden mit dem Studium von Fachliteratur verbracht, wobei ihnen ein ausgebildeter Biologe »Übersetzerdienste« leistete, und in einer Verhandlung Wissenschaftler beider Seiten ins »Kreuzverhör« genommen.

Sie sehen sich, wie ihr Abschlußbericht betont, nicht beauftragt, die technischen Überlegungen der NIH noch einmal nachzuvollziehen. Als Vertreter einer Gemeinde fühlen sie sich auch nicht berufen, die »gesellschaftlichen und ethischen Fragen der genetischen Forschung« insgesamt zu diskutieren. Diese Fragen, so heben sie ausdrücklich hervor, können nur in einem Dialog entschieden werden, der die ganze Gesellschaft einbezieht. Und, wie die Ausschußmitglieder betonen, diese Fragen *müssen* diskutiert werden.

Von vier entscheidenden Problembereichen der Neuen Biologie – 1. Gesundheitsgefahren, 2. evolutionäre Konsequenzen, 3. gesellschaftliche Konsequenzen, 4. Frage von Forschungsprioritäten – greift der Bürgerausschuß von Cambridge daher nur den ersten Problembereich auf und auch den nur unter lokalen Aspekten.

Die acht Laien sind sich bei ihren Beratungen bewußt, daß die Entscheidung über die Annehmbarkeit von Risiken eine Frage ist, die die unterschiedlichen Wertsysteme von Forschern und der nur passiv beteiligten Bevölkerung miteinander in Beziehung setzen muß. Wichtig, so erklärt später eines der Ausschußmitglieder, ist die Unterscheidung zwischen Freiheit der Forschung, die nicht zur Debatte gestanden habe, und dem Recht der Forscher, Unbeteiligte mit einem anderen Wertsystem Risiken auszusetzen. Der Abschlußbericht gibt eine eindeutige Antwort:

»Wissen, sei es um seiner selbst willen oder wegen seines möglichen Nutzens für die Menschheit, kann nicht als Rechtfertigung dienen, die Bevölkerung Risiken auszusetzen – es sei denn, eine informierte Bürgerschaft wäre bereit, diese Risiken zu tragen.«

Die Einschränkung der Beratungen über die Frage der Annehmbarkeit der lokal geschaffenen Risiken und der Verzicht einer generellen Überprüfung der inneren Logik der NIH-Richtlinien engen den Bereich der möglichen Fragen stark ein. Offen bleibt nur, ob und bis zu welcher Risikostufe die Bevölkerung bereit ist, die Forschung in ihrer Nachbarschaft zu akzeptieren, und welches Kontrollrecht sie haben soll.

Doch innerhalb dieses engbegrenzten Gebiets machen die acht Ausschußmitglieder auf wesentliche organisatorische Mängel der NIH-Vorschriften aufmerksam. Sie verlangen ein Kontrollrecht für die Bevölkerung über die Einhaltung der Richtlinien. Sie regen Programme zur regelmäßigen Überwachung der Gesundheit des Laborpersonals an und fordern ein Verbot von Forschungen auf der gefährlichsten Stufe, also P4, innerhalb der Stadtgrenzen.

Jonathan King, der in den Empfehlungen des Cambridge Experimentation Review Board nur eine Teillösung eines sehr viel allgemeineren Problems sah, hob anerkennend hervor, daß hier erstmals auch die Kritiker der NIH-Vorschriften zu Wort gekommen seien: »Sie luden Zeugen ein, die der Forschung kritisch gegenüberstanden, weil sie über die Gefahren informiert werden wollten, anstatt solche Informationen zu unterdrükken.« Auch seien in Cambridge erstmals Laboranten nach den Verhältnissen in den Labors befragt worden: »Meines Wissens«, stellte King im Juli 1977 fest, »hat weder die NIH noch der US-Kongreß bisher Auskunft von denen erbeten, die am meisten über Sicherheitsmaßnahmen bzw. ihr Fehlen wissen: von den Laboranten. Sie warfen jene kritischen Fragen über Nachweis und Durchsetzungsmöglichkeiten auf, ohne die Sicherheit nichts bedeutet.«[169]

Kein Nobelpreis für Cambridge

Bürgermeister Vellucci ist nicht so recht zufrieden. Er hatte vorgehabt, mit Ausnahme der harmlosesten Experimente alle Arbeit mit neukombinierter DNA unter Bann zu stellen. Der Stadtrat jedoch war den Empfehlungen des Ausschusses gefolgt. Dennoch meint Vellucci zu recht, auf sein großes Verdienst um die Demokratisierung des Entscheidungsverfahrens hinweisen zu können. Er habe auf die Notwendigkeit und Möglichkeit einer Verständigung auf lokaler Ebene aufmerksam gemacht: »Ich finde«, sagt er, »die Stadt Cambridge sollte weltweite Anerkennung bekommen«, denn anderswo sei man erst durch die Auseinandersetzung in seiner Stadt auf das Problem aufmerksam gemacht worden, und er fügt hinzu, nicht ohne ironischen Bezug auf die Kriterien, nach denen in Stockholm Goldmedaillen für Wissenschaftler verliehen werden, »vielleicht den Nobelpreis«.[170]

Als Leiter des Krebsforschungsinstituts am MIT zählt David Baltimore zu den Hauptbetroffenen der Sondervereinbarungen mit der Stadt Cambridge. Er hält die Sondervereinbarungen nicht für unzumutbar, aber für überflüssig, da er der Moralität seines Berufsstandes vertraut.

Schwarzbärtig und mit langen Haaren, unterstreicht Baltimore, ein in Stockholm prämiiertes Mitglied der wissenschaftlichen Elite, auch äußerlich seine Zugehörigkeit zur Generation derer, die gegen Ende der sechziger Jahre an den Universitäten gegen die etablierte Ordnung rebellierten. Jeans und bestickte Jacken sind die bevorzugte Tracht eines Nobelpreisträgers, der sich während des Vietnamkrieges entschieden der Kriegsforschung am MIT widersetzt hatte. 1974 hatte er den berühmten Brief der elf Molekularbiologen mitunterzeichnet und ist seitdem an entscheidender Stelle in das Verfahren und die Auseinandersetzung verwickelt.

Inzwischen fühlt er sich, wie auch die meisten seiner Kollegen, von den Ereignissen überrollt. Er ist überzeugt, daß die Biologen, als sie sich entschlossen, ihre Forschung freiwillig zu reglementieren, die eigenen Interessen hintanstellten. Und er ist sogar bereit zuzugestehen, »daß letztlich die Öffentlichkeit entscheiden muß, was sie will, und die Wissenschaftler müssen diese Wünsche in konkrete Forschungspolitik übersetzen«. Das aber war für Baltimore geschehen und im guten Bewußtsein, getan zu haben was möglich und notwendig war, vertraute er einem Journalisten an, die ganze Sache habe ihn gut ein Drittel der Zeit gekostet, die sonst für produktive Forschung zur Verfügung gestanden hätte.[171]

Auch vielen anderen Wissenschaftlern erscheint die Cambridge-Episode höchst irrational. Zwar war es auch in anderen Universitätsstädten zu Kontroversen gekommen, so in Ann Arbor in Michigan, in San Diego in Kalifornien, und die Staaten New York und Kalifornien bereiteten eigene Gesetze vor, doch nur in Cambridge hatte man sich das Recht herausgenommen, in Belange einzugreifen, die die Wissenschaftler als ihre ureigensten betrachten.

Daher bezieht sich James Watson gewiß auf die Cambridge-Episode, wenn er von »schwarzer Komödie« spricht, als die der Versuch der Wissenschaftler geendet habe, »verantwortlich zu *erscheinen*«[172]. George Ball, ehemaliger Unterstaatssekretär und nun Vorstandsmitglied einer Großbank, warnt 1977 auf dem Jahrestreffen der *American Association for the Advancement of Science* vor den Gefahren einer heraufziehenden mittelalterlichen Wissenschaftsfeindlichkeit. Die *New York Times* berichtet von den Ängsten der einflußreichen Mitglieder dieser Organisation, »daß die Freiheit der Forschung, die die Wissenschaft seit der Renaissance hat aufblühen lassen, durch Pressionen von innerhalb und außerhalb der wissenschaftlichen Gemeinde unterjocht würde«.[173]

Die Konflikte innerhalb der wissenschaftlichen Gemeinde kommen im März 1977 noch einmal vor einem größeren Publikum öffentlich zum Ausbruch, bevor anschließend die Protagonisten ihre Taktik ändern und Erfolg haben. Die ehrwürdige *National Academy of Sciences* hat mit einem Budget von 125 000 Dollar zu einer Veranstaltung geladen, dem »Forum für neukombinierte DNA«. Sie hoffte, wie der Vorsitzende Daniel E. Koshland in seiner Eröffnungsrede andeutete, »das wahre Ausmaß der Gegensätze zu klären, und die hochfliegenden Wolken leidenschaftlicher Rhetorik in die kalten Tropfen kondensierter Wahrheit zu verdichten«. Wissenschaftsorganisationen von 16 Staaten, darunter auch die Sowjetunion, haben Beobachter geschickt.[174]

Was mit einem Appell an sachliche Vernunft begonnen hatte, ging schnell in tumultartigen Szenen unter. Eine neugegründete *People's Business Commission* hätte es fast geschafft, die Veranstaltung zu sprengen. Gesänge »We shall not be cloned«, Spruchbänder, auf denen an Hitlers Rassenpolitik erinnert wird, rhetorische Stehversuche auf der Eröffnungssitzung, wirksame Showeffekte, die nach Ansicht eines Beobachters die alte Akademie in ihren Grundfesten erbeben lassen, und für die die Wissenschaftszeitschrift *BioScience* den Oskar für das beste wissenschaftliche Spektakel des Jahres verleiht, lassen wesentlichere Beiträge von Wissenschaftlern wie Beckwith, Sinsheimer, King, Chargaff, Ethan, Signer und vieler anderer untergehen.

Am Rand der Veranstaltung stürmt Vellucci, eigens von Cambridge nach Washington angereist, eine Pressekonferenz und beschuldigt die Wissenschaftler, jeden Kontakt zu den Wünschen und Bedürfnissen der Bürger verloren zu haben. Mit den Namen des *Club-of-Rome*-Mitbegründers Aurelio Peccei, des Philosophen Lewis Mumford, der Nobelpreisträger George Wald und Sir Macfarlane Burnett wirbt die neugegründete *Koalition für Verantwortliche Genetische Forschung* für ein vollständiges Verbot der Genmanipulation, bis die offenen Fragen geklärt sind.[175]

Doch geklärt wurde wenig. Und es sollte noch schlimmer kommen.

Halvorsons Lobby

Zunächst hatte es im Frühjahr 1977 danach ausgesehen, daß die anhaltenden Kontroversen durch einen staatlichen Hoheitsakt ein für allemal beendet würden: Ein Gesetz mußte einheitlich und für alle verbindlich die Bedingungen festlegen, unter denen in den Vereinigten Staaten Gene – zumindest im Labor – übertragen werden durften. Die Chancen dafür standen nicht schlecht. Denn unter dem Eindruck des anhaltenden Widerstands unter Wissenschaftlern und Bevölkerung, der Gefahr weiterer Eingriffe örtlicher Behörden, begann eine Mehrheit der an Genmanipulation interessierten Forscher nun das herbeizuwünschen, was sie zwei Jahre früher mit der Konferenz von Asilomar noch unter allen Umständen zu vermeiden gesucht hatte: das Eingreifen des Staates.

Philip Handler, der Präsident der *National Academy of Sciences* nannte auf deren Jahrestreffen 1977 die Gründe für diesen plötzlichen Stimmungswandel: »1. Die fruchtlose Debatte abzuschließen, die Anlaß zu

Anti-Intellektualismus und Gelegenheit für schlechtes politisches Betragen gegeben und zugleich die Energie der schöpferischsten Wissenschaftler auf diesem Gebiet so entsetzlich beeinträchtigt hat, und 2. sicherzustellen, daß kein Bundesstaat und keine örtliche Behörde eine strengere Gesetzgebung erläßt oder diese Forschung ganz verbietet.«[176]

Da das Interesse der Wissenschaftler, vor Übergriffen lokaler Behörden geschützt zu werden, sich mit der Notwendigkeit deckt, alle Forschung mit neukombinierter DNA den gleichen Vorschriften zu unterwerfen, schienen damit die Voraussetzungen für eine gesetzliche Regelung erfüllt. Denn die NIH-Richtlinien waren zwar auch von anderen Regierungsbehörden anerkannt worden, doch blieben entscheidende Mängel: Die Richtlinien erfaßten nach wie vor nur einen Teil der Forschung mit neukombinierter DNA: Unberücksichtigt blieben die privat finanzierten Projekte und vor allem die Industrieforschung. Außerdem war die einzige Sanktion, mit der die NIH Verstöße ahnden konnte, Entzug von Forschungsgeldern.

Die interessierte Industrie – in den USA zu Jahresbeginn 1977 bereits 7 Pharmaunternehmen mit eigenen Forschungsprojekten und etwa ein Dutzend weitere, die Projekte vorbereiteten[177] – erklärte, die NIH-Richtlinien würde sie vor ein grundsätzliches Problem stellen. Die Ankündigungspflicht für Forschungsprogramme, die notwendig ist, um eine wirksame Kontrolle überhaupt möglich zu machen, widerspreche dem Grundprinzip des amerikanischen Patentwesens, nach dem Erfindungen nicht vorher angekündigt werden könnten. Man sei gerne bereit, sich Vorschriften zu unterwerfen, aber eben auf freiwilliger Basis und ohne Außenkontrolle oder gar Vorankündigung von Forschungsprojekten. Dies aber hätte das begrenzte Sicherheitssystem der NIH-Vorschriften vollends durchlöchert. Denn Seuchenerreger sind nicht imstande, die besonderen Umstände zu berücksichtigen, die Treu und Glauben zu einer Voraussetzung für den Schutz ihrer Patentierbarkeit machten.[178]

Im Frühjahr 1977 waren etwa ein Dutzend Vorschläge in beiden Häusern des amerikanischen Parlaments eingebracht worden. Senatoren und Kongreßabgeordnete standen unter dem Eindruck, das Problem müsse mit großer Dringlichkeit gelöst werden. Eine Resolution, die am 19. Januar 1977 vom Kongreß beachtet wurde, erklärte sogar, Genmanipulation sei »potentiell *verheerend* für die Gesundheit und die Sicherheit des amerikanischen Volkes«.[179]

Aus mehreren Lösungsvorschlägen entwickelten sich zwei konkrete Gesetzesentwürfe. Noch im Frühjahr wurden sie in Kongreß und Senat als aussichtsreich angesehen. Bereits kurz nach der Konferenz von Asilomar hatte sich 1975 der einflußreiche Vorsitzende des Senatsunterausschusses für Gesundheit und wissenschaftliche Forschung, Edward Kennedy, des Problems angenommen, und »Bioethik« zu einer wichtigen gesetzgeberischen Aufgabe für den Rest des Jahrhunderts erklärt. Nun begann er im Frühjahr 1977 mit Hearings zu einem Entwurf, dessen sachliche Grundlage zunächst die NIH-Richtlinien sein sollten, der jedoch entscheidende administrative Veränderungen enthielt.

Kennedy wollte nichts anderes, als eine zentrale unabhängige Kommission schaffen, die direkt dem amerikanischen Präsidenten unterstellt, alle genübertragende Forschung lizensieren, die Einhaltung der Vorschriften überwachen und im Lauf der Zeit neue Vorschriften formulieren sollte. Um den Einfluß übermächtiger Interessengruppen in dieser zentralen Kommission auszuschalten, sah Kennedys Entwurf vor, hier den Einfluß der an der Forschung unmittelbar beteiligten Wissenschaftler stark zurückzudrängen.

Nicht zuletzt unter dem Eindruck der Auseinandersetzungen in Cambridge und des wachsenden öffentlichen Interesses, sich mit den Folgen von Wissenschaft und Technik auseinanderzusetzen, wollte Kennedy den Einfluß der Bevölkerung auf lokaler Ebene stärken. Die Sicherheitsvorschriften sollten zu Minimalvorschriften gemacht werden. Kennedys Entwurf sah vor, »öffentliche Einschätzungen auf örtlicher Ebene« zu ermutigen. Die Bevölkerung sollte »zusätzliche Bedingungen auferlegen können oder auch die Standards der allgemeinen Gesetzgebung übernehmen«.

Der parallel in den Kongreß eingebrachte Entwurf des Abgeordneten Rogers war weniger streng: Als oberste Instanz wollte Rogers eine Kommission schaffen, die dem Gesundheitsministerium beigeordnet, nur beratende Kompetenzen haben sollte. Die Kontrollfunktion blieb in diesem Entwurf auf die Ebene der lokalen Sicherheitskomitees der Forschungsinstitutionen beschränkt. Eine Lizensierung von Forschung gab es in diesem Entwurf jedoch nicht.

Zunächst gerät der strengere Kennedy-Entwurf in das Kreuzfeuer der öffentlichen Kritik der Wissenschaftler und ihrer politischen Lobby. Der Präsident der *National Academy of Sciences*, Philip Handler, erklärt öffentlich, »gleichgültig wie auch immer die Einzelheiten aussehen mögen, werden unsere Nachfolger den Tag verwünschen, an dem dieses Gesetz verabschiedet wurde«.[180] Die von einem Wissenschaftler alarmierte Organisation *Americans for Democratic Action* ging so weit, Kennedy mit dem sowjetischen Genetiker Lyssenko zu vergleichen, einem Günstling Stalins, der eine Generation sowjetischer Genetiker ideologisch gegängelt, unterdrückt oder vernichtet hatte. Diese »demokratiefördernde« Organisation scheute nicht einmal davor zurück, Parallelen zu »einigen unmenschlichen Praktiken in Nazideutschland« herzustellen.[181]

Seriöser schon, doch mit der gleichen Absicht, Stimmung zu machen, wenden sich 137 Teilnehmer der *Gordon Konferenz* von 1977 öffentlich gegen den Entwurf Kennedys. Sie verweisen darauf, daß es Wissenschaftler gewesen waren, die vier Jahre zuvor beim gleichen Anlaß erstmals selbst gewarnt hatten. Daraus leiten sie 1977 die moralische Rechtfertigung ihrer Forderung ab, »den wissenschaftlichen Fortschritt nicht zu sehr zu behindern«. »Diese Gesetzgebung (ist) sehr durch die jedes vernünftige Maß übersteigende Übertreibung hypothetischer Gefahren angeregt worden.«[182]

Zur Niederlage beider Gesetzentwürfe trägt jedoch weniger die öffentlich geführte Kontroverse bei als das Taktieren der Wissenschaftslobby hinter den Kulissen. Es sind mehrere unabhängige Aktionen, die jedoch alle die gleiche Handschrift tragen – Ausschaltung von Öffentlichkeit und Umgehung der Kritik.

Im Juni 1977 veranstaltet die NIH in Falmouth eine Konferenz von etwa 50 Wissenschaftlern, darunter auch Bakteriologen, Virologen und Epidemiologen. Sie sollen das vorliegende Versuchsmaterial auswerten und weitere Versuche vorschlagen, um Aufschluß über die Gefährlichkeit von E.coli in Genübertragungsexperimenten zu gewinnen. In einem Brief an den NIH-Direktor faßt der Vorsitzende der Konferenz, Sherwood L. Gorbach, seinen persönlichen Eindruck der Diskussion zusammen.[183] Dieser Brief, obwohl als persönliche Mitteilung gedacht und daher nicht mit der Mehrheit der Konferenzteilnehmer abgestimmt, wird an die Presse lanciert, die, wie etwa die *New York Times* vom 31. Juli, nur eine beschwichtigende Passage zitiert: »Die etwa 50 Teilnehmer . . . ›gelangten einstimmig zu der Überzeugung, daß E.coli K12 (der übliche Laborstamm) durch DNA-Übertragung im Labor nicht in einen seuchenerregenden Krankheitskeim verwandelt werden kann‹«. Und Kennedy bezieht sich unter anderem auch auf diesen Brief, als er zwei Monate später sein Gesetzesprojekt fallen läßt.

Doch selbst Gorbach, der Kennedys Entscheidung zwar begrüßt, bekennt, sich nicht ganz wohl dabei gefühlt zu haben: »Was damit gemacht wurde, hatte ich nicht in der Hand«, erklärt er den Lesern von *New Scientist*. Jonathan King dagegen, einer der Konferenzteilnehmer von Falmouth, nennt das Verfahren einen »Skandal«, und protestiert zusammen mit einem anderen Konferenzteilnehmer, dem Biologieprofessor Richard Goldstein, gegen die einseitige Darstellung des Konferenzergebnisses: »Was die Sicherheit angeht meinen wir, daß es keinen Grund gibt, die NIH-Richtlinien zu lockern, bevor nicht sehr viel mehr Erfahrung und Wissen vorliegen . . .« Doch als dies im Oktober 1977 in der oben erwähnten Wissenschaftszeitschrift veröffentlicht wird, ist Kennedys Entwurf bereits gescheitert.[184]

Ähnlich wie mit dem Gorbach-Brief, verfährt Fredrickson mit einem anderen Brief, in dem ihm Roy Curtiss III., der Vater des patriotisch benannten Sicherheitsstammes von E.coli, *x* 1776, eine wichtige Bekehrung mitteilt. Aus dem Saulus Curtiss, der noch zwei Jahre zuvor E.coli als Gefahr angesehen hatte, ist ein Paulus geworden, der »nicht die geringste Gefahr für irgendein menschliches Wesen« bei Verwendung der vorgeschriebenen Sicherheitsstämme in Genübertragungsexperimenten sieht.[185]

Dieselbe Taktik verfängt auch in einem anderen Fall: Unter den Abgeordneten auf dem *Capitol Hill* in Washington zirkulieren im Sommer 1977 Kopien einer noch unveröffentlichten wichtigen wissenschaftlichen Arbeit. In dieser bereits früher erwähnten Untersuchung bemüht sich Stanley Cohen, der Entdecker der Plasmidtechnik, nachzuweisen, daß Genübertragung seit Urzeiten in der Natur stattgefunden haben müsse und daher offensichtlich nicht so gefährlich sei, wie bisher angenommen. Doch diese wissenschaftlich zweifellos interessante, wenn auch in bezug auf den zweiten Teil der Aussage keineswegs erschöpfende Untersuchung, wird nicht zuerst wissenschaftlich, sondern politisch diskutiert. Bevor die Arbeit im November in einer Fachzeitschrift erscheint, ist sie bereits im Spätsommer auf dem politischen Markt von Washington mit Erfolg gehandelt worden. Kennedy bezieht sich unter anderem auf Cohen, als er sich im September von seinem Entwurf distanziert. Auf dieses Verfahren angesprochen, bekennt Cohen, sich nicht »ganz wohl dabei zu fühlen«, denn schließlich handle es sich um ein »rein wissenschaftliches Dokument«.[186]

Diese Taktik der Gegner einer gesetzlichen Kontrolle verfehlt ihre Wirkung nicht. Während die amerikanische Presse noch im Frühjahr mit ständig neuen Schreckensvisionen aufwartete, stehen im Sommer 1977 dann die beruhigenden Nachrichten und Verkündung wissenschaftlicher »Triumphe« durch Genübertragung im Vordergrund. Und ebenso wie die Alarmmeldungen des Frühjahrs falsche Ängste geweckt hatten, tragen die Beschwichtigungskampagnen nun zur Bagatellisierung des Problems bei. Beides engt das, wie noch zu zeigen sein wird, sehr viel umfassendere Problem der Neuen Biologie auf den Teilbereich der Risikofrage ein.

Auf dem *Capitol Hill* in Washington hinterlassen der anhaltende Druck aus der wissenschaftlichen Gemeinde und das veränderte öffentliche Klima einen tiefen Eindruck. Schon im Verlauf des Sommers ändert sich die Stimmung unter den Volksvertretern. Den letzten Anstoß, der beide Gesetzesvorhaben blockiert, geben dann politische Manöver, die sowohl Kennedy als auch dem Abgeordneten Rogers buchstäblich den Boden unter den Füßen wegziehen.

Bis zum Sommer 1977 war es Harlyn O. Halvorson, einem ehemaligen Präsidenten der *American Society for Microbiology*, gelungen, eine Koalition von zwanzig Wissenschaftsorganisationen zu bilden, die etwa eine halbe Million Mitglieder repräsentierten.[187] Halvorson hatte sich beraten lassen, daß ein frontaler Angriff auf den Kennedy-Entwurf nicht ratsam sei: »Man hatte uns abgeraten, unsere Lobby vor den Senat zu bringen, weil Kennedy dann gewinnen würde«, erklärte er später Barbara J. Culliton, die für *Science* die Geschichte der »zum Entgleisen gebrachten DNA-Gesetzentwürfe« aufgeschrieben hat.

Halvorsons Lobby findet einen Verbündeten in Senator Gaylord Nelson, der unter ihrem Einfluß einen eigenen Entwurf zu einem Gesetz verfaßt, das, nach Culliton, wie der »Traum eines DNA-Forschers« erscheint. Währenddessen nehmen Wissenschaftler aus Halvorsons Lobby Kontakt zu jedem Senator auf, der während der Sommerpause greifbar ist. Im September dann schaltet sich auch Senator Adlai Stevenson ein, der Vorsitzende des Unterausschusses für Wissenschaft, Technologie und Raumfahrt, hält eine Rede, die die meisten Wissenschaftler begeistert und beginnt mit eigenen Hearings zu einem weiteren Gesetzentwurf.[188]

Um die gleiche Zeit, Ende September 1977, tritt Senator Kennedy den Rückzug an. Er distanziert sich von seinem eigenen Entwurf, weil die Gefahren doch nicht so groß seien, wie ursprünglich angenommen, beruft sich auf Gorbachs Brief, Cohens »rein wissenschaftliches Dokument« und auf »hohe Emotionen« unter den Wissenschaftlern. In Wirklichkeit konnte er sich ausrechnen, daß hinter seinem Entwurf nicht mehr genügend Stimmen standen.

Gleichzeitig blockiert im Kongreß der Vorsitzende des Handelsausschusses, der Abgeordnete Staggers, nachdem auch er einen Brief von Stanley Cohen erhalten hatte, den Rogers-Entwurf. Obwohl dieser von den meisten Wissenschaftlern bis dahin als annehmbar bezeichnet worden war, bezieht sich Staggers auf Befürchtungen »der Wissenschaftler«, eine gesetzliche Kontrolle könnte die »wissenschaftliche Forschung zermalmen und weiteren Fortschritt verhindern«.[188] Doch damit ist das Problem nur vertagt.

Genetische Manipulation in der Bundesrepublik

Unter den Wissenschaftlern der Bundesrepublik hat es keine öffentlichen Kontroversen über Probleme der Genmanipulation gegeben. Dies ergibt sich, wie der Kölner Genetiker Peter Starlinger vermutet, gewissermaßen aus der Ökologie des Wissenschaftsbetriebes hierzulande: »Aber ich glaube«, sagt er in einer Diskussionsrunde, »in der Bundesrepublik ist der Konsens innerhalb der Wissenschaftler einfach größer, vielleicht weil der Kreis der beteiligten Personen kleiner ist als in den USA.«[189] Und tatsächlich scheint die Konformität bereits so groß zu sein, daß sie nicht nur *unter* den Wissenschaftlern, sondern bereits *innerhalb* der Wissenschaftler herrscht.

Diese Situation spiegelt sich auf dem Markt der Wissenschaftszeitschriften wider. Es gibt kein deutschsprachiges Forum, in dem wie in *Science, New Scientist, Nature* oder dem hervorragenden *Bulletin of the Atomic Scientists*, wissenschaftskritisch öffentlich diskutiert wird. Der Wunsch des Archimedes, seine Kreise nicht zu stören, könnte als Leitspruch aller größeren Wissenschaftsjournale hierzulande dienen.

Mit Ausnahme eines verdienstvollen Versuchs von Holger Strohm, »*Genmanipulation: Stand und Perspektiven*«[190], sind in der Bundesrepublik die gesellschaftlichen und politischen Fragen des neuen Forschungsgebiets in der öffentlichen Diskussion ausgeklammert worden. Der zuständige Forschungsminister* jedenfalls erklärt, ihm sei nichts dergleichen zu Augen gekommen und kann sich mit persönlichem Bedauern zwar, jedoch amtlicher Zuversicht darauf berufen, daß »nach den Erfahrungen ... eine aktive öffentliche Diskussion erst als Reaktion auf konflikthafte Entwicklungen in Gang« kommt.[191]

Dazu kommt auch, daß die Neukombinationstechnik in den Vereinigten Staaten entdeckt wurde und dort die Probleme eben virulent geworden sind. Hierzulande konnte man so in Ruhe und Gelassenheit die Aus-

* Matthöfer, während dessen Amtszeit die Richtlinien für Genübertragungsexperimente in der Bundesrepublik entwickelt wurden.

einandersetzungen und Kontroversen jenseits des großen Teiches beobachten und Lösungen made in USA getrost übernehmen. Führende deutsche Molekularbiologen und Genetiker, die als Interessenten für die Neukombinationstechnik galten, waren, noch bevor hierzulande diese Art von Forschung überhaupt in Gang gekommen war, bereits im Februar 1974 zur Konferenz von Asilomar eingeladen worden.

Vier Jahre später wird bereits an einer ganzen Reihe von Orten mit neukombinierter DNA gearbeitet, so in Martinsried bei München, in München selbst, in Tutzing, Heidelberg, Braunschweig, Würzburg, Tübingen, Berlin und in Hoechst bei Frankfurt, ohne daß es bereits verbindliche Sicherheitsvorschriften geben würde, denen alle diese Forschungsprojekte einheitlich und kontrollierbar unterworfen werden können. Die Entwicklung des, wie der Bundesminister für Forschung und Technologie betont, *notwendigen* Kontrollinstrumentariums hinkt einige Jahre hinter der Forschung hinterher.

Ende 1975, noch vor der Verabschiedung der NIH-Richtlinien hatte sich in der Bundesrepublik die *Deutsche Forschungsgemeinschaft* (DFG) des Problems angenommen, war jedoch bald zu dem Schluß gekommen, daß es einer einheitlichen Regelung auf Bundesebene bedürfe. Die Aufgabe wurde dem Forschungsministerium übertragen, und dieses berief im Dezember 1976 seinen »ad hoc-Sachverständigenausschuß ›Sicherheitsrichtlinien für Forschungsarbeiten über die in vitro Neukombination von Nukleinsäuren‹«.[192]

Damit hatte man nicht nur den Fehler der NIH kopiert, die sich widersprechenden Aufgaben von Kontrolle und Förderung von *Forschung* in einer Behörde zu vereinigen, sondern ihn zusätzlich um das Problem der industriellen Verwertung von Forschungsergebnissen bereichert. Denn das Bundesministerium für Forschung und Technologie hat die Aufgabe, anwendungsorientierte kommerziell verwertbare Forschungs- und Entwicklungsarbeit zu finanzieren und zu fördern. Und das Vorgehen des Ministeriums in Sachen Genmanipulation läßt deutliche Parallelen zur Frühzeit der Entwicklung der zivilen Atomtechnologie erkennen.

Bereits 1975, mehr als ein Jahr bevor sich eine Regierungsbehörde in der Bundesrepublik mit dem Seuchenproblem Genmanipulation befaßte, hatte das Bundesministerium für Forschung und Technologie (BMFT) das 5-Millionen-DM-Entwicklungsprojekt der Schering AG »Untersuchungen zur Gewinnung von speziellen animalischen und humanen Proteinen aus Mikroorganismen durch Genübertragung« mit 2,5 Millionen DM subventioniert.[193]

In den 1976 zusammengestellten »ad-hoc-Sachverständigenausschuß« berief es neben dem für Projekte dieser Art zuständigen Ministerialbeamten, sieben Vertreter der freien Forschung: Vier von ihnen, die Institutsdirektoren Goebel, Zachau, Hofschneider und Starlinger, waren als Teilnehmer der Konferenz von Asilomar in die Diskussionen um die Gefahren der Genmanipulation eingeweiht. Die drei anderen Wissenschaftler, die Virologen Eggers und Mussgay und der Direktor des Berliner Gesundheitsamtes Meinrad A. Koch, konnten als »Seuchenspezialisten« wichtige Fachkenntnisse über Sicherheitstechnik beisteuern, arbeiteten selbst aber nicht auf dem zu kontrollierenden Gebiet.[193]

Doch während der ad hoc-Sachverständigenausschuß des BMFT noch über Sicherheitsrichtlinien berät, stiftet das gleiche Ministerium bereits die ersten »Ehen« zwischen diesen »neutralen« Sachwaltern öffentlicher Belange und Industrieinteressen. Die ersten vom BMFT mit Millionenbeträgen geförderten Industrieprojekte der Schering AG und der Boehringer Mannheim GmbH werden im Auftrag des BMFT von Wissenschaftlern betreut, die als Mitglieder des ad hoc-Sachverständigenausschusses die Bedingungen festlegen, unter denen sie und eines nicht allzu fernen Tages vielleicht auch Industrieunternehmen genetisch veränderte Mikroorganismen herstellen: Bei Schering beraten Hofschneider und Goebel. An das ebenfalls subventionierte Projekt der Boehringer Mannheim GmbH hat das Ministerium sogar einen Forschungsauftrag für das Zachau-Institut gebunden.[194]

Zur Debatte steht nicht die persönliche Integrität der mit mehrfachen Loyalitäten belasteten Wissenschaftler. Peter Starlinger, Direktor am Institut für Genetik in Köln und Mitglied des »ad hoc-Sachverständigenausschusses«, verweist auf die Schwierigkeiten, wenn er einwendet: »Sicher wäre es gut, wenn die Industrieberater und die Mitglieder in öffentlichen Ausschüssen verschiedene Personen wären. Da es zur Zeit nur einen kleinen Personenkreis gibt, der hierfür in Frage kommt, ist dies vermutlich sehr schwer durchzuführen.«[195]

Das erklärt zwar eine Schwierigkeit, schafft das Problem jedoch nicht aus der Welt. Denn mit der Zahl der Abhängigkeiten, unter denen ein Individuum zu entscheiden hat, verringert sich seine Konfliktbereitschaft.

»Wenn ich Schering berate«, erklärt Peter Hans Hofschneider, einer der Direktoren am Martinsrieder Max-Planck-Institut für Biochemie, »dann will ich beitragen, daß man sich dort um Genetik und Molekularbiologie kümmert. Ich will, daß die deutsche Wirtschaft auf diesem Gebiet in zehn oder zwanzig Jahren international konkurrenzfähig sein wird.«[196]

Hofschneider sieht keinen Interessenkonflikt zu seiner Tätigkeit im Richtlinienausschuß des BMFT. »Wir sind ja schon Anwälte der Öffentlichkeit«, entgegnet er auf die Vorhaltung, die Zusammensetzung des Richtlinienausschusses reflektiere einseitige Interessen. Und er wie auch viele andere Biologen verweisen darauf, daß es die Biologen selbst waren, die die Öffentlichkeit auf die Risiken der Genmanipulation aufmerksam gemacht haben.[196]

Auch Zweifel werden nicht verschwiegen. Hans-J. Eggers, stellvertretender Vorsitzender des Richtlinienausschusses und als Direktor des Instituts für Virologie der Universität Köln nicht unmittelbar an der Anwendung der Neukombinationstechnik interessiert, bekennt »tiefes Verständnis für die, die meinen, der wissenschaftlich-technische Fortschritt führe die Gesellschaft nicht immer in die richtige Richtung«. Wenn er es gegenwärtig auch noch für einigermaßen unwahrscheinlich hält, daß die Erkenntnisse der synthetischen Biologie zur Verhaltenssteuerung beim Menschen mißbraucht werden können, ist er dennoch zu einem Zugeständnis bereit: »Ich kann die leise Befürchtung nicht loswerden, daß etwas möglich sein wird, woran wir heute nicht denken.«[197]

»Ich glaube nicht, daß es heute möglich ist, neben den sicherheitstechnischen Fragen auch formulierbare Fragen politischer, gesellschaftlicher und ökologischer Art zu stellen, deren Behandlung zur Zeit hintangestellt wird«, erwidert Peter Starlinger, Direktor am Institut für Genetik der Universität Köln: »Ich wehre mich dagegen, Maßnahmen gegen etwas zu ergreifen, worüber man nur allgemein spekulieren kann. Man kann sich nur gegen Gefahren wappnen, die um die nächste Ecke herum erkennbar sind. Wir können nur übersehbare Dinge verhindern.«[197]

Dennoch schafft dieses Verfahren die Gefahr, daß zunächst ohne dramatische Ereignisse in der »synthetischen Biologie« – einer ähnlich fundamentalen Entwicklung wie es vor einer Generation die der »Synthetischen Atomphysik« war – sich die gleiche mit der Zeit immer nahtloser werdende Koalition von Wissenschafts- und Wirtschaftsinteressen bildet; eine Mesalliance, in der Wissenschaft unter Verlust ihrer Unabhängigkeit und Kritikfähigkeit zunehmend in die Rolle des Erfüllungsgehilfen gedrängt wird. Davon später mehr, zunächst zurück zu den Sicherheitsrichtlinien.

Die Richtlinien des Forschungsministeriums

Der erste Entwurf des ad hoc-Sachverständigenausschusses orientiert sich in den technischen Details der Risikoabstufung und des Sicherheitsaufwands weitgehend am Vorbild der NIH-Richtlinien. Im März 1977 stellt der Forschungsminister den von ihm in Auftrag gegebenen Entwurf zur Diskussion und verkündet in einer Pressemitteilung, »Forschungen dieser Art stellten Probleme, die nicht nur die Forscher selbst, sondern auch das übrige Forschungspersonal, die Öffentlichkeit und die Allgemeinheit angingen«.[198]

Was er darunter versteht, macht er im folgenden deutlich: Offiziell wird der Entwurf des Sachverständigenausschusses »verschiedenen staatlichen Stellen, zahlreichen Wissenschaftsorganisationen«, dem Deutschen Gewerkschaftsbund und dem Bundesverband der Industrie zugeleitet mit der »Bitte um Stellungnahme und zusätzliche Vorschläge«.[198] Weder das »übrige Forschungspersonal«, noch die »Öffentlichkeit« oder gar die »Allgemeinheit«, die nach Bekunden des Ministers ebenso betroffen sind, werden um »Stellungnahme und zusätzliche Vorschläge« gebeten.

Öffentliche Diskussion findet nicht statt. Verdrängt ist die Tatsache, daß der Entscheidungsprozeß über die Gestaltung der Zukunft der Gesellschaft nicht nur dringend demokratisiert werden muß, sondern daß dort, wo große Teile der Bevölkerung sich auch ungefragt demokratische Rechte »anmaßen«, wie in den Auseinandersetzungen um die Atomkraftwerke, erhebliche Fehleinschätzungen und Planungsfehler der »Verantwortlichen« erst offenbar geworden sind.

Der Forschungsminister erklärt öffentlich: »Die Veränderung der Erbanlagen ist eine so schwerwiegende Entwicklung mit zunächst erheblichem Risikopotential, aber auch mit ethischen Fragen, daß sie nicht unter Ausschluß der Öffentlichkeit von Experten oder Bürokraten allein behandelt werden kann . . . Auch wenn wir eine hohe Meinung vom Verantwortungsbewußtsein der Wissenschaftler haben, so übersteigt es ihre Kompetenz, für die Allgemeinheit zu entscheiden, was verantwortbar und wünschenswert ist und was nicht.«[199] Das Verfahren, nach dem das Ministerium seine Richtlinien entwickelt, straft diese hochfliegende Erklärung jedoch Lügen: Hinter verschlossenen Türen verhandeln Experten und Bürokraten über das, was für die Allgemeinheit verantwortbar ist und was nicht: Der erwähnte erste Entwurf des ad hoc-Ausschusses wird von diesem nach Begutachtung und Kritik durch die genannten Verbände und Organisationen noch einmal umgearbeitet und dann von einem interministeriellen Ausschuß unter Federführung des BMFT bis zum 21. Januar 1978 unter dem Titel »Richtlinien zum Schutz vor Gefahren durch in-vitro neukombinierte Nukleinsäuren« in seine vorläufig letzte Fassung gebracht. Nennen wir diese Vorschriften im folgenden der Einfachheit halber »BMFT-Richtlinien«.[200]

Die Richtlinien der amerikanischen NIH, des britischen Williams-Ausschusses und des BMFT unterscheiden sich hauptsächlich in organisatorischen Konstruktionen. Demgegenüber unterscheidet sich der wissenschaftlich-technische Teil nur in Details: die britischen Richtlinien legen mehr Gewicht auf physikalische, die der NIH und des BMFT dagegen auf biologische Abschirmungsprinzipien. Doch das sind, angesichts der fortbestehenden prinzipiellen Unsicherheiten, weniger wichtige Einzelheiten.

Die in der Risikoeinstufung flexibleren britischen Sicherheitsvorschriften sehen eine engere Kontrolle des einzelnen Forscherteams durch eine zentrale Sicherheitskommission vor, den sogenannten GMAG (Genetic Manipulation Advisory Group). Im GMAG ist – im Gegensatz zu den Überwachungsgremien der NIH – der Einfluß der unmittelbar an der Forschung mit neukombinierter DNA interessierten Wissenschaftler entscheidend zurückgedrängt: Von 19 Mitgliedern waren es im März 1977 nur 3 – gegenüber 9 Vertretern unabhängiger biologisch-medizinischer Disziplinen, 4 Gewerkschaftsvertretern und zwei Akademikern ohne Forschungsinteressen[201]: Dieses anerkennenswerte Prinzip taucht, freilich nicht mit der gleichen Konsequenz, in den BMFT-Richtlinien wieder auf: das oberste Beratungs- und Kontrollgremium, die *Zentrale Kommission für die biologische Sicherheit* (ZBKS), soll mit vier Wissenschaftlern besetzt werden, die selbst Neukombinationsforschung betreiben, der gleichen Zahl unabhängiger Forscher, die Erfahrung im Umgang mit pathogenen Keimen haben und schließlich »vier weiteren Persönlichkeiten z. B. aus den Bereichen Gewerkschaften, der Industrie und der forschungsfördernden Organisationen«.

Die zwölf Mitglieder der ZBKS werden vom Forschungsministerium berufen, das sich mit nicht weniger als fünf weiteren Ministerien abzustimmen hat: dem für Gesundheit, für Landwirtschaft, Wirtschaft, dem Innen- und dem Arbeitsministerium. Für die wichtige Besetzung des Postens »vier weitere Persönlichkeiten« der ZBKS konnten sich die sechs Ministerien auf je einen Vertreter der DFG, des DGB, der Berufsgenossenschaft und des Bundesverbands der Pharmazeutischen Industrie einigen.[202]

Der Kompetenzbereich der ZBKS umfaßt Beratung und Kontrolle einzelner Labors in Sicherheitsfragen; ab einer gewissen Risikostufe muß sie, bevor ein Projekt begonnen werden darf, ihre Zustimmung geben. Entscheidend wird sein, daß dieses Gremium auch Vorschläge für »die Anpassung der Richtlinien an den jeweiligen Stand von Wissenschaft und Technik machen« kann.

Hier wird eine kritische und nicht interessengebundene Beurteilung des jeweiligen Erkenntnisstandes von zentraler Bedeutung sein. Denn der von den Forschern ausgehende bereits deutlich spürbare Druck, die Sicherheitsstandards zu erniedrigen, ist größer als der, sie zu erhöhen. Anders ausgedrückt: Gegenwärtig sind mehr Wissenschaftler daran interessiert, zu zeigen, daß Genmanipulation harmloser oder »natürlicher« sei als ursprünglich angenommen wurde, denn umgekehrt. Damit sei keine bewußt manipulierende Absicht unterstellt. Erinnern wir uns, um einen Fall zu nennen, an Averys Transformationsexperiment. Die Bedeutung objektiv unbestreitbarer Forschungsergebnisse wurde von der Mehrheit der wissenschaftlichen Gemeinde acht Jahre lang ignoriert, weil sie nicht in Übereinstimmung mit dem herrschenden Dogma zu bringen war. Und die Natur ist geduldig. Sie läßt sich, wie Stanley Cohens und Shing Changs früher erwähntes Experiment zeigt, auch politisch prostituieren.*

Die Hauptverantwortung für die Sicherheit der *Durchführung* von Genübertragungsexperimenten liegt jedoch nicht bei der *ZBKS*, sondern, wie auch in den britischen und amerikanischen Vorschriften, beim Projektleiter, der seinerseits von einem unabhängigen »Beauftragten für die biologische Sicherheit« bzw. ab einer bestimmten relativ hohen Risikostufe von einem analog benannten Ausschuß beraten und kontrolliert wird. Während bei Experimenten auf den niedrigeren Risikostufen vom Projektleiter und dem Forschungspersonal lediglich eine gute Schulung in mikrobiellen Arbeitstechniken verlangt wird, muß der Projektleiter eine zusätzliche, dem Seuchengesetz entsprechende Qualifikation nachweisen, will er Projekte der mittleren und höheren Risikogruppen durchführen.

Bedenkt man, daß die Arbeitstechnik wesentlich zur Sicherheit beiträgt, so ist diese – gegenüber den englischen und amerikanischen Richtli-

* Vgl. S. 100. Gegenüber der Öffentlichkeit vertrat Cohen, daß »Mutter Natur die ganze Zeit in der Lage gewesen *ist*, das zu tun, was die Wissenschaftler jetzt tun können«. In seiner Monate später erschienenen wissenschaftlichen Publikation, *deutete* er nur an, daß es so sein *könnte* – ein feiner semantischer Unterschied, der jedoch entscheidende Konsequenzen für den weiteren Verlauf der Evolution haben könnte.

nien – zusätzliche Auflage anerkennenswert. Unter dem Titel »Behinderte Genmanipulation« hat sie jedoch in der *Frankfurter Allgemeinen Zeitung* bereits den Vorwurf einer Wettbewerbsverzerrung zu Lasten der deutschen Forschung auf sich gezogen und letztlich auch des zukünftigen Wohlergehens »einer forschungsabhängigen Industrienation, die es sich kaum leisten kann, sich unnötig Fesseln anzulegen«.[203]

Unzulänglich sind die gesetzlichen Möglichkeiten, die Richtlinien des BMFT durchzusetzen. Als verbindlich kann sie das Forschungsministerium nur für seinen eigenen Kompetenzbereich erklären, das sind die Forschungsinstitutionen des Bundes. Einfluß kann das BMFT auch dort nehmen, wo es Geldgeber ist, d. h. bei der Max-Planck-Gesellschaft (die bereits einen früheren Entwurf des ad hoc-Ausschusses akzeptiert hatte), der Deutschen Forschungsgemeinschaft (DFG) und für die aus Bundesmitteln subventionierten Industrieprojekte. Im Gegensatz zu den britischen Richtlinien, die *alle* Forschungsvorhaben mit neukombinierter DNA erfassen, bleibt vor allem die privat finanzierte Forschung der Industrie und die der Länderhoheit unterstehende Hochschulforschung unerfaßt. Hier bleibt mangels ausreichender gesetzlicher Möglichkeiten dem Minister vorläufig nur die *Hoffnung* »auf ein System freiwilliger Selbstverpflichtung«.[204]

Das Risiko Leben

Wunder der Synchronisation

Die Feststellung, daß unsere industrielle Zivilisation von technischer Innovation und diese vom stetigen Fortschritt der Wissenschaft leben, ist eine Binsenweisheit, die alles und damit nichts erklärt. Wichtiger ist zu fragen, welche Techniken aus einem sehr viel größeren Angebot möglicher Techniken entwickelt werden und sich im größeren Umfang durchsetzen.

Rückblickend betrachtet, hat die Entwicklung der seit dem 2. Weltkrieg wichtigen neuen Techniken der Atomenergienutzung, des Computers und der Weltraum- und Satellitentechnik eine fast beängstigende Zwangsläufigkeit. Beängstigend, weil man sich fragen muß, was geschehen wäre, hätten Wissenschaftler, Manager und Politiker nicht rechtzeitig die Grundlagen dafür geschaffen. Man könnte sagen, daß die »Angebote« der Pioniere der Raketen-, Computer- und Atomtechnik genau zu dem Zeitpunkt kamen, zu dem sie gebraucht wurden:

Die noch während des Krieges entwickelten Atomwaffen versprachen den amerikanischen Militärs und Politikern, die Bedrohung durch Massenheere der Sowjetunion auszugleichen und damit den Frieden zu sichern. Die zivile Nutzung der Atomtechnologie präsentierte sich in den fünfziger Jahren als die entscheidende Möglichkeit, den ständig wachsenden Energiebedarf der industriellen Welt problemlos und billig zu befriedigen. Über den Siegeszug des Computers schreibt der MIT-Professor Joseph Weizenbaum, ein Fachmann von internationalem Rang: »Die amerikanischen Manager und Techniker waren sich einig, daß der Computer gerade noch rechtzeitig kam, um katastrophale Krisen abzuwenden.« Industrieunternehmen und Banken, die staatliche Verwaltung und die Streitkräfte wären vor unüberwindliche Organisations- und Personalprobleme gestellt worden.[205] Und die Satellitentechnik mit ihren Verheißungen eines globalen Überwachungs- und Kommunikationsnetzes kann, so scheint es, die sich abzeichnende Integration der zivilisatorischen Entwicklung der einzelnen Weltregionen aus dem Weltraum unterstützen und absichern.

Wunderwerk der Synchronisation: Die Grundlagen der heutigen zivilen Nukleartechnik wurden in den fünfziger Jahren gelegt – in einer Zeit, die in einem Überfluß billiger und anscheinend unbegrenzt verfügbarer Energiemengen schwelgen konnte. Was aber wäre geschehen, hätten Otto Hahn und Fritz Strassmann nicht den Schlüssel zur Tür des Atomzeitalters gefunden und hätten weitsichtige Wissenschaftler und Politiker nicht rechtzeitig die großtechnische Anwendung dieser Entdeckung gefördert?

Mit fossilen Brennstoffen läßt sich, wie auch eingefleischte Atomgegner zugeben müssen, der ständig zunehmende Energiebedarf einer exponentiell wachsenden Wirtschaft nicht befriedigen. Stagnation und Rezession drohten in nicht allzu ferner Zukunft mit katastrophalen gesellschaftlichen und politischen Folgen. Und »wenn alle Computer auf der Welt mit einem Schlag verschwinden würden«, verrät Weizenbaum in seinem Buch über *Die Macht der Computer und die Ohnmacht der Vernunft*, so würde ein »Großteil der heutigen industrialisierten Welt in große Unordnung oder vielleicht äußerstes Chaos gestürzt«.[205] Wenn die Bedeutung der zivilen Satellitentechnik heute auch noch nicht so deutlich spürbar ist, kann man doch getrost annehmen, daß der Ausfall der militärischen Himmelsspione die nächste militärische Konfrontation zweier »Stellvertreter« der militärischen Supermächte, den globalen thermonuklearen Krieg auslösen würde.

Die Techniken der Neuen Biologie scheinen also, wie schon zuvor die Atom- und Computertechniken, wieder einmal gerade noch rechtzeitig gekommen zu sein, um entscheidende Krisen abzuwenden, die sonst über die Welt hereinbrechen würden: Verbilligung von Arzneimitteln gegen Kostenexplosion im Gesundheitswesen; genetische Therapien gegen zivilisationsbedingte Zunahme von Erbschäden; Heilung der Zivilisationskrankheit Krebs; Verringerung der Düngemittelabhängigkeit der Landwirtschaft und ertragreichere Pflanzensorten für den Kampf gegen den Hunger auf der Welt; Mikroorganismen für chemische Produktionsverfahren; Bekämpfung von Umweltbelastungen durch Einsatz genetisch veränderter Lebewesen; Anreicherung von Erzen in Lagern geringer Qualität durch genmanipulierte Mikroben; am Ende vielleicht gar ein neuer Mensch, der besser als der gegenwärtige den Bedingungen der modernen Zivilisation angepaßt wäre.

Die Probleme sind allgemein bekannt. Und auf dieses Problembewußtsein beziehen sich die Biologen, wenn sie auf die Bedeutung ihrer Forschung hinweisen: »Die öffentlichen Kosten eines Nein zur weiteren Entwicklung«, sekundiert der Mathematiker Freeman Dyson vom berühmten Princetoner *Institute for Advanced Study* seinen Kollegen aus der Biologie, »können am Ende sehr viel größer sein als die Kosten eines Ja.«[206]

Vor zehn Jahren, fünf Jahre vor Entdeckung der Genmanipulation, verwies Herman Kahn, gewichtiges Seismometer für eine schönere Zukunft in einer amerikanischen Denkfabrik, bereits auf die ungewöhnlichen Möglichkeiten der synthetischen Biologie: Sein Buch *Ihr werdet es erleben* führt auf Seite 66ff. eine lange Liste technischer Neuerungen an, die nach Ansicht »verantwortungsbewußter Leute« im letzten Drittel des 20. Jahrhunderts wahrscheinlich realisiert werden. Darunter sind: »neue nützliche Tier- und Pflanzenarten«, »andere Arten der Vererbungskontrolle und des Einflusses auf die ›grundlegende Konstitution‹ eines Menschen«, »chemische oder biologische Beeinflussung von Charakter und Intelligenz«. All das und einiges mehr wird nun durch Entdeckungen möglich gemacht, die zu der Zeit, als Kahns Buch erschien, nicht vorhersehbar waren.[207]

Was aber würde in Zukunft geschehen, wären Genübertragung und verwandte Techniken der synthetischen Biologie nicht entdeckt worden? Wäre das Chaos, das heute Weizenbaums Techniker, Manager und Militärs an die Wand malen, auch hereingebrochen, wenn der Computer nicht »rechtzeitig« entwickelt worden wäre? Und wie übel der Zufall unvorhergesehener Entdeckungen mit den Kalkulationen auch der größten Wissenschaftler spielen kann, zeigt exemplarisch das Beispiel Atomphysik: Bis in die letzten Tage des Jahres 1938, darin waren sich Physiker von der Bedeutung eines Bohr, Einstein, Rutherford (der schon 1937 gestorben ist), Heisenberg oder Fermi einig, galt Uranspaltung als verboten, und zwar von *Natur* aus. Würden, hätten diese Wissenschaftler recht behalten, 1985 die sprichwörtlich gewordenen Lichter unserer Zivilisation ausgehen? Drohte dann die vielbeschworene Massenarbeitslosigkeit?

Das verständlich gemachte Wunder

Um die Zusammenhänge zwischen Forschungs- und Technikpolitik und die durch sie geschaffenen wirtschaftlichen und gesellschaftlichen Abhängigkeiten zu untersuchen, muß ich die Geschichte der Atomtechnik in der Bundesrepublik kurz rekapitulieren. Dabei werde ich mich auf ein bemerkenswertes Buch stützen, das 1975 erschien und, wie ich meine, viel zuwenig beachtet worden ist: *Das unverstandene Wunder – Kernenergie in Deutschland.*[208] Die beiden Autoren, die an entscheidenden Stellen dieser Entwicklung mitgewirkt haben, verstehen es, ihre These, »indessen wird jeder lernen müssen, mit der Kernenergie zu leben«, faktenreich zu illustrieren. Der eine, Karl Wirtz, ein führender Reaktorwissenschaftler, ist Veteran schon des im 2. Weltkrieg gescheiterten Versuchs deutscher

Physiker, einen Atomreaktor zu entwickeln; der andere, Karl Winnacker, ehemaliger Vorstandsvorsitzender der Farbwerke Hoechst, war Mitglied aller deutschen Atomkommissionen bis zu ihrer Auflösung im Jahr 1969.

»Was erreicht wurde«, resümieren nach zwanzigjähriger Zusammenarbeit der Forscher und der Industriemanager, »ist ein Beispiel zielstrebiger und weltoffener Wissenschaftspolitik, die in unserer jungen demokratischen Gesellschaftsordnung erst einmal hat gehen lernen müssen. Staat und Gesellschaft, Wissenschaft und Wirtschaft haben zusammengefunden.«

Formell begann dieses Zueinanderfinden mit Gründung des deutschen Atomministeriums im Herbst 1955, dessen Leitung Franz Joseph Strauß übernahm. Die informellen Versuche deutscher Physiker, die durch den verlorenen Krieg unterbrochene Reaktorforschung wiederaufzunehmen, gingen jedoch bereits zu Beginn der fünfziger Jahre vom Göttinger Max-Planck-Institut für Physik aus, an dem auch Wirtz arbeitete: Auf Anregung der Wissenschaftler brachte Adenauer den Wunsch nach einem Versuchsreaktor schon in die EWG-Verhandlungen ein. Nach Eisenhowers berühmter »Atoms for Peace«-Rede von 1953 unternahm, angeregt durch die Max-Planck-Gesellschaft, Wirtschaftsminister Erhard einen neuen Vorstoß, von den Siegermächten die Erlaubnis zu dem bereits seit 1952 durch drei bundesdeutsche Fachkommissionen – eine davon unter Leitung von Wirtz – vorbereiteten Einstieg in den Reaktorbau zu erhalten. Doch erst im Mai 1955 war nach Abschluß der Pariser Verträge die Bundesrepublik auch auf diesem Gebiet nicht mehr durch das Verbot der Siegermächte gebunden.

Im gleichen Jahr bekundete Winnacker als Vorstandsvorsitzender der Farbwerke Hoechst vor dem Aufsichtsrat der *Physikalischen Studiengesellschaft* das Interesse der deutschen Wirtschaft, durch Entwicklung der Nukleartechnologie die eigene Energieversorgung zu sichern und sich darüber hinaus neue Absatzmöglichkeiten zu erschließen, bis hin zur Lieferung ganzer Kernkraftwerke:

»Die deutsche Öffentlichkeit«, so verlangte er 1955, »muß sich darüber klar sein, daß hierfür große Mittel aufzuwenden sind. Man kann diese Aufgabe nicht dadurch abwälzen, daß man erklärt, die Industrie müsse diese Mittel auftreiben. Die Öffentlichkeit und der Staat haben die Aufgabe, die grundsätzlichen Voraussetzungen für Forschung und Lehre auf diesem Gebiet zu schaffen. Die Industrie wird ihre Mithilfe nicht versagen. Es ist aber nicht so, daß die Industrie hier unmittelbar verwertbare Ergebnisse erwarten könnte und sie deswegen bezahlen müßte.«

Um dieser Zusammenarbeit zum Wohl der Allgemeinheit eine organisatorische Basis zu geben, durch die der Fluß der zwanzig Milliarden öffentlicher Gelder kanalisiert werden konnte, die in den folgenden zwei Jahrzehnten in diese Forschungs- und Entwicklungsarbeit gesteckt wurden, schuf man im Herbst 1955 das Atomministerium. Als wichtigstes Beratungsgremium war ihm die *Deutsche Atomkommission* zugeordnet: »Männer der Wirtschaft (15), der Wissenschaft (8), des öffentlichen Lebens (der Minister, ein Staatssekretär und 2 Gewerkschaftsvertreter), die zu diesem politischen, wissenschaftlichen und wirtschaftlichen Thema etwas beitragen können«, sollten, wie Winnacker und Wirtz berichten, »Gewähr dafür bieten, daß unerläßliche Hilfsmittel verfügbar gemacht werden konnten«.

»Jedes Mitglied (der Atomkommission) verpflichtete sich durch Handschlag in einem Gentleman's Agreement, über alle Verhandlungsgegenstände Schweigen zu bewahren«, denn nur so »war bei den Entscheidungen, die mit den Ministerien vorbereitet wurden, hinreichende Diskretion sicher.«

Und Diskretion war notwendig. Denn zu den ersten Aufgaben der Atomkommission gehörten, wie wir heute, zwanzig Jahre später lesen: die Vorbereitung eines Gesetzes über die Verwendung der Kernenergie, eines Gesetzes über den Schutz der Bevölkerung vor Strahlenschäden, die Ausarbeitung eines Schwerpunkt-Forschungs- und Entwicklungsprogramms, eines Koordinierungsprogramms, um den erforderlichen Bedarf an Atomwissenschaftlern, -ingenieuren und -technikern »sicherzustellen«, die planvolle Verwendung und Verteilung öffentlicher Gelder, internationale Zusammenarbeit auf dem Atomsektor – kurz die Grundlagen der heutigen Situation.

Aber auch die Öffentlichkeit wurde mit dem Instrument Öffentlichkeitsarbeit so rechtzeitig in die Probleme des Atomzeitalters eingewiesen, daß die heutigen Reaktionen den Verantwortlichen nachgerade irrational und reaktionär erscheinen. In den fünfziger und sechziger Jahren wurden folgende »naturwissenschaftliche und technische Vereine«, die zusammen mehr als hunderttausend Mitglieder hatten, mit atomarer Bewußtseinsbildung betraut: das *Deutsche Atomforum* mit Winnacker und Heisenberg an der Spitze, die *Deutsche Gesellschaft für Atomenergie*, der Verein *Atome für den Frieden*, die *Arbeitsgemeinschaft Kerntechnik* und die *Physikalische Studiengesellschaft*.

Den Bemühungen dieser Organisationen, in denen sich Vertreter von Wissenschaft, Wirtschaft und Publizistik zusammenfanden, verdanken wir, wie Winnacker und Wirtz zufrieden feststellen, daß »im Laufe der Zeit« auch die Presse zu einer »recht sachlichen Berichterstattung gelangte«. Ein vom *Deutschen Atomforum* gestifteter *Karl-Winnacker-Preis* sollte Journalisten und Publizisten auszeichnen, »die sich in Presse, Rundfunk oder in sonstiger Art der Berichterstattung für die Kernenergie besonders eingesetzt hatten«: »Ohne sie (die Presse) wäre die gesamte Arbeit für die Kernenergie, besonders die Beschaffung der staatlichen Mittel, gar nicht möglich gewesen.«

Dank Winnacker und Wirtz braucht nun das »unverstandene Wunder« nicht mehr nur geglaubt zu werden. Es wird verständlich. Die Nuklearlobby verstand es, die staatliche Forschungs- und Wirtschaftspolitik ihrem Programm zu verpflichten. Mit dem zukünftigen Energiebedarf oder den Arbeitsplätzen, die heute zur Debatte stehen, hatte das zunächst wenig zu tun, selbst wenn die Entscheidungen sich auf Wirtschaftsgutachten stützten, die zehnjährige Verdoppelungsraten des Energiebedarfs voraussagten.

Die Wirtschaftsprognosen, denen zufolge der Energiebedarf ständig weiter wächst, erwiesen sich als richtig. Ebenso die Voraussagen von Wissenschaftlern, Industriemanagern und Politikern, daß Atomenergie eines Tages die einzige Alternative zu fossiler Energie sein würde. Es waren Prophezeiungen, die sich selbst erfüllen mußten. Mit der Aussicht auf Kernenergie war es nicht mehr notwendig, rechtzeitig für alternative Techniken zu sorgen.

Als zu Beginn der siebziger Jahre der damalige Forschungsminister von Dohnanyi vorschlug, Alternativprogramme einzuleiten und Entwicklungsprojekte auf den Sektoren Sonnen-, Gezeiten- und Windenergie in den Vordergrund stellen wollte, stieß er auf den Widerstand der im Ministerium fest etablierten Kernlobby: »Das Haus sagte damals, das ist alles Unsinn, für Deutschland kommt nur die Kernenergie in Frage«, erklärte er 1977 in der Zeitschrift *bild der wissenschaft.*[209]

Ein Überangebot an billiger fossiler Energie und die Aussicht auf die problemlos dargestellte Kernenergie schufen erst verschwenderische Formen von Produktion und Konsum, die heute mit entscheidender Verspätung doch wieder abgebaut werden müssen. Nun aber erweisen sich die investierten Mittel und die geschaffenen Abhängigkeiten – gebundenes Kapital und Arbeitsplätze – als die größten Hindernisse.

Eine weitblickende Forschungspolitik, die sich ihre Ziele nicht von einseitigen Interessen diktieren läßt, hätte frühzeitig das Problem aufgreifen müssen, andere, weniger expansive und verschwenderische Techniken zu entwickeln, Energie zu erzeugen und zu verbrauchen. Ein beschränktes Energieangebot hätte einen starken innovativen Druck ausgeübt.

Wirtschaftliche Stagnation würde nicht drohen, wären nicht in den fünfziger und sechziger Jahren die Grundlagen der heutigen Abhängigkeit geschaffen und alternative Wege systematisch blockiert worden. Wirtschafts- und Gesellschaftspolitik hätten sich Jahrzehnte früher auf das Problem sowohl ökologisch als auch politisch begrenzt verfügbarer Ressourcen einstellen müssen. Andere Produktions- und Konsumformen hätten zu einer anderen Lebensweise geführt, und soziale Veränderung hätte wirtschaftlich-technische Expansion ersetzen müssen.

Auch der Computer, so erklärt Weizenbaum, erzeugt selbst den größten Teil des Bedarfs, den er zu befriedigen vorgibt. Der Elektronenrechner beeinflußt die Entwicklung der Gesellschaft in einer Richtung, die nur ihm gemäß ist. Daß er verfügbar war, »machte aus ihm die Hilfsquelle, die für das Überleben der Gesellschaft *in der Form* wesentlich war, zu deren Gestalt der Computer als Instrument selbst beigetragen hatte«.

Was die Verbreitung des Computers so förderte, seine gegenüber den menschlichen Fähigkeiten soviel größere »interne Geschwindigkeit«, erlaubt Verwaltungs- und Rechenabläufe zu erfassen, die ohne ihn innerhalb der Grenzen der menschlichen Fähigkeiten hätten verändert werden müssen. Ohne Computer wäre durchaus nicht Chaos ausgebrochen. Der Computer kam gerade noch rechtzeitig, schreibt Weizenbaum, »um gesellschaftliche Strukturen intakt zu erhalten – sie sogar noch abzuschotten und zu stabilisieren –, die andernfalls entweder radikal erneuert worden, oder unter dem Druck der Forderungen ins Wanken geraten wären, die man unweigerlich an sie gestellt hätte«.[210]

Die Angst der anderen

Ist, wie eine wachsende Zahl von Menschen fordert, Verzicht auf Veränderung Antwort auf die vielfältigen Bedrohungen durch die immer umfassender werdende Technisierung ihres Lebens? Beharren auf dem Althergebrachten, nur weil es weniger gefährlich oder natürlicher erscheint? Haben diejenigen recht, die die Gefahr in *der* Technik sehen, die Menschen in lebensbedrohende Abhängigkeiten bringe, die *den* Menschen versklave?

Hilft der von der Gegenseite gespendete Trost, daß wie jedes andere Ding auch die Technik ihre guten und schlechten Seiten habe, und man eben auch die Risiken und Abhängigkeiten in Kauf nehmen müsse, um die Vorzüge zu genießen? Etwa, wie Freeman Dyson vom *Institute for Advanced Study* zur Unterstützung der Biologen zu verlangen, man solle die Risiken des Arbeitens mit neukombinierter DNA akzeptieren, weil dies die einzige Möglichkeit sei, ein entscheidendes Menschheitsproblem zu lösen:

»Ich verniedliche nicht die Gefahren. Ich sage nur, laßt nicht die hungernden Millionen außer acht, wenn wir die Gefahren gegen die Segnungen abwägen. Es ist vielleicht nicht unverantwortlich, sondern ein Akt erleuchteten Mutes, wenn wir uns dem Risiko verheerender Epidemien aussetzen, um die Mittel zu schaffen, einige hundert Millionen unserer Mitmenschen aus der Erniedrigung durch Armut zu befreien.«[211]

Oder hilft es, mit David Baltimore zu polemisieren: »Wie sehr brauchen wir neukombinierte DNA? Gut, wir kommen ohne sie aus. Wir haben mit Hunger, Viren und Krebs gelebt, und wir können es weiter tun!«[212]

Sind das Alternativen? Genmanipulation oder Viren? Genmanipulation oder Krebs? Genmanipulation oder Hunger?

Wäre die Bekämpfung des Hungers auf der Welt ein vorrangiges Ziel der Industriestaaten, so gäbe es schnellere und sicherere Lösungen, als ungedeckte Wechsel auf Neue Biologie auszustellen. »Das Problem des Hungers hat politische, nicht technische Ursachen«, stellt der Biologe Ethan Signer fest, »und es wird uns begleiten, bis es eine politische Lösung geben wird. Menschen sind hungrig, aber nicht weil Forschung auf dem Gebiet von *genetic engineering* unterbleibt.«[213]

Paradefall ist die Grüne Revolution, die einst als Sieg über den Hunger auf der Welt gepriesen wurde. Sie hat zwar die Ernteerträge absolut gesteigert, aber vor allem dort, wo ohnehin kein Mangel herrschte: Zwischen 1953 und 1973 stieg die pro-Kopf Produktion an Getreide in den reichen Ländern von 458 auf 678 Kilogramm, in den unterentwickelten Regionen dagegen stagnierte sie zwischen 216 und 224 Kilogramm.[214] Und während die Statistiken verkünden, selbst Indien habe 1977 eine Rekordernte gehabt, verrecken in den Elendsquartieren der Großstädte weiter die Menschen an Hunger und Mangelerscheinungen. Ursache ist nicht das Fehlen von Technik, sondern von Geldern und von gesellschaftlicher und politischer Veränderung.

Wäre die Bekämpfung des Krebs ein vorrangiges gesellschaftliches Ziel, erklärt Jonathan King, Biologieprofessor am MIT, so sollte man damit beginnen, die Ursachen zu bekämpfen. Dafür aber würde es keines weiteren biologisch-medizinischen Fortschritts bedürfen. Solange mehr als Dreiviertel aller Krebsfälle durch die Umweltbedingungen, die Arbeitsweise und die Art, wie einer lebt, hervorgerufen wird, sollte man hier mit der Vorbeugung beginnen, anstatt mit problematischen und ungewissen Therapien zu spekulieren.[215]

Die Alternative »›Wissenschaft und Technik‹ oder ›Elend und Krankheit‹« ist gleichermaßen unsinnig, ob man sie aus der einen oder der anderen Richtung betrachtet. Zudem wollten Signer und King nicht den Fortschritt ihrer Wissenschaft bremsen, nur *weil* er zur Lösung von Problemen beitragen könnte, die politische und nicht technisch-wissenschaftliche Ursachen haben.

Die überstrapazierten Alternativen von Hunger oder Forschung, Elend oder Forschung, Krankheit oder Forschung usw. sind Scheinalternativen. Und auch die, die öffentlich mit ihnen operieren, kehren in ihre Labors zurück, um sich an ganz anderen Zielen zu orientieren. Hier stehen nicht mehr die Bekämpfung des Hungers auf der Welt, von Mangel und Elend, Krankheit und Tod auf dem Programm, sondern interessante Forschung und Gewinn, Anerkennung und Karriere.

Oberflächlich sichtbare und im öffentlichen Bewußtsein verankerte Probleme werden hergenommen, um diffuse Akklamationsbereitschaft zu erzeugen. Und in diesem Nebel, mit dem in der Öffentlichkeit systematisch jedes kritische Bewußtsein für die spezifischen Probleme und Möglichkeiten einer Technik ausgeschaltet wird, verfolgen die Eingeweihten Projekte, die, wie ich im folgenden zeigen werde, sich vor allem an ihren eigenen Interessen orientieren. Eines Tages wird ein Teil dieser Projekte wieder aus dem Dunst auftauchen, und *man* wird plötzlich die Forderung stellen, sie sollten im Interesse der Allgemeinheit, um des Fortschritts willen, der internationalen Konkurrenzfähigkeit der einheimischen Wirtschaft wegen etc. verwirklicht werden.

Ein großer Teil des gegenwärtigen Widerstands gegen *die* Technik und jene »Wissenschaftsfeindlichkeit«, die sich – für viele Wissenschaftler völlig unverständlich – unter der Bevölkerung breitmacht, richten sich in Wirklichkeit weder gegen Wissenschaft noch gegen Technik, sondern gegen die, die sie betreiben. Der Widerstand gegen die als erdrückend empfundene Übermacht *der* Technik ist in Wirklichkeit Widerstand gegen die Kräfte, die es sich zum Geschäft machen, ihre Interessen zu Zielen der Allgemeinheit zu erklären, und die über die Macht verfügen, dies durchzusetzen. Der Widerstand artikuliert sich jedoch unpolitisch, weil ihm zuvor in der »ethischen« Vernebelung des öffentlichen Bewußtseins die

Grundlage entzogen worden ist. Wer ist schon dagegen, daß der Hunger auf der Welt besiegt oder Krankheit und Seuchen ausgerottet werden? Wie und zu welchem Zweck diese Projekte realisiert werden, wird nicht mehr gefragt, man scheint ihnen ausgeliefert zu sein wie einer Naturgewalt.

Ohnmacht, einer Veränderung ausgesetzt zu sein, die man weder technisch überschauen noch politisch beeinflussen kann, wird zur Angst vor der Übermacht *der* Technik: Angst vor Radioaktivität, vor atomaren Katastrophen oder vor neuartigen Seuchenerregern. Und dieser diffuse, unpolitische Widerstand gegen Technik trägt bereits Resignation zum Vorzeichen. Denn er orientiert sich so technizistisch wie das, wogegen er sich sträubt und begründet damit erst den Führungsanspruch des Technokraten. Dieser kann zwar nicht die Angst ausräumen, doch immerhin als haltlos hinstellen: Er vergleicht Risiken. Risiken, mit denen sich die Gesellschaft abgefunden hat, werden zu Präzedenzfällen erklärt. Und wer müßte nicht zugeben, daß angesichts der zigtausend Toten, die der Automobilverkehr jährlich fordert, gegenüber der nur in Megatoten und overkill-Kapazitäten kalkulierbaren Bedrohung durch die thermonuklearen Vernichtungspotentiale der Großmächte, jede andere Bedrohung verblaßt.

So wundert sich, in seinem politischen Resümee einer Risikoberechnung für die Entstehung einer neuen, künstlich geschaffenen Seuche, der britische Biologe Robin Holliday über »das Ausmaß von Besorgnis, das in einer Welt erzeugt wurde, in der weit größere Gefahren jedermann beunruhigen müßten«.[216]

Ähnlich verweist Paul Berg auf »gewisse Risiken«, die mit »unserem täglichen Leben, gesellschaftlichen Entscheidungen und Handlungen des Staates« verbunden sind: »Gleichermaßen kann auch die Suche nach neuem Wissen nie risikofrei sein.«[217]

Und Peter Hans Hofschneider weist die 109. Versammlung der traditionsreichen Gesellschaft deutscher Naturforscher und Ärzte darauf hin, daß Leben stets hieße, Risiken einzugehen: »Aber kein Risiko kann gleich Null gemacht werden. Es sieht so aus, als ob der heutige Mensch das Risiko mehr fürchtet als die Sünde. Die Sünde ist vielleicht vermeidbar, das Risiko aber sicher nicht, wenn man leben will.«[218]

Doch zu *welchem* Zweck werden Risiken eingegangen? Für *wen* ist *welches* Risiko annehmbar? Nach welchen Kriterien kann die *Annehmbarkeit* von Risiken überhaupt festgestellt werden? *Wer* zieht den Nutzen daraus?

Die Freiheit der Forscher

Ein wissenschaftlicher Wettlauf hat begonnen, der Züge eines kalifornischen *gold rush* annimmt. Ziel ist, tierische oder menschliche Gene in Bakterien zu überführen, um die Bakterien zu zwingen, Produkte für den Arzneimittelmarkt herzustellen.

Eine wichtige Zwischenstufe dieses Wettlaufs wurde im Mai 1977 erreicht. Auf einer Pressekonferenz gaben, Wochen bevor die Arbeit in der Fachliteratur erschien, mehrere Wissenschaftler der Universität von Kalifornien eine »Weltsensation« bekannt: Es sei ihnen gelungen, das Insulin-Gen von Ratten in E.coli-Bakterien zu überführen.

Die beiden Chefs des Forscherteams, Howard Goodman und William Rutter versprachen den versammelten Journalisten (ziemlich voreilig, wie sich später zeigte), in einem halben Jahr würden ihre Bakterien auch gelernt haben, Insulin herzustellen und das fremde Gen nicht nur ungenutzt zu reproduzieren. Ab 1982 könnte man mit bakterieller Produktion menschlichen Insulins rechnen.

Ihren enormen Publizitätseffekt (der deutsche Wissenschaftsjournalist v. Randow verriet den Lesern der *Zeit*, über den nächsten Medizinnobelpreis dürfte es keine Diskussion mehr geben, würden die Ergebnisse der Kalifornier bestätigt) nutzten die Wissenschaftler, um Politik zu machen: »Diese Experimente mit Insulin heben den Nutzen gegenüber den Risiken hervor«, erklärten sie den anwesenden Journalisten. Gesetze zur Kontrolle des *genetic engineering*, über die in dieser Zeit in Washington noch verhandelt wurde, würden einen »gefährlichen *anti-intellektuellen* Präzedenzfall schaffen«. Die Botschaft verhallte nicht ungehört: das große Nachrichtenmagazin *Time* vermutete, »der neueste Triumph der Genforschung könnte die Aktionen des Kongresses beeinflussen«.[219]

Nach dem Erfolg der Insulingruppe an der Universität von Kalifornien im Mai 1977 glaubte eine andere Gruppe unter Walther Gilbert in Harvard, die sich mit ihrem eigenen Insulin-Projekt zeitweilig sogar im Vorsprung gewähnt hatte, allen Grund zur Verbitterung zu haben. Das Eingreifen der Stadtverwaltung von Cambridge, Veluccis politische Manöver, so lautete eine Legende unter Wissenschaftlern, habe das Harvard-Insulinteam behindert.[220]

Im Herbst 1977 brachte dann ein Artikel von Nicholas Wade in *Science* Licht in diese traurige Affäre: »NIH-Regeln im Insulin-Gen Projekt gebrochen«, und zwar vom »siegreichen Team« an der Universität von Kalifornien in San Francisco.

In nur drei Wochen, der Zeit von der offiziellen Freigabe des entscheidenden Plasmids, mit dem das Insulin-Gen in die Bakterien übertragen wurde, bis zu ihrer Pressekonferenz, mußten den kalifornischen Wissenschaftlern eine Reihe sehr komplizierter Versuche geglückt sein. Bereits im Mai 1977 hatten einige ihrer Kollegen bezweifelt, ob alles mit rechten Dingen zugegangen war.

Der böse Verdacht erhärtete sich, als bekannt wurde, daß die kalifornischen Wissenschaftler zeitweilig ein anderes, von der NIH noch nicht freigegebenes Plasmid benutzt hatten. Das freilich, erklärten sie, sei auf ein unschuldiges Mißverständnis zurückzuführen. Als sie das Versehen bemerkten, hätten sie das Produkt sofort vernichtet. Für den raschen Erfolg mit dem zugelassenen Plasmid machten sie eine außergewöhnliche *Glückssträhne* verantwortlich.

Andere Wissenschaftler hatten jedoch beobachtet, daß die Mitglieder des Insulinteams am Institut für Biochemie und Biophysik an der Universität von Kalifornien unter ungewöhnlicher Geheimhaltung gearbeitet hatten: »Die Leute hörten auf zu reden, wenn man in den Raum kam, oder begannen das Thema zu wechseln, wenn man sich mit ihnen über den Verlauf des Insulinprojekts unterhalten wollte«, verriet der Biochemiker Brian MacCarthy dem Journalisten Wade. Im Laborbuch für die Benutzung des vorgeschriebenen Sicherheitslabors fehlten merkwürdigerweise die sonst üblichen Eintragungen über die Versuche mit dem noch nicht zugelassenen Plasmid pBR 322. Die Leiter des Insulinteams erklärten den Regelverstoß mit Mißverständnissen und Verständigungsschwierigkeiten.

Doch Herbert Boyer, der am gleichen Institut mit ähnlichen Projekten befaßte Entdecker und Lieferant des umstrittenen Plasmids gibt an, die Mitglieder des Insulinteams nie im Zweifel über den Status des Plasmids gelassen zu haben. Er habe ihnen, als sie ihn mehrmals gefragt hätten, stets erklärt, es sei noch *nicht* freigegeben worden.[221]

Die Affäre wäre bloß Institutsklatsch, wichtig allenfalls für die NIH-interne Kriminologie, würde sie nicht ein Licht auf eine neue Abhängigkeit werfen. Diese Abhängigkeit wird von einzelnen Forschern eingeführt und schafft Bedingungen, denen sich eine wachsende Anzahl von Wissenschaftlern unterwerfen wird. Denn Wettbewerb prämiiert nicht Charakter sondern Ergebnisse. Wo es um Schnelligkeit geht, bleibt nicht nur Sicherheit auf der Strecke. So drohen große Teile eines neuen Forschungsgebiets von diesem Erfolgsstrudel mitgerissen zu werden.

Auf dem Spiel steht mehr als wissenschaftliche Prioritäten. Boyer und die Mitglieder des Insulinteams konkurrieren nicht nur um wissenschaftliche Ehren. »Der Kapitalismus hat seine Nase in die Labors gesteckt und vergiftet die persönlichen Beziehungen«, berichtet der Mikrobiologe David Martin von der Universität von Kalifornien, an der die gegenwärtig erfolgreichsten Geningenieure arbeiten.[221]

Sowohl Boyer als auch Mitglieder des Insulinteams haben inzwischen Firmen gegründet, um ihre Ergebnisse zu verwerten: letztere das *California Institute for Genetic Research*, Boyer die Firma *Genentech Inc.*[221]

Partner und Finanzier in Boyers 1976 gegründeter Firma ist Robert A. Swanson, Vertreter eines auf spekulative Kapitalanlage spezialisierten Unternehmens, *Kleiner & Perkins*: »Unsere Strategie ist, uns nur auf neukombinierte DNA zu konzentrieren, Produkte herzustellen und an große Unternehmen der medizinischen, pharmazeutischen und anderer Branchen zu verkaufen«, erklärt Swanson anläßlich der Vorstellung von Boyers Somatostatinerfolg der Presse.

Genentech Inc., von kapitalkräftigen Partnern wie dem International Nickel Konzern unterstützt, hatte das Somatostatinprojekt finanziert, das Boyer an der Universität von Kalifornien in San Francisco und Arthur Riggs am City of Hope Medical Center in Los Angeles gemeinsam durchführten. Als nächstes Produkt dieser Vereinigung von Geist und Spekulationskapital steht Insulin auf dem Programm, ein weitaus komplizierteres aber auch lukrativeres Projekt als Somatostatin. Im Gegensatz zu Somatostatin, für das ein Markt erst noch geschaffen werden muß, könnte bakteriell hergestelltes Insulin auf einen bereits bestehenden 100-Millionen-Dollar-Markt geworfen werden.

An Geldern für die mit Spekulationskapital finanzierte Forschung ist offenbar kein Mangel. »Unsere Investoren haben tiefe Taschen«, versichert Swanson, der dreißigjährige Präsident von Genentech im Wirtschaftsmagazin *Business week.* Die erwarteten immensen Gewinne, an denen Forscher, Universitäten und ihre Kapitalgeber gleichermaßen beteiligt werden, machen den Einsatz lohnend.

Ihre Erwartungen werden wohl nicht enttäuscht. Sowohl Boyer als auch Swanson verstehen sich auf ihr Geschäft und werden weder Zeit noch Geld verschwenden, um zu entwickeln, was man in Pharmakreisen »ethische Präparate« nennt: Arzneimittel, die zwar dringend gebraucht werden, aber einen verschwindend kleinen Markt haben: Swanson versichert, »missionarisches Marketing« gehöre nicht zu Genentechs Geschäft, und Boyer sekundiert: »Das Gebiet öffnet sich nun rasch und wir haben die Flexibilität hineinzustoßen.«[222]

Vor einem Untersuchungsausschuß des amerikanischen Senats prognostiziert 1977 der Präsident der kalifornischen *Cetus Corporation*, einer auf mikrobielle Produktionstechniken spezialisierten Firma, die nun auch Genmanipulation aufgreift, daß »wissenschaftliche Durchbrüche auf diesem Gebiet schneller erfolgen werden, als manche Leute denken. Das Tempo läßt sich nicht bremsen. Unabhängig von Gesetzgebung und Kontrollen wird es irgendwo auf der Welt weitergehen. Wir sind überzeugt, daß es 1978, 1979 oder in den achtziger Jahren viele aufregende wissenschaftliche Entwicklungen geben wird.«[223]

Zu den wissenschaftlichen Beratern der Cetus Corporation gehören Joshua Lederberg, seit Asilomar Gegner jeder Reglementierung der Genübertragung, und Stanley Cohen, einer der Entdecker von Genmanipulation, dem nach Ansicht eines Cetus-Vizepräsidenten »heute heißesten Gebiet in der Biologie«.[224]

Denkschallmauern und Interessen

Ende 1977, vier Jahre nach der Entdeckung der neuen biologischen Technik, unterhalten allein in den Vereinigten Staaten 10 Unternehmen eigene Genübertragungsprojekte: Neben der Neugründung *Genentech*, der sechs Jahre alten *Cetus Corporation*, an der seit 1977 – dem Jahr in dem *genetic engineering* »heiß« wurde – auch die Standard Oil Co. beteiligt ist, und General Electric, sind es die großen Pharmakonzerne *Hoffmann-La Roche, Upjohn, Merck, Sharpe & Dohme, Pfitzer, Eli Lilly & Co, Miles Laboratories* und *Abbot Laboratories*.[225]

In Großbritannien investierte der Chemiekonzern *I.C.I.* als eines der ersten Unternehmen in Genmanipulation und versicherte sich der Expertise des britischen Wissenschaftlers Kenneth Murray von der Universität Edinburgh. In der Bundesrepublik forschen, mit Millionenbeträgen aus dem Ministerium für Forschung und Technologie unterstützt, zwei der größten Arzneimittelhersteller auf dem Sektor Genübertragung: *Schering AG* und *Boehringer Mannheim*. Über die Subventionierung eines Projektes der *Farbwerke Hoechst* wurde im Frühjahr 1978 noch verhandelt.[226] Akuter Bedarf an bestimmten Präparaten, die nur auf diese Weise hergestellt werden könnten, ist vorläufig nicht ausschlaggebend. Die Produkte, die nun durch genverändernde Bakterien erzeugt werden sollen, können auch anders gewonnen werden: Insulin etwa, das meistgenannte Medikament, aus den Kadavern von Schlachttieren.

Ein Prospekt der Cetus Corporation bestätigt: »Es ist noch recht schwierig, eine wirklich wichtige medizinische oder industrielle Anwendung zu finden, für die es überhaupt wichtig ist, daß wir den genetischen Code kennen.« Dennoch soll »eine ganz neue Industrie« geschaffen werden, die sich zunächst auf Probleme und Produkte konzentrieren könnte, »die am leichtesten lösbar sind . . . und das beste Kosten-Nutzen-Verhältnis versprechen«.[227]

Ein Prospekt der Boehringer Mannheim GmbH vergleicht die Bedeutung von Genmanipulationen für die Biologie mit der Kernspaltung für die Physik. Das mit mehr als 2 Millionen öffentlicher Gelder subventionierte Projekt des Unternehmens wird jedoch nur mit Kostenreduzierung gegenüber einem traditionellen Verfahren begründet.[228]

Bei Schering erteilt man bereitwillig Auskunft über den Zweck des ebenfalls aus Bundesmitteln subventionierten Projekts »Untersuchungen zur Gewinnung von speziellen animalischen und humanen Proteinen aus Mikroorganismen durch Genübertragung«. Die Versorgung mit Insulin, einem der möglichen Produkte dieses Genübertragungsprogrammms, sei gegenwärtig auch konventionell sicherzustellen.

Entscheidend ist nicht ein akuter Bedarf, sondern der Wunsch eines führenden Arzneimittelherstellers, bei der Entwicklung einer so grundlegenden Technik von Anfang an dabeizusein. Ziel von Schering ist, so erklärt der zuständige Forschungsleiter Professor Gerhards bereitwillig, Erfahrungen zu sammeln, Personal in neuen Arbeitstechniken zu schulen und eine bestehende Informationslücke zu den auf dem Sektor mikrobieller Produktion führenden amerikanischen und japanischen Unternehmen zu schließen. Es gilt, versichert Professor Gerhards, die Arbeitsplätze für die Zukunft zu sichern.[229]

Im früher erwähnten Gutachten über die Umweltbelastungen, dem »environmental impact statement«, führt die NIH folgenden Katalog von Arzneimitteln und biochemischen Wirkstoffen an, die nach Ansicht führender Wissenschaftler aus der Industrie eines Tages mit Hilfe genetisch umkonstruierter Mikroorganismen hergestellt werden *könnten*: Insulin – Wachstumshormon – Gerinnungsfaktor für die Behandlung von Bluterkranken – spezifische Antikörper und Antigene gegen Infektionskrankheiten, Störungen der Immunabwehr und Allergien – bestimmte Enzyme zur Behandlung von Embolien – enzymatische Produktion von Steroidhormonen, Vitaminen oder anderen Wirkstoffen bis hin zu Nahrungsmitteln wie Käse.[230]

Diese Liste denkbarer Produkte enthält zweifellos wichtige Medikamente. Andere Anwendungsmöglichkeiten können sich erst zeigen, wenn die Technik weiterentwickelt sein wird. Soweit man das jedoch gegenwärtig überblicken kann, befindet sich unter den möglichen Produkten keines, das einem akuten Notstand abhelfen würde. Der unmittelbare Druck, diese Technik zu entwickeln und einzusetzen, noch bevor ihre Konsequenzen erforscht, durchdacht und diskutiert worden sind, geht daher weniger von einem feststellbaren Bedarf der Allgemeinheit aus als von der Initiative und den Interessen einzelner Wissenschaftler und Unternehmer.

Dieser Innovationsmechanismus ist Normalfall in einer kapitalistischen Wirtschaft. Doch es geht um mehr als die Verbilligung bestehender Produktionstechniken oder die Synthese neuer Arzneimittel. Zur Diskussion stehen Verfahren, die sich neugeschaffener Lebewesen in großen Mengen bedienen. Auf dem Spiel steht nichts Geringeres als die Zukunft des Lebens auf der Erde.

In einer von der amerikanischen Weltraumbehörde NASA unterstützten Untersuchung, »Anwendung von Gen- und Zellmanipulation auf landwirtschaftliche und industrielle Probleme«, kommt eine Gruppe von fünf amerikanischen Biologen, Sozial- und Wirtschaftswissenschaftlern zu dem Ergebnis, daß gerade dieses Gebiet mikrobieller Produktionstechniken im Gegensatz zu spektakulären Vorstellungen über genetische Umkonstruktion von Menschen sehr wenig beachtet wird: »Ein großer Teil der Mittel kommt aus der Privatwirtschaft. Daher werden Durchbrüche auf diesem Gebiet sehr viel schneller erfolgen als direkte Anwendung beim Menschen und sie können unvorhersehbare Konsequenzen haben, die einen weiten Bereich von Werten und gesellschaftlichen Systemen berühren werden.«[231]

James Danielli, einer der an dieser Studie beteiligten Biologen, gibt an, daß entwickeltes *genetic engineering* die evolutionäre Entwicklung von Lebewesen um einen Faktor von hundert Millionen zu beschleunigen erlaubt. Auch gegenüber den heutigen fortgeschrittenen Züchtungstechniken bedeutet das einen Sprung um eine Größenordnung von etwa zehntausend.[232]

Die Gruppen, die über dieses Potential verfügen, legitimieren sich jedoch durchaus konventionell. Betriebswirtschaftliche Gesichtspunkte wie die Verbesserung bestehender Produktionstechniken, Verbilligung von Rohstoffen, Synthese neuer Wirkstoffe, entscheiden darüber, ob genetisch veränderte Organismen in großen Mengen hergestellt und für die Produktion eingesetzt werden sollen. Für die Grundlagenforschung ist die

Technik der Neukombination von DNA ohnehin nichts anderes als ein nützliches Instrument, mit dem beliebige Probleme untersucht werden können. Allein Zweckmäßigkeit bestimmt, ob genetisch veränderte Bakterien hergestellt werden oder nicht. Die Technik ist neu und stellt bestimmte Probleme, verlangt jedoch keine prinzipiell neuen Entscheidungen:

»Ich sehe das alles nicht als wichtige ethische oder moralische Frage«, erklärt Paul Berg, »sondern als Problem der öffentlichen Gesundheit.« Stanley Cohen beruft sich sogar auf eine zehntausend Jahre alte menschliche Tradition: ». . . Der Mensch hat schon seit langer Zeit den Verlauf der Evolution verändert, und die biologische Evolution wird noch immer vom Menschen beeinflußt. Die Domestizierung von Tieren, die Kultivierung von Erntepflanzen verschaffte bestimmten biologischen Arten einen ›unnatürlichen‹ Vorteil und stellte folglich eine Störung der Evolution dar.«[233]

Peter Hans Hofschneider erkennt hinter dem Widerstand gegen die Verbreitung der neuen biologischen Techniken eine »Denkschallmauer«. Eine ähnliche Denkschallmauer sei 1828 durchbrochen worden, als der Chemiker Wöhler ein Produkt künstlich herstellte, das nach dem Glauben der Zeit nur von lebenden Organismen erzeugt werden konnte: Harnstoff. Und im Geiste von Wöhler, so ruft Hofschneider auf, sollten wir die Denkschallmauern unserer Zeit durchstoßen.[234]

Doch Wöhler fabrizierte eine Chemikalie. Die synthetische Biologie dagegen stellt Lebewesen her, die sich selbständig vermehren können. Die Veränderung gedachter Naturzusammenhänge ist etwas anderes als die der realen Natur. Suche nach wissenschaftlicher Erkenntnis unterscheidet sich grundsätzlich von der technischen Anwendung dieses Wissens. Und Interessen einzelner Gruppen sind nicht gesellschaftliche Interessen.

Tatsächlich müssen Denkbarrieren überwunden werden. Man muß erkennen, daß außer der Risikofrage, auf die das gesellschaftliche Problem *genetic engineering* von interessierten Wissenschaftlern eingeengt worden ist, zusätzlich Probleme ganz anderer Art entstehen, die sich eines Tages als sehr viel entscheidender erweisen können. Diese Fragen sind jedoch bisher bewußt ausgeklammert worden. Der Abschlußbericht der entscheidenden Konferenz von Asilomar führte sie noch als Erinnerungsposten. Der Forschungsminister in der Bundesrepublik erwähnt ihre fundamentale Bedeutung, verfährt jedoch so, als seien sie ausdiskutiert und entschieden worden.

Um zu verhindern, daß die einzelnen Stufen zwischen Forschung und großtechnischer Anwendung ganz einfach stillschweigend von den interessierten Gruppen übersprungen werden, gilt es, »Denkschallmauern« einzureißen und politische Schranken zu errichten. Diese Schranken dürfen erst gehoben werden, wenn die offenen Fragen auf einer breiten gesellschaftlichen Basis tatsächlich ausdiskutiert worden sind.

Übernatur

Die Nadel im Heuhaufen

Welches sind die entscheidenden wissenschaftlichen Hindernisse, die aus dem Weg geräumt werden müssen, bevor *genetic engineering* von der Wirtschaft oder Medizin eingesetzt werden könnte?

Der genetische Code wird durch die Reihenfolge der vier Nukleotide A, C, G, T im DNA-Molekül bestimmt. Es sind die »Signale«, die in 64 verschiedenen Dreierkombinationen den Einbau von zwanzig verschiedenen Aminosäuren in die Eiweißmoleküle steuern. Mehrere Dreierkombinationen kontrollieren ein und dieselbe Aminosäure: Die Aminosäure Lysin beispielsweise entspricht den Kombinationen A-A-A oder A-A-G auf der RNA, gleichgültig, ob sie in das Eiweißmolekül eines Menschen oder eines Bakteriums eingebaut werden soll: Das aber bedeutet, daß der genetische Code universal ist, also in einem sehr frühen Stadium der Evolution entstanden sein muß.

Die Produktion eines Eiweißmoleküls wird nicht direkt von der DNA gesteuert. Das wäre unmöglich, da die DNA selbst eines so einfachen Organismus wie E.coli 3000–4000 verschiedene Eiweißmoleküle kontrolliert, von denen ein großer Teil gleichzeitig hergestellt werden muß. Vielmehr wird auf ein bestimmtes Signal hin, das den Bedarf nach einem Eiweißmolekül anzeigt, von dem entsprechenden Teilstück auf der DNA eine Negativkopie in Form der sogenannten Matrizen-RNA angefertigt. Und erst diese m-RNA dient als Produktionsanweisung für den Aufbau des betreffenden Enzyms. Hergestellt wird das Eiweiß in den sogenannten Ribosomen, die man am ehesten mit automatisierten Werkzeugmaschinen vergleichen könnte, in die als Produktionsanweisung der »Lochstreifen« m-RNA eingeführt wird.

Wenn der genetische Code auch universal ist, unterscheiden doch viele Komplexitätsgrade das Genom der einzelnen Gruppen von Lebewesen: Das Genom der kleinsten Viren besteht aus etwa 10 Genen, das eines einfachen Bakteriums wie E.coli aus 3000–4000 und das menschliche schließlich aus rund 50000 Genen. Je nach Größe des von ihm kontrollierten Eiweißmoleküls setzt sich ein Gen aus weniger als hundert bis zu mehr als tausend A, C, G, T Nukleotiden zusammen. Man schätzt, daß die gesamte DNA jeder menschlichen Körperzelle aus mehreren Milliarden Nukleotiden zusammengesetzt ist. Diese Nukleotidenmenge würde für die zehnfache Zahl der vermuteten 50000 Gene ausreichen. Daher muß jedes einzelne Gen noch von der zehnfachen Menge von Nukleotiden umgeben sein, über deren Funktion man bisher nur spekulieren kann.

Von diesen 50 000 Genen, auf die man das menschliche Genom schätzt, ist nur ein Bruchteil erforscht: Im Oktober 1975 sollen es 150 gewesen sein.[235] Die verbleibenden 50000 unbekannten Gene – innerhalb der Schätzfehler wäre es sinnlos, auf 49 850 zu subtrahieren – liegen irgendwo auf einem von 23 Chromosomenpaaren verborgen, aus denen die Erbsubstanz *jeder* von zig-Milliarden menschlichen Körperzellen besteht. Die Verhältnisse bei höheren Pflanzen und Tieren sind zwar einfacher, für die bisherigen molekularbiologischen Untersuchungsmöglichkeiten jedoch ebenso unzugänglich.

Wegen ihrer Einfachheit, ihrer raschen Vermehrungsraten und vor allem wegen der Milliardenzahlen von Individuen, die mit geringem Aufwand auf engstem Raum gezüchtet werden können, waren Bakterien und Viren bisher die bevorzugten Untersuchungsobjekte der Molekularbiologen. Der Erfolg: Das aus wenigen Genen bestehende Genom eines Virus wie ∅X174 ist vollständig entschlüsselt (vgl. Abb. 5, S. 87), von den 3 000–4 000 Genen von E.coli, dem Haustier der Molekularbiologen, waren bis Oktober 1975 etwa 650 Gene auf dem Chromosom lokalisiert, entschlüsselt sehr viel weniger.[235] Das ist wenig, aber damit ist E.coli das gründlichst untersuchte aller Lebewesen.*

Eine entscheidende Frage ist, wodurch Gene ein- und ausgeschaltet werden. Denn selbst E.coli mit seinen mindestens 3 000 Genen wäre hoffnungslos überfordert, wenn es ständig alle Gene in Betrieb hätte, das heißt, ständig 3 000 Eiweißarten fabrizieren müßte. Bei differenzierten Lebewesen kommt ein weiterer Faktor hinzu: Es wäre nicht sinnlos sondern tödlich, wenn Gehirnzellen auch Insulin, und die Bauchspeicheldrüse die für neurale Vorgänge benötigten Enzyme und Hormone, Gefäßzellen auch die Faserproteine der Muskulatur herstellen würden: Denn die Entstehung höherer Lebensformen beruht auf einer Spezialisierung von Zellen und Organen in klar abgetrennte Funktionsbereiche, die erst auf höheren Ebenen als dem Zellstoffwechsel miteinander in Verbindung stehen. Der Bauch muß nicht an Nahrungsbeschaffung denken, sondern nur das Hungersignal an das Gehirn weitergeben, das den Organismus zu den entsprechenden Verrichtungen anleitet, ohne selber zu essen.

Zurück zu einzelligen Lebewesen: Bei ihnen verrichtet eine Zelle alle Lebensfunktionen und muß daher auch alle Stoffwechselreaktionen

* Viren haben keinen Stoffwechsel. Für die entscheidende Lebensfunktion »Vermehrung« benötigen sie den Stoffwechsel eines anderen Organismus, z. B. menschliche Zellen oder Bakterien. Aus diesem Grund werden sie hier nicht als Lebewesen bezeichnet.

durchführen können. Doch auch für E.coli oder jedes andere Bakterium wäre es verhängnisvoll, 3 000 bis 4 000 Gene ständig in Betrieb zu halten. Beispielsweise ist die Synthese des für den Abbau des Milchzuckers Lactose benötigten Enzyms ß-Galactosidase nur dann sinnvoll, wenn das Nährmedium auch Lactose enthält. Das entsprechende Gen wird je nach Bedarf an- und ausgeschaltet. Und das Signal dafür ist die An- und Abwesenheit von Lactose.

Dieses verhältnismäßig einfache Prinzip, nach dem Gene ein- und ausgeschaltet werden, wurde zuerst von Jacob und Monod erklärt. Im ausgeschalteten Zustand ist die Schaltstelle des Gens durch ein spezielles Eiweißmolekül blockiert, den sogenannten Repressor. Kommt Lactose in das Nährmedium, so verbinden sich einzelne Lactosemoleküle mit den Repressormolekülen, die sich damit von der Schaltstelle ablösen. Das freigegebene Gen tritt nun in Funktion. Nach dem bereits beschriebenen Verfahren stellt die Zelle das für den Abbau von Lactose benötigte Enzym ß-Galactosidase her.

Vermutlich werden ähnlich auch die Gene höherer Organismen an- und ausgeschaltet. Doch die Aufklärung dieses Schaltmechanismus steht noch bevor, eine Aufgabe, die erst durch die neuen biologischen Techniken möglich gemacht wurde.

Auch wenn dieses Problem gelöst sein wird, bleibt noch immer das weitergehende der Zelldifferenzierung: Alle die vielen Milliarden Zellen höherer Organismen gehen aus einer befruchteten Eizelle hervor. Während der Embryonalentwicklung entstehen aus dieser Zelle die unterschiedlichsten spezialisierten Zellarten, etwa Muskel-, Gehirn-, Nieren- und Darmzellen. Und jede dieser Zellarten enthält das gleiche genetische Programm.

Die Demonstration, daß jede Zelle höherer Lebewesen den gleichen, vollständigen Satz von Genen des Organismus enthält, gelang in den sechziger Jahren dem britischen Forscher Gurdon in einem aufsehenerregenden versuch: Zunächst zerstörte er die DNA der Eizellen von Fröschen. In diese zellkernlosen Eizellen verpflanzte er dann Zellkerne aus den Darmzellen eines anderen Frosches. Aus den so synthetisierten »befruchteten« Eizellen entwickelten sich neben Zellwucherungen und Froschmonstren auch ganz normale Frösche. Sie waren exakte Kopien des Frosches, aus dessen Darmzellen die Zellkerne stammten. Die Darmzellen mußten daher den vollständigen Satz von Genen enthalten.

Wenn aber jede Körperzelle mit einem vollständigen Satz von Genen ausgestattet ist, gleichgültig ob sie die Funktion einer Leber oder einer

Gehirnzelle hat, drängt sich eine wichtige Frage auf: Wie steuert die in jedem Fall gleiche DNA die Stoffwechselvorgänge so unterschiedlicher Zellarten, wie es Leber- und Gehirnzellen sind. In diesem Fall werden nicht nur einzelne Gene an- und abgeschaltet, sondern ganze Sätze von Genen: das Programm, das die unterschiedlichen Zellarten entstehen läßt. Aufklärung der Steuermechanismen der Genregulation und der Zelldifferenzierung stünde am Beginn einer Vielzahl möglicher Eingriffe auch beim Menschen, angefangen von der Heilung von Erbschäden und -krankheiten bis hin zur genetischen »Verbesserung« der Art.

Eine der meistdiskutierten Möglichkeiten von *genetic engineering*, das Klonieren von Säugetieren und auch von Menschen, scheitert bisher an einer rein technischen Schwierigkeit: Die zu manipulierenden Objekte, die Zellkerne, sind rund hunderttausendmal kleiner als bei Fröschen.[236] Aber technische Probleme lassen sich lösen und der zu erwartende rasche Fortschritt wird auch dieses Problem akut machen.

Der Weg zur Untersuchung einzelner Gene und genetischer Steuervorgänge bei höheren Organismen führt über Bakterien. Er ist im Prinzip der gleiche Weg, der zur Konstruktion von industriell verwertbaren Bakterien führt, die Enzyme, Hormone oder andere biochemische Wirkstoffe erzeugen.

Zur Untersuchung der Struktur und Wirkungsweise einzelner Gene höherer Organismen benötigen Molekularbiologen zwar nur ein paar tausendstel Gramm, doch ist das weitaus mehr als sie direkt aus den betreffenden Organismen isolieren könnten. Die Neukombinationstechnik und das Klonieren der Bakterien mit der neukombinierten DNA liefern den notwendigen Multiplikationseffekt. Anschließend werden die Bakterien abgetötet, die Plasmide mit dem gewünschten DNA-Stück abgetrennt, mit Hilfe von Restriktionsenzymen wieder zerschnitten und das zu untersuchende Fragment isoliert.

Doch gerade bei höheren Organismen ist das Verfahren nicht so einfach. Denn aus einer DNA-Menge, die, wie beim Menschen, für eine halbe Million Gene ausreichen würde, ein bestimmtes Stück herauszufinden, ist außerordentlich schwierig, wenn nicht unmöglich.

Dieses Problem umgeht ein eleganter Trick, mit dem das Insulinteam an der Universität von Kalifornien das Gen für Ratteninsulin isolierte. Die Wissenschaftler nahmen an, daß die »Produktionsanweisung« für Insulin, die m-RNA, in demjenigen Organ angereichert sein mußte, das für die Insulinproduktion zuständig ist: in der Bauchspeicheldrüse.

Ziemlich mühsam mußten wissenschaftliche Hilfskräfte aus den Bauchspeicheldrüsen großer Zahlen von toten Ratten mit der Pinzette die Insulin erzeugenden Zellen herauszupfen. Aus diesen sogenannten Inseln konnten die Wissenschaftler nun eine ausreichende Menge m-RNA isolieren, die unmittelbare Produktionsanweisung für Ratteninsulin ist. Mit Hilfe des von Baltimore und Temin entdeckten Enzyms »reverse-transcriptase« wurde diese m-RNA wieder in DNA zurückkopiert. Das auf diese Weise gewonnene DNA-Stück war nichts anderes als das Gen für Ratteninsulin. Mit Hilfe der Neukombinationstechnik konnte es anschließend in Bakterien überführt und kloniert werden.

Die Bakterien nahmen das Plasmid mit den Insulin-Gen auf und vermehrten es, wie von ihnen verlangt wurde, bei jeder Zellteilung. Das genügte für eine genaue Untersuchung der Nukleotidsequenz des Gens. Das entscheidende Problem der bakteriellen Produktion von Insulin war damit jedoch noch nicht gelöst: Die Bakterien befolgten die Anweisungen des fremden Gens nicht. Sie erzeugten kein Insulin.

Gene aus der Schublade

Vor einem ähnlichen Problem hatte kurz zuvor der Nobelpreisträger Khorana gestanden, ein Virtuose in der Bastelei komplexer biologischer Moleküle. Zusammen mit zwei Dutzend hochqualifizierten Wissenschaftlern war es ihm in mehrjähriger Arbeit gelungen, ein Gen aus Laborchemikalien herzustellen, zu dessen Erzeugung ein so primitiver Organismus wie E.coli eine halbe Stunde braucht. In E.coli-Bakterien eingesetzt, denen dieses Gen fehlte, funktionierte Khoranas Gen jedoch nicht. Er stellte fest, daß seinem künstlichen aus 126 Nukleotiden zusammengesetzten sogenannten Struktur-Gen die Schaltstellen fehlten: Eine aus 59 Nukleotiden zusammengesetzte Start-Schaltstelle und das aus 21 Nukleotiden bestehende Stop-Signal.[237] (Abb. 7)

Der Lösung dieses Problems, Bakterien zur Produktion tierischer Eiweißstoffe zu zwingen, besser, zu überlisten, kamen Ende 1977 Boyer, Riggs und Itakura in ihrem Somatostatinprojekt näher.

Inzwischen waren die Verfahren zur Synthese von Genen entscheidend vereinfacht worden. Während Khorana noch Jahre zur Herstellung eines Gens benötigte, schafft man heute die gleiche Arbeit in Wochen, bestenfalls einigen Monaten.[238] Dazu kam, daß Somatostatin ein sehr einfaches Eiweißmolekül ist: Es besteht aus 14 Aminosäuren. Das entsprechende Gen muß daher aus 3 x 14 = 42 Nukleotiden zusammengesetzt sein (Insulin: 84 Aminosäuren = 252 Nukleotide, ist sechsmal größer).

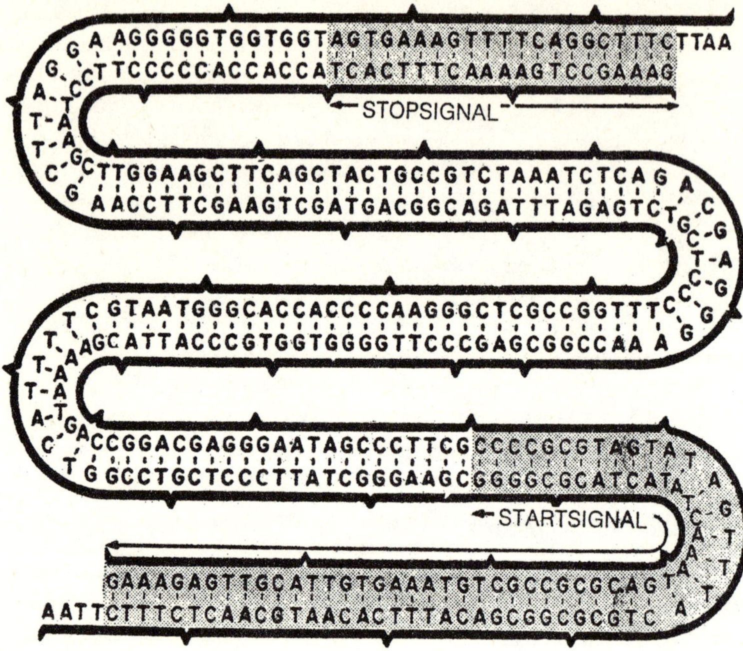

Abb. 7: Khoranas synthetisches Gen. Die schattierten Teile am Anfang und Ende des DNA-Moleküls stellen Start- und Stopsignal dar. (nach Chedd[237])

Der einfache Aufbau von Somatostatin erlaubte Riggs und Itakura, den Lieferanten des Gens, sich gar nicht erst bei der Suche nach dem natürlichen DNA-Stück aufzuhalten. Die Schwierigkeiten wären hier vermutlich unüberwindbar gewesen. Um ein paar Milligramm des einfacher zu gewinnenden Hormons zu isolieren, hatte Guillemin, der Entdecker von Somatostatin, immerhin eine halbe Million Schafsköpfe aufarbeiten müssen.

Aus diesen Gründen stellten Riggs und Itakura ein synthetisches Somatostatin-Gen her. Vorbild konnte nicht die Struktur des natürlichen Gens sein, die noch unbekannt ist. Die beiden Forscher orientierten sich vielmehr an der Zusammensetzung des Eiweißmoleküls Somatostatin. Die Kenntnis des genetischen Code erlaubte ihnen, für jede der 14 Aminosäuren die entsprechende Dreierkombination von Nukleotiden zurückzuübersetzen. Und da für jede der 14 Aminosäuren mehrere Dreierkombinationen in Frage kommen, konnten sie sogar die praktischste Kombination heraussuchen.

Auf diese Weise wurde ein Somatostatin-Gen geschaffen, das in dieser Form in der Natur gar nicht existiert. Wie der spätere Erfolg jedoch zeigte, funktionierte es wie ein natürlich gewachsenes.

Mit diesem Zwischenergebnis war jedoch das schwierigere Problem der Schaltstellen noch nicht gelöst. Die Bakterien sollten das fremde Gen auch in Betrieb nehmen. Der Trick, mit dem Boyer und seine Mitarbeiter die Bakterien überlisteten, ist brillant:

Das von Boyer entwickelte Plasmid pBR 322, das bereits die Mitglieder des Insulinteams zu ihrem Verstoß gegen die NIH-Vorschriften verführte, inzwischen jedoch den offiziellen Segen der NIH erhalten hatte, enthält ein entscheidendes Gen: das schon erwähnte Gen für die Produktion von ß-Galactosidase, des Milchzucker abbauenden Enzyms. Mit Hilfe eines geeigneten Restriktionsenzyms schnitten Boyer und seine Mitarbeiter nun das ringförmige Plasmid hinter dem Startsignal für ß-Galactosidase und fügten zwischen die Schnittstellen Riggs und Itakuras Somatostatin-Gen ein. Nach »Verschweißen« der Klebestellen mit DNA-Ligase wurde das Plasmid nun in E.coli-Bakterien eingesetzt.

In einer Milchzucker enthaltenden Nährlösung geschah folgendes: Die Schaltstelle für das ß-Galactosidase-Gen »erkannte« die Anwesenheit von Lactose und gab das gemischte Gen auf dem Plasmid frei. Die Bakterien produzierten nun ein Eiweißmolekül, das ihnen erlauben sollte, Lactose abzubauen. Dieses Eiweißmolekül begann auch wie ß-Galactosidase, ging jedoch an der Verbindungsstelle über in Somatostatin.

Auf die menschliche Begriffswelt übertragen, könnte man sagen, daß die düpierten Bakterien ß-Galactosidase erzeugen wollten, aber durch ein molekularbiologisches Täuschungsmanöver gezwungen wurden, Somatostatin zu produzieren. Es entstand ein gemischtes Eiweißmolekül aus einem Teil ß-Galactosidase und dem gesamten Somatostatinmolekül, das sich einfach abspalten und in reiner Form gewinnen ließ. (Abb. 8)

Das Problem, Schaltstellen zu konstruieren, die Bakterien oder andere Mikroorganismen wie Hefen zwingen würden, den Anweisungen der ihnen eingesetzten tierischen oder pflanzlichen Gene zu folgen, bietet gegenwärtig noch die größten Schwierigkeiten. (Nach einer Vorankündigung in der Zeitschrift *Nature* vom 15. Juni 1978 ist es jedoch inzwischen dem Harvard-Team unter Walther Gilbert gelungen, Bakterien zur Produktion von Ratteninsulin zu überlisten.)

Zwei weitere Schwierigkeiten kommen hinzu. Boyer und seine Mitarbeiter entdeckten, daß je nach Versuchsbedingungen die Ausbeute an Somatostatin schwankte, und höchstens 10 Prozent des erwarteten Wertes betrug. Sie vermuteten, daß ein körpereigener Schutzmechanismus der Bakterien zum Abbau des »fremden« Eiweißmoleküls beitragen könnte: sogenannte Proteasen, das sind eiweißabbauende Enzyme.[239] Doch da auch die Synthese der Proteasen genetisch gesteuert wird, kann auch dieses Problem mit genetischen Tricks gelöst werden.

Ebenso überwindbar verspricht eine zweite Schwierigkeit zu sein. Die Untersuchung des Genoms höherer Lebewesen hat gezeigt, daß nicht alle Gene aus durchgehenden DNA-Stücken bestehen. Während Gene von Prokaryonten aus einer durchgehenden DNA-Sequenz bestehen, tritt mitten in einem Eukaryonten-Gen, wie dem für das ß-Globin von Mäusen*, eine Zwischensequenz aus etwa 550 Nukleotiden auf: Diese Zwischensequenz dient nicht als Programm für den Aufbau des ß-Globin: die ihr entsprechende Zahl von rund 180 Aminosäuren fehlt dem ß-Globin-Molekül. Welche Funktion diese bisher nur bei Eukaryonten gefundenen Zwischensequenzen haben, die einzelne Teile von Genen trennen, ist noch ungeklärt. Will man Eukaryonten-Gene zur bakteriellen Produktion von tierischen oder pflanzlichen Eiweißmolekülen benutzen, müssen diese Zwischenstücke wahrscheinlich vorher eliminiert werden.[240]

Doch diese Schwierigkeit dürfte vermutlich überwindbar sein. Man könnte entweder nach dem Verfahren vorgehen, das Goodman und Rut-

* ß-Globin ist eines der Eiweißmoleküle des Blutfarbstoffs Hämoglobin.

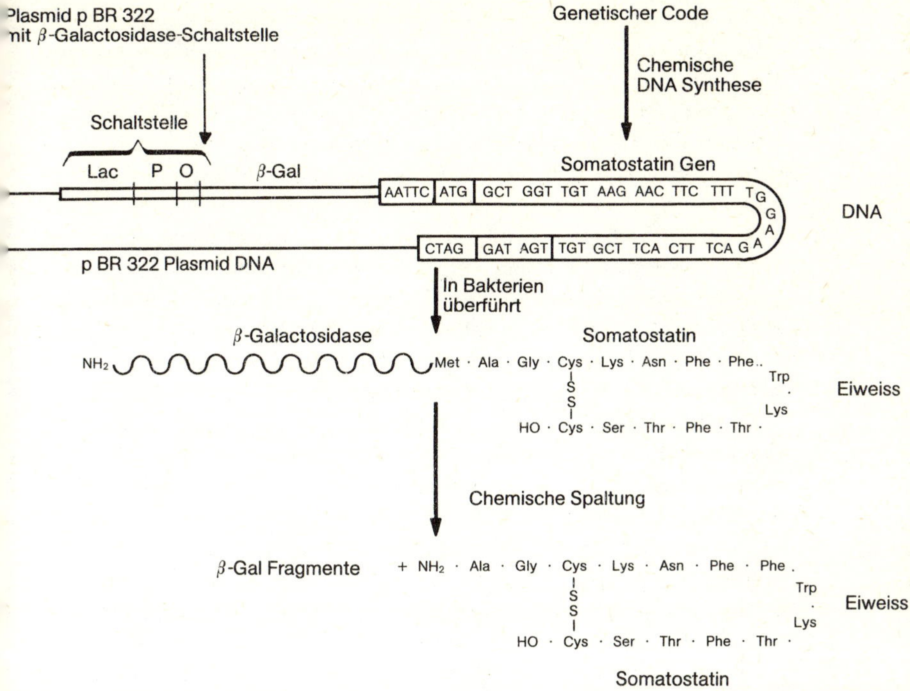

Abb. 8: Schematische Darstellung der Somatostatinsynthese durch genetisch manipulierte E.coli-Bakterien. (nach Itakura et al.[239])

ter wählten, und die m-RNA, die diese Zwischensequenzen nicht mehr enthält, in DNA-zurückkopieren oder aber nach dem Verfahren von Boyer und Riggs, das Gen nach dem Modell des Proteins aus Laborchemikalien aufbauen.

Beide Phänomene, die Existenz der Proteasen, die fremde Proteine abbauen, und die der Zwischensequenzen, wurden in jüngster Zeit als Argumente dafür gebraucht, daß die Gefahren der Neukombinationstechnik doch nicht so groß seien, wie ursprünglich befürchtet. Denn Bakterien würden die fremden Proteine entweder von allein abbauen, oder die Existenz der Zwischensequenzen würde die unbeabsichtigte bakterielle Produktion tierischer Eiweißmoleküle ganz verhindern. Sollten diese Einwände zutreffen, so ist es wichtig festzuhalten, daß dies nur für einen Teil der Forschung und schon gar nicht für die bakterielle Produktion von tierischem oder pflanzlichem Eiweiß gilt. In Bakterien, die zu Produktionszwecken umkonstruiert worden sind, müssen diese natürlichen Hindernisse bereits beseitigt sein. Hier könnte freilich ein Schutzfaktor darin liegen, daß, wie in Boyers Somatostatinprojekt, die Bakterien ein gemischtes Eiweißmolekül herstellen, das in dieser Form keine biologische Aktivität besitzt.

Sind diese Hindernisse einmal aus dem Weg geräumt, stehen einer raschen Verbreitung industrieller Anwendung der Genmanipulation keine prinzipiellen technischen Hindernisse mehr im Weg. Mit nur wenig Phantasie kann man sich vorstellen, daß die unterschiedlichsten biologischen Wirkstoffe nun durch Bakterien hergestellt werden können. Man isoliert Gene aus natürlichen Lebewesen, reinigt und vervielfältigt sie, oder stellt sie wie Boyer und Riggs nach dem Vorbild der gewünschten Eiweißstoffe künstlich her, verpaßt ihnen die richtigen Schaltstellen und führt sie mittels Plasmiden oder Viren in Bakterien ein.

Eines Tages können Gene und Schaltstellen wie Computerprogramme gehandelt und zu beliebigen Zwecken benutzt werden: zur bakteriellen Produktion von Arzneimitteln, bewußtseinsverändernder Drogen, Kosmetika, Tierfutter etc. Theoretisch ist jedes beliebige Eiweißmolekül durch entsprechend präparierte Bakterien- oder andere Zellkulturen herstellbar. Voraussetzung ist nur, daß die Evolution irgendwo ein genetisches Programm dafür entwickelt hat.

Man kann sogar noch einen Schritt weitergehen und künstliche Eiweißmoleküle auf diese Weise produzieren. Eines der denkbaren Anwendungsgebiete wäre, natürliche Regulationsmechanismen des menschlichen Organismus außer Kraft zu setzen, um so Gehirn- oder Körperfunktionen beliebig zu manipulieren. Dazu müßte man spezifisch wirkende Proteine gerade soweit verändern, daß sie zwar noch die gewünschte Funktion erfüllen, jedoch dem natürlichen Funktionsträger bereits so unähnlich sind, daß die natürlichen Regulationsmechanismen, die normalerweise eine Überproduktion verhindern, nicht mehr wirksam sind.

Ein spekulatives Beispiel: 1973 entdeckten die amerikanischen Gehirnforscher Candace Pert und Solomon Snyder, daß das menschliche Gehirn bestimmte Zellen enthält, die als Rezeptoren (Anlagestellen) für bewußtseinsverändernde Drogen wie Morphin dienen. Diese Rezeptoren liegen in Gehirnbereichen, die den emotionalen Gehalt von Wahrnehmungen und psychischen Zuständen prägen und auf das Bewußtsein einwirken. Hier werden Angst- und Lustgefühle erzeugt, Euphorie und Halluzinationen können durch Drogen hervorgerufen werden, die in diesen Bereichen eingreifen.

Kurz nach dieser Entdeckung stellte man fest, daß diese Rezeptoren nicht von *der* Evolution entwickelt worden waren, um Menschen zu erlauben, psychische Zustände durch Einnahme pflanzlicher Drogen oder von Chemikalien zu verändern, sondern daß diese Rezeptoren Bestandteile eines körpereigenen Regulationssystems sind. Sie sind Anlagestellen für sogenannte Enkephaline, die im Organismus die Schmerzempfindung blockieren können. Und diese Enkephaline sind, im Gegensatz zu den erstgenannten pflanzlichen Drogen, einfach gebaute Eiweißmoleküle: aus wenigen Aminosäuren bestehende Peptide.

Die Entdeckung dieser Enkephaline und ihres biochemischen Vorläufers, des aus 31 Aminosäuren bestehenden ß-Endorphin, löste Euphorie in der pharmazeutischen Industrie aus. Man hatte endlich eine lange gesuchte Wunderdroge gefunden: ein natürliches Mittel gegen Angstzustände, Schmerz, Depressionen etc.: ß-Endorphin wirkt 50mal stärker schmerzhemmend als Morphin.[241]

Doch als Drogen haben beide Substanzen einen entscheidenden Nachteil. Sie wirken nur , wenn sie direkt ins Gehirn gespritzt werden – oral eingenommen oder in den Blutkreislauf injiziert bleiben sie wirkungslos, da sie bereits auf dem Weg zum Gehirn enzymatisch wieder abgebaut werden. Man könnte in diesem Abbau einen körpereigenen Schutzmechanismus sehen, der die evolutionär notwendige Funktion des Schmerzes erhält und erst ab einer gewissen unerträglichen Schmerzschwelle außer Kraft gesetzt wird.

Doch inzwischen ist es einer Forschergruppe des Schweizer Pharmakonzerns Sandoz gelungen, künstlich modifizierte Enkephaline herzustellen: Diese künstlichen Eiweißmoleküle sind gegenüber den natürlichen geringfügig verändert. Im Gehirn wirken sie noch, im Körper jedoch sind sie durch ihre spezifische Modifikation dem Angriff des Enkephalin abbauenden Enzyms entzogen. Und durch diesen Trick sollen sie selbst dann noch wirksam sein, wenn man sie schluckt.*

Das hat zunächst wenig mit *genetic engineering* zu tun. Diese Art Eingriffe verändert nur die Biochemie der Gehirnvorgänge und hat keinen Einfluß auf die DNA. Dennoch kann *genetic engineering* in Zukunft entscheidend dazu beitragen, menschliche Bewußtseinszustände beliebig manipulierbar zu machen. Zwar ist es bereits heute möglich, eine bewußtseinsändernde Droge wie ß-Endorphin nach konventionellen biochemischen Verfahren herzustellen, doch nur zu prohibitiv hohen Kosten: Eine Injektion von 10tausendstel Gramm soll 3000 Dollar kosten.[241]

Bakterielle Produktion derartiger Eiweißmoleküle würde die Herstellungskosten um Größenordnungen senken. Gleichgültig, ob es sich um natürliche oder künstlich modifizierte Eiweißmoleküle handelt, ließe sich in jedem Fall das entsprechende Gen synthetisieren und in Bakterien überführen. Und diese bakterielle Produktion soll, wenn man Angaben des Wirtschaftsmagazins *Business week* verallgemeinert, die sich auf Boyers Somatostatinsynthese gründen, die Kosten um einen Faktor von Hundert senken. *Genetic engineering* könnte diese experimentellen Drogen zur Handelsware machen, zum Konsumprodukt.

Pflanzen, maßgeschneidert

Moderne hochmechanisierte Landwirtschaft setzt fossile Energie in Nahrungsenergie um. Um eine Energieeinheit Nahrung in der von den Bewohnern der reichen Länder bevorzugten proteinreichen und hochveredelten Zusammensetzung zu erzeugen, muß man mindestens die gleiche Menge an fossiler Energie aufwenden. So gesehen würde man besser Erdöl essen. Daß bei dieser hochmechanisierten Produktionstechnik auch

* Schmerzlinderung durch ein künstlich modifiziertes Enkephalin konnte bisher nur bei Tieren erreicht werden. Im ersten klinischen Test zeigten sich am Menschen zunächst nur unerwünschte Nebenwirkungen, wie Schwere- und Beklemmungsgefühle, nicht jedoch die erhoffte psychotrope Wirkung. Dies bedeutet, wie der Erfolg bei Tieren andeutet, vermutlich jedoch kein prinzipielles Hindernis, sondern nur einen Mißerfolg der speziellen Modifikation.[241]

noch die Sonne scheinen und es gelegentlich regnen muß, kann heute nur noch zum reinen Willkürakt eines Schöpfers erklärt werden, der mit dem Fortschritt nicht Schritt gehalten hat.

Die einst so gepriesene Grüne Revolution, von der man sich den Sieg über den Hunger auf der Welt versprochen hatte, baut auf Getreidesorten, deren besondere Eigenschaft die Fähigkeit ist, große Mengen Kunstdünger aufzunehmen und in Nahrung umzusetzen. Die Ölkrise und die auf sie folgende Verteuerung des wichtigsten agrarischen Rohstoffs Erdöl zeigte die Grenzen dieser Produktionstechnik. Der hohe Kapitalaufwand ist nur dort tragbar, wo das größte Agrarproblem Subventionierung und Verwertung von Überschüssen ist.

Durch Photosynthese, die Sonnenenergie in chemische Energie verwandelt und in Form pflanzlicher Materie speichert, binden Pflanzen etwa 0,1 Prozent der Sonnenenergie, die jährlich die Erde erreicht. Das ist wenig, aber zehnmal mehr als alle Energie, die in der gleichen Zeit künstlich erzeugt wird. Man schätzt, daß Pflanzen auf der ganzen Erde jedes Jahr 100 Milliarden Tonnen Zellulose neu erzeugen. Menschen können nur einen Bruchteil dieser gigantischen Nahrungsreserve nutzen, nämlich nur den Teil, der von ihren Haus- oder Beutetieren gefressen und in tierisches Protein verwandelt wird.

Dies ist ein weites und lohnendes Feld für Versuche, Menschen stärker an diesen großen Kreisläufen pflanzlicher und tierischer Materie durch die Biosphäre zu beteiligen. *Genetic engineering* könnte nach Ansicht führender Wissenschaftler entscheidende Beiträge liefern. Sie haben folgende Anwendungsmöglichkeiten vorgeschlagen:

Konstruktion von Bakterien oder anderen Mikroorganismen, die »nutzlose« Zellulose in verwertbare Produkte wie Stärke, Zucker oder Alkohol verwandeln. Steuerung des Stoffwechsels von Nutzpflanzen, die mehr Eiweiß, Fett und Stärke dafür aber weniger Zellulose erzeugen sollen. Biologische Schädlingsbekämpfung, Verbesserung der Photosynthese von so wichtigen Nutzpflanzen wie Getreide, Knollenfrüchten oder Sojabohnen, die die Sonnenenergie nur halb so gut in Nahrung umsetzen wie Zuckerrohr, Mais oder Hirse. Konstruktion von Nutzpflanzen oder von Bakterien, die die Stickstoffabhängigkeit der Landwirtschaft entscheidend verringern. Es sind die beiden letztgenannten Projekte, denen besondere Aufmerksamkeit gewidmet wird.[242]

Die einzigen Organismen, die den Stickstoff, den sie zum Wachstum brauchen, direkt aus der Luft beziehen, sind bestimmte Bakterienarten und blaugrüne Algen. Sie haben Gene, die die Synthese des Enzyms Nitrogenase steuern, sogenannte Nif-Gene. Und dieses Enzym Nitrogenase wird gebraucht, um Luftstickstoff in eine biologisch verwertbare Form zu bringen.

Man könnte daher versuchen, Nif-Gene in Getreidearten zu überführen: Doch das gewünschte Produkt, das Enzym Nitrogenase, wird in Gegenwart von Sauerstoff sofort zerstört, und eines der Hauptprodukte der pflanzlichen Photosynthese ist eben Sauerstoff. Daher dürfte die direkte Übertragung von Nif-Genen auf Pflanzen vorläufig wenig aussichtsreich sein.

Der naheliegendere Weg zu stickstoffbindenden Nutzpflanzen führt vermutlich über Imitation der Natur. Pflanzen, Bakterien und blaugrüne Algen binden jährlich etwa fünf- bis sechsmal soviel Stickstoff, wie von der Landwirtschaft in Form von Kunstdünger verbraucht wird. Klee, Erbsen, Bohnen, Sojabohnen, Erdnüsse und eine ganze Anzahl von Wildpflanzen leben in Symbiose mit Bakterien, die in den knollenartigen Verdickungen der Wurzelfasern vor Sauerstoff geschützt sind. Sie sind die Stickstofflieferanten für die Pflanze und erhalten von dieser als Gegenleistung die Energie, die sie für die Stickstoffixierung benötigen.[242]

Zur Zeit versuchen viele Pflanzengenetiker diesen Vorgang zu kopieren. Sie übertragen Nif-Gene in Bakterien, die in Symbiose mit Nutzpflanzen leben können. Sollte dieser Weg zum Erfolg führen, müßte jedoch vermutlich noch ein zweites Problem gelöst werden.

Die biologische Stickstoffixierung verbraucht sehr viel Energie, die, da sie von der Pflanze geliefert werden muß, zum Wachstum fehlen würde. Soll der Nutzen der Stickstoffselbstversorgung nicht durch ein drastisch verringertes Pflanzenwachstum aufgehoben werden, muß zusätzlich noch die Photosynthese der Pflanze verbessert werden.

Das ist eine schwierige Aufgabe. Doch auch dafür gibt es Vorbilder in der Natur. Bestimmte Pflanzenarten wie Mais, Zuckerrohr oder Hirse nutzen die eingestrahlte Sonnenenergie etwa doppelt so gut wie die meisten anderen Nutzpflanzen, darunter Getreide. Man versucht daher, den genetischen Mechanismus, nach dem diese erstgenannten Pflanzen ihre Photosynthese steuern, auf andere Pflanzen aus der zweiten Gruppe zu übertragen. Dieser Versuch kann unabhängig vom Problem der Stickstoffselbstversorgung einen wesentlichen Beitrag zur Nahrungsversorgung liefern. Die Anbaugrenzen könnten erweitert und sogar in gemäßigten Klimazonen jährlich mehrmals geerntet werden.

Zellfusion, eine weitere Technik, könnte eines Tages zur Erzeugung von Mischarten aus unterschiedlichen Pflanzen- oder Tierarten führen.

Unter der Einwirkung bestimmter Chemikalien oder inaktiver Viren verschmelzen einzelne Zellen der unterschiedlichsten Arten miteinander. Es entstehen Mischzellen, darunter so bizarre Zellkombinationen wie die von Menschen und Mäusen oder Tabak, die in Nährlösung weiterleben und sich sogar vermehren.

Während diese Mischzellen aus Tieren und Pflanzen oder unterschiedlichen Tierarten nicht stabil sind, sondern mit der Zeit ganze Chromosomen abstoßen, bleiben verschmolzene Pflanzenzellen meist stabil, auch wenn es sich um weit auseinanderliegende Arten handelt. Mehr noch: Mit Hilfe von bestimmten Chemikalien konnte man einzelne dieser Hybridzellen, sogenannte Protoplasten, anregen, wieder zu ganzen Pflanzen heranzuwachsen: Mischpflanzen aus unterschiedlichen Arten entstanden.

Dies gelang bereits mehrfach bei Hybriden aus verschiedenen Tabakarten. Landwirtschaftlich so interessante Kombinationen wie die von Mais und Kartoffel, Getreide und Erdnuß, oder Tomate und Kartoffel sind zwar als Protoplasten meist stabil, doch die Protoplasten können noch nicht zu ganzen Pflanzen herangezogen werden.[242] Doch auch dies dürfte angesichts des zu erwartenden raschen Fortschritts bei der Erforschung der Genregulation höherer Lebewesen und der Zelldifferenzierung möglich werden.

Auch bei konventionelleren Züchtungsversuchen verspricht die Protoplastentechnik aussichtsreiche Ergebnisse. Ein entscheidendes Problem der Pflanzengenetik ist die lange Generationsdauer. Monate vergehen, bevor eine Pflanze reift und Samen entwickelt, oft eine ganze Dekade, bevor aus unterschiedlichen Ausgangsvarietäten eine neue Sorte gezüchtet werden kann. Die Erprobung der neuen Sorte auf Versuchsfeldern verlangt außergewöhnlichen Aufwand. Protoplasten dagegen – einzelne Zellen, die bekanntlich das gesamte genetische Programm der Pflanze enthalten – können zu Millionen im Reagenzglas gezüchtet werden. Ihre Generationsdauer beträgt nicht Monate, und die Versuche dauern nicht Jahre, sondern Stunden, Tage und Wochen. Biochemische und zellbiologische Testverfahren im Reagenzglas ersetzen die langwierige und aufwendige Erprobung in der Natur. Die Schwierigkeit, die Einzelzellen wieder zu ganzen Pflanzen heranzuziehen, scheint nicht unüberwindbar zu sein: Bei Karotten, Mais und Tabak ist dies bereits gelungen.

Wenn sich schließlich mit Hilfe der Neukombinationstechnik auch gezielt einzelne Gene in Protoplasten einführen lassen, wird man auch völlig neue Pflanzenarten aus genetischen Bauelementen zusammensetzen können. In einer Zukunftsbetrachtung über die landwirtschaftlichen

Entwicklungsmöglichkeiten stellt Roger Revelle die »ideale Erntepflanze« vor, die um die Jahrtausendwende entwickelt sein könnte: Diese Idealpflanze soll zwei- bis dreimal schneller eßbare Materie aufbauen als die photosynthetisch aktivsten heutigen Nahrungspflanzen, ihre Proteine werden die für die menschliche Ernährung wichtigen Aminosäuren enthalten, die Pflanze wird ihren eigenen Stickstoff produzieren, sie wird wassersparend, das heißt gegen Verdunstung geschützt sein und soll, angesichts der konservativen menschlichen Eßgewohnheiten, nicht anders aussehen und schmecken als die heute verbreiteten Nahrungspflanzen.[242]

Haustier Mensch

Nur ein kleines Versehen

Eine kleine Stadt am Rand eines dichtbesiedelten Industriegebiets. Wirtschaftskrise, Strukturprobleme, Arbeitslose. Jede Investition wird begrüßt, so auch die eines großen ausländischen Chemiekonzerns, der durch eine Tochtergesellschaft hier ein neues Unternehmen gegründet hat. Die Interessen der Lokalpolitiker, der Behörden und des Unternehmens dekken sich. Die einen hoffen, von den neugeschaffenen Arbeitsplätzen zu profitieren, die anderen profitieren an den niedrigeren Löhnen und den weniger strengen Sicherheitsauflagen. Die Fabrik läuft zunächst reibungslos.

Im Juli des Jahres . . . kommt es zu einer Störung. Ob die Ursache technisches Versagen oder ein Bedienungsfehler war, wird auch später nie ganz geklärt. Jedenfalls gerät eine Reaktion außer Kontrolle. Über ein Sicherheitsventil wird eine »Rauchwolke« ins Freie geblasen und senkt sich feinverteilt langsam über den Ort nieder. Kein Grund zur Panik! Die Substanzen gelten als relativ harmlos. Auch in anderen Betrieben sind bereits ähnliche Störungen aufgetreten, ohne daß größere Schäden entstanden wären.

Vorsichtshalber läßt die Werksleitung warnen: Kein in den Gärten gezogenes Gemüse essen, kein Obst von den Bäumen pflücken: sonst nichts. Das Werk nimmt die Produktion wieder auf. Es ist Sommer. Das Schwimmbad hat Hochbetrieb. Kinder spielen im Freien.

Nach etwa einer Woche sterben Haustiere. Epidemieartig verbreiten sich unter den Kindern schmerzhafte Ekzeme. Die Gesundheitsbehörde beginnt, sich für den Vorfall zu interessieren. Ausländische Techniker reisen an und untersuchen den Unglücksfall. Das Ergebnis ihrer Analyse: Mit der »Wolke« mußten auch ein paar Kilogramm einer zweiten Substanz über dem Ort niedergegangen sein. Offensichtlich war sie nur durch einen Fehler im Produktionsverfahren entstanden. Das löst, zehn Tage nach dem Unfall, Alarm aus.

Die Fabrik wird stillgelegt; ihre Direktoren werden verhaftet. Man unterteilt den Ort in Zonen unterschiedlicher Gefährdung. Aus Zone A, die am stärksten verseucht sein muß, werden alle Menschen evakuiert. Die Behörden verschärfen die Gesundheitsüberwachung für die in Zone B lebende Bevölkerung.

Doch auch hier häufen sich nach kurzer Zeit die Krankheitsfälle. Die Behörden ordnen Entseuchungsmaßnahmen an. Tiere werden getötet, aus den Gärten die oberen Erdschichten entfernt und wie alles Verseuchte in das Innere der Zone A transportiert, in einen Bereich, der noch lange Sperrgebiet bleiben wird.

Eine genaue Analyse der Wetterverhältnisse, besonders der Windrichtung zum Unglückszeitpunkt, zeigt jetzt – viel zu spät –, daß die verseuchte Zone viel größer gewesen sein mußte als ursprünglich angenommen worden war. Zehntausende von Menschen sind mit den Giftstoffen in Berührung gekommen.

Hier endet das Szenarium. Es ist die Katastrophe von Seveso bei Mailand, in der am 10. Juli 1976 einige Kilogramm einer hochgiftigen Chemikalie in die Luft geblasen wurden. So entsetzlich die Folgen für die Betroffenen sind, blieb das Ausmaß der Schäden begrenzt. Denn sie wurden durch einen *chemischen* Giftstoff hervorgerufen.

Ein Unglück in einer *bakteriellen* Fabrik könnte unbegrenzbare Schäden hervorrufen. Menschen unter Quarantäne stellen, Erdreich entfernen, Tiere töten, Entseuchungsmaßnahmen einleiten – das alles böte keine Garantie für eine Eindämmung der Seuche. Denn man hätte es mit Organismen zu tun, die sich selbständig vermehren.

»Schoßhündchen«, die verkrüppelten Sicherheitsbakterien der Molekularbiologen, »haben keine Chance«, wird eingewendet. »In freier Wildbahn können sie nicht überleben!« Roy Curtiss' *x* 1776-Sicherheitsstamm von E.coli sei so geschwächt, daß er selbst im Labor nur mit Mühe vermehrt werden kann.

Doch es gibt entscheidende Gründe, an der universellen Gültigkeit dieses Sicherheitsprinzips zu zweifeln. Da sich genetisch verkrüppelte Sicherheitsbakterien sehr viel langsamer vermehren als die robusteren Wildstämme, genügen ein paar Millionen Bakterien – ein Lufthauch, ein Tröpfchen – um einen Ansatz mit Sicherheitsstämmen über Nacht gründlich zu verseuchen: Nach ein paar hundert Generationen (bei Bakterien ein paar Tage) enthält der Ansatz mit den vermeintlichen Sicherheitsbakterien fast nur noch den Wildstamm. In der Zwischenzeit können diese Wildstämme durch genetische Austauschvorgänge die neukombinierte DNA übernommen haben.* Richard P. Novick, ein Plasmidfachmann vom Public Health Institute in New York, warnt: ». . . die Idee eines fehlerfreien Systems biologischer Sicherheit ist illusorisch und eine gefährliche Fehlkonzeption.«[243]

Ein Beispiel für das Versagen von Sicherheitskonzepten: Browns Ferry, ein (wie alle anderen auch) narrensicher konstruiertes Kernkraftwerk.

* Zu den Austauschvorgängen vgl. S. 126f.

Sicherheit automatisiert und in mehreren Systemen ausgelegt, die sich gegenseitig ergänzen; der GAU, die Riesenkatastrophe, so unwahrscheinlich wie ein Meteoritensturz über einer Stadt, zumindest nach den Berechnungen der Sicherheitsexperten. Was ihn dann fast ausgelöst hätte, war freilich nicht in die Berechnungen eingegangen: Menschen, die auf der Suche nach Lecks im Druckgefäß mit Kerzen die Steuerleitungen in Brand und die ganze komplizierte Sicherheitsautomatik außer Kraft setzten.

Die Katastrophe von Seveso und der in letzter Minute verhinderte GAU von Browns Ferry sind gewiß keine Modelle für Unfälle in bakteriellen Fabriken. Mit der Technik und Art der Produktion verändern sich ihre Fehlerquellen und Gefahren. Aber sie zeigen, daß mit dem Versagen technischer, auch biotechnischer Einrichtungen zu rechnen ist, vor allem aber mit dem einzig verläßlichen menschlichen Faktor – der Unzulänglichkeit.

Man mag einwenden, daß biologische Produktionen mit Mikroorganismen bei ausreichender Sorgfalt und technischer Qualifikation auch in industriellen Dimensionen beherrschbar sein könnten. Die Technik der mikrobiellen Fabrikation biochemischer Wirkstoffe sei bereits heute weit entwickelt, und es gäbe Anlagen, die seit Jahren störungsfrei laufen würden. Das mag zutreffen, doch es handelt sich ausnahmslos um einen kleinen Kreis führender internationaler Unternehmen.

Nach einer Phase, in der nur führende Unternehmen die wissenschaftlichen und technologischen Voraussetzungen der bakteriellen Fabrikation beherrschen, wenn erst einmal Gene aus der »Schublade« gezogen und in Mikroorganismen eingesetzt werden können, wächst auch die Gefahr, daß diese Technik von einer rasch wachsenden Zahl immer weniger qualifizierter Unternehmen ausgebeutet wird oder, wie im Fall Seveso, die feinen Adressen unter anderem Namensschild anderswo die Schmutzarbeit verrichten lassen.

Mit ein paar hunderttausend Dollar, einem im Vergleich zu anderen Techniken bescheidenen Kapitaleinsatz, haben die cleveren Spekulanten von Genentech Inc. die seriösere Elite der pharmazeutischen Industrie überholt. Vorhersehbare Diffusion der neuen biologischen Techniken und sinkende Qualifikation der Betreiber bakterieller Fabriken, die ebensogut Käse wie Insulin herstellen können, vergrößern nicht nur die Gefahr von Unfällen, sondern verringern gleichzeitig die Kontrollmöglichkeiten.

Dann werden die unkontrollierten Unfälle, jene kleinen Versehen überhandnehmen, deren Folgen man rasch mit dem Putzlumpen zu beseitigen hofft, weil es sich doch nicht lohnen würde, wegen eines Schwapps trüber Brühe die Produktion lahmzulegen, um gründlich zu entseuchen. Und vielleicht wird sich diese Art von »Entseuchung« betriebswirtschaftlich rentieren. Die Folgen können erst nach längerer Zeit, und vielleicht an ganz anderer Stelle, spürbar werden. Später wird man wissenschaftliche Untersuchungen darüber anstellen, warum sich gewisse Krankheiten in bestimmten Regionen epidemiologisch so signifikant häufen.

Mit einigem Glück werden sich noch Hinweise auf die Ursachen finden lassen. Expertenkommissionen werden darüber beraten. Doch selbst dann, wenn mit an Sicherheit grenzender Wahrscheinlichkeit der Verursacher noch festgestellt werden kann, ist niemandem geholfen. Das Ausmaß der möglichen Schäden steht in keinem Verhältnis mehr zu der Verantwortlichkeit und zur Haftungsverpflichtung einzelner Unternehmen. Während die ersten Patentanmeldungen bereits das Exklusivrecht an der Nutzung genetisch veränderter Mikroorganismen für einzelne Unternehmen reklamieren, ist absehbar, daß das Recht auf die Schäden »sozialisiert« wird. Die Objekte dieser Rechtstitel, Viren, Bakterien, später vielleicht Pflanzen mit einem neukonstruierten genetischen Programm, werden sich wenig privatistisch verhalten, wenn sie in die Umwelt vordringen: Sie gehören uns schließlich allen.

Am 2. März 1978 wurde das erste Patent auf eine neugeschaffene Art dem amerikanischen General Electric-Konzern zugesprochen. Es handelte sich um Chakrabartys Erdöl abbauende Pseudomana-Bakterien. Damit befindet sich erstmals in der Menschheitsgeschichte das Exklusivrecht über Herstellung und Nutzung einer neuen Art – und nicht nur einzelner Lebewesen – in privaten Händen. Und das Urteil, zu dem der US-Court of Customs and Patent Appeals gelangte, dürfte weit über den Fall General Electric hinaus richtungweisende Bedeutung haben. Denn das Recht folgt der Argumentation des Konzerns, daß nur die umstrittene Patentierbarkeit neuer Lebensformen den erheblichen Forschungs- und Entwicklungsaufwand zu einer lohnenden Investition machen würde.

Der Patentgerichtshof sieht unter diesem Aspekt auch »keinen vernünftigen Grund« mehr, »Mikroorganismen den Patentschutz zu versagen«. Dies gelingt ihm jedoch nur, indem er diese Gruppe von Lebewesen dem Bereich der »toten« Materie zuordnet: »Natur und wirtschaftliche Nutzung biologisch reiner Kulturen von Mikroorganismen sind unbelebten chemischen Verbindungen . . . sehr viel näher verwandt als Pferden und Bienen oder Stachelbeeren und Rosen.«[244]

Im Gegensatz zur toten Materie haben jedoch Mikroorganismen die

Fähigkeit, sich selbständig zu vermehren, und sind Träger eines genetischen Programms, dessen Grundprinzipien allen Lebewesen gemeinsam ist. Herstellung und Nutzung neuer Lebewesen unter Patentschutz zu stellen, bedeutet mithin nichts anderes, als die Evolution des Lebens zu monopolisieren.

Unglücksfälle sind nur eine Komponente einer tiefergehenden und umfassenderen Infragestellung von Natur und Gesellschaft durch die Entwicklung der Neuen Biologie. Daher wird es wichtig zu fragen, an welchen Kriterien sich die Entwicklung der Manipulationstechniken der Neuen Biologie orientieren wird. Darüber, daß diese Techniken einen tiefgreifenden Einfluß auf die künftige Entwicklung nicht nur der biologischen, sondern auch der gesellschaftlichen und politischen Strukturen auf der Erde haben werden, bestehen unter den Eingeweihten kaum Zweifel.

Fortschritt für wen?

Die Konzentrierung des Veränderungspotentials von Wissenschaft und Technik in wenigen Händen, sein wachsender Einfluß auf die Entwicklung der Gesellschaft und ihre Ergebnisse widersprechen in erschreckender Weise der Altbackenheit unserer Fortschrittsformeln. Was im 19. Jahrhundert und vielleicht auch noch für kurze Zeit im 20. Jahrhundert gegolten hat, hängt heute auf Holz gemalt und mit geblümtem Rand als Sinnspruch an der Wand. So stellen die Teilnehmer des Treffens zum hundertjährigen Jubiläum des Verbands der chemischen Industrie 1977 fest: ». . . nur die pharmazeutische Industrie biete Gewähr für Fortschritte in der medikamentösen Behandlung von Krankheiten.«[245] Gewiß, doch vor allem im Begriffssystem der Pharmahersteller.

Das ständig wachsende Medikamentenangebot zeigt überdeutlich, daß Krankheit zunehmend zu einem Begriff wird, in dem die medizinische durch die ökonomische Indikation verdrängt worden ist. Da wie jede andere Branche einer wachstumsabhängigen kapitalistischen Wirtschaft auch die pharmazeutische Industrie ihren Ausstoß jährlich um ein paar Prozent steigern *muß*, nur um ihren relativen Besitzstand zu erhalten, ist ihr mit zunehmender Sättigung des Medikamentenmarkts immer weniger daran gelegen, Gesundheit als Krankheitsbewußtsein zu fördern. Zur Krankheit wird nun alles, vom geringsten körperlichen Unwohlsein bis zur leichten Blähung der Seele – nicht weil es neu oder unerträglich wäre, sondern weil Medikamente verkauft werden sollen.

Das Prinzip Wissenschaft und Technik zu bejahen, darf nicht heißen, auch die Innovationsmechanismen kritiklos hinzunehmen. Im Vokabular von Wissenschaftlern, Technikern, Bürokraten und Managern wird beides regelmäßig gleichgesetzt. Man könne nicht die Vorteile der Technik genießen, ohne die Nachteile in Kauf zu nehmen, heißt es. Der Schlußbericht des erwähnten Jubiläumstreffens des Verbandes der chemischen Industrie notiert, die Teilnehmer seien sich einig gewesen, »der freie Wettbewerb fördere das Innovationstempo und dürfe nicht eingeschränkt werden«.

Doch eben dieser »freie Wettbewerb« hat uns, außer Sulfonamiden, Antibiotika und Aspirin, in letzter Zeit die totale Innovation der Contergankinder und die leichtfertige Vermarktung lebensbedrohender Wirkstoffe gegen »Krankheiten« wie Freßlust beschert. Auf der anderen Seite zeigt die unüberschaubar gewordene Liste von Medikamenten, die aus wechselnden Mischungen weniger Grundsubstanzen bestehen, jedoch unter den unterschiedlichsten Markennamen verkauft werden, daß Wettbewerb vor allem unter den Reklame- und Marketingfachleuten herrscht.

»Die lautlose Revolution«, ein von der Schweizer Pharmaindustrie produzierter Film, warnt: »Der Homo Sapiens in der Sackgasse der Evolution«: »Dem Tempo, mit dem wir unsere Umwelt verändern, können unsere natürlichen Anpassungsmechanismen nicht mehr folgen. Dieses immer weitere Auseinanderklaffen zwischen Umweltbedingungen und biologischer Eignung ist Ursache für 80 Prozent aller Krankheiten in dieser Welt.«

Und da die in dieser Welt führende Schweizer Pharmaindustrie glänzend an diesem »Auseinanderklaffen« verdient, nimmt es nicht wunder, daß ihre Propaganda folgende profitable Art zivilisatorischer Entwicklung schicksalhaft »vorgezeichnet« sieht: »Uns bleibt nur die Flucht nach vorn, das Vordringen zu den Grundlagen unseres biologischen Seins.« So könnte es tatsächlich ausgehen: »Unsere sinnlos gewordenen Instinkte und Affekte können wir heute nur noch als Krankheit (!) betrachten. Als Fehler, von denen wir uns frei machen müssen, wenn wir als Art überleben wollen. Denn Menschsein bedeutet Freiheit vom Zwang der Instinkte.« In kaum kaschiertem Totalitarismus führt uns der Werbefilm der Pharmaproduzenten zu den Grundprinzipien des Menschseins von morgen – zumindest so wie sie und ihr wissenschaftlicher Hofstaat es sich gern vorstellen: »Der wiederangepaßte Mensch, Alptraum oder Wunschtraum, auf jeden Fall eine biologische Notwendigkeit. Die Hochschule und die Industrie kennen ihre Verantwortung.«[246]

An der Richtung, in die ein aus dieser Mentalität geborener und mit den entsprechenden Mitteln erzwungener Fortschritt führen würde, kann nicht der geringste Zweifel bestehen. Wenn der Film inzwischen auch wieder im Archiv verschwunden ist, so arbeiten seine Produzenten doch im gleichen Geist weiter. Sie lassen uns ahnen, woran sich in Zukunft die »Grundlagen unseres biologischen Seins« zu orientieren hätten. Der Rest wäre biochemische Kleinarbeit.

Wechseln wir das Gebiet: Anfang der siebziger Jahre begann die amerikanische Nahrungs- und Arzneimittelüberwachungsbehörde FDA, systematisch die biochemische Zusammensetzung verbreiteter Sorten von Nahrungspflanzen zu untersuchen. Anlaß war, daß immer mehr Pflanzensorten, mit prächtig aussehenden Früchten und Blättern – Pflanzen, die sich gut mechanisch säen und ernten ließen, Düngemittel gut in Ertragskraft umsetzten, widerstandsfähig waren, sich lange aufbewahren ließen, kurz: Sorten, die den Idealen moderner Landwirtschaftsbetriebe, Nahrungsmittelfabriken und Supermärkten weitgehend entsprachen – auch immer intensiver nach nichts schmeckten. Dazu stieg der Gehalt an pflanzlichen Giftstoffen und der Nährwert sank beträchtlich.

Was als gezielter Anschlag auf die Volksgesundheit aussehen könnte, hat seine ganz – man ist versucht zu sagen – »natürliche« Erklärung in den Innovationsmechanismen. Denn ein immer größerer Teil des Nahrungssektors in den Industriestaaten wird von großen Nahrungsmittelkonzernen kontrolliert. Die Bedingungen einer industrialisierten Nahrungsproduktion bestimmen die Züchterprogramme, zwingen den Bauern oder Gärtnern die anzubauenden Sorten auf, prägen die Distributionsmechanismen und schließlich auch die Ernährungsgewohnheiten. Und Unternehmensziel der Nahrungsmittelfabriken ist nicht der saisonabhängige Verkauf einer Vielzahl frischer Gemüsearten und -sorten, die über einen großen Teil des Jahres reifen, sondern die Propagierung standardisierter Marken, die versprechen, den Verbraucher während des ganzen Jahres den Genuß von vermanschtem Spinat, Depressionen auslösender Bohnen, krautig schmeckendem Broccoli und faden Erbsen, rein oder aufgemöhrt zu Leipziger Allerlei, eingebüchst oder tiefgefroren, während des ganzen Jahres in stets gleichbleibender »Qualität« nicht entbehren zu lassen.

Die Untersuchungen der FDA bestätigen die Vermutung, daß die Züchtungsprogramme der großen Saatgutfirmen sich in erster Linie nach den Forderungen ihrer größten Abnehmer richteten: Und das sind die großen hochmechanisierten Nahrungsproduzenten und die folgenden

Stufen dieser »Nahrungskette«: Nahrungsmittelfabriken und die Verteilerorganisationen – nicht aber diejenigen, die das Zeug auch essen müssen.

So ergab sich, daß die übliche Bestrahlung der Kartoffeln vor der Aussaat zwar wie gewünscht die Ernteerträge steigert, jedoch auch den Anteil des giftigen Alkaloids Solanin um 60 Prozent erhöht. Eine besonders für die Herstellung von Kartoffelchips geeignete Sorte hatte einen so hohen Giftgehalt, daß sie aus dem Markt genommen werden mußte.[246 a]

Der Vorschlag der von der FDA beauftragten Wissenschaftler, systematische Prüfungen für kommerziell gezüchtete Nutzpflanzen vorzuschreiben, stieß auf den entschiedenen Widerstand der großen Züchterverbände. »Die Züchter befürchten«, schrieb Judith Miller in *Science*, »daß dieses Verfahren am Ende zu einer FDA-Vorschrift führen könnte, die als vordringliches Ziel der Züchtung vorschreiben würde, wachsende Nährstoffgehalte in Nahrungspflanzen einzuführen.« Derartige Vorschriften – so der Standpunkt der Züchter – würden den Fortschritt behindern.[247]

Die sprunghafte Vergrößerung dieser Veränderungsmöglichkeiten durch die neue Biologie wird die Widersprüche zwischen gegensätzlichen Entwicklungszielen weiter steigern. Und man wird sich nicht fragen müssen, ob der freie Wettbewerb im Fall der Neuen Biologie das Innovationstempo fördert, sondern, ob er Entwicklungsprinzip bleiben darf. Die Frage der Verfügung und Kontrolle über das Veränderungspotential der synthetischen Biologie wird alle angehen, nicht nur über das Problem »Biogefahr«. Die wirtschaftlichen, evolutionären und gesellschaftlichen Folgen werden sehr viel tiefergreifende Veränderungen nach sich ziehen.

Ökologie und Wettbewerb

Zu den vielversprechendsten Genübertragungsprojekten zählt die biologische Manipulation von Nutzpflanzen. Ziel einer großen Anzahl von Wissenschaftlern ist es, wichtige Nutzpflanzen wie Getreide von Stickstoffdüngung unabhängig zu machen.

Eine Entwicklungsrichtung versucht, Nif-Gene auf Bakterienarten zu übertragen, die in Symbiose mit Nutzpflanzen leben können. Eine andere will die natürliche Stickstoff-Fixierung bereits vorhandener Bodenorganismen, hauptsächlich Bakterien, genetisch verbessern. Auf diese Weise soll der Boden mit Stickstoffverbindungen angereichert werden. Und von diesen Stickstoffverbindungen sollen die Erntepflanzen profitieren.

Welche der Vielzahl von Entwicklungsrichtungen schließlich zum Erfolg führen wird, läßt sich gegenwärtig noch nicht absehen. Ein grundsätzliches Problem zeichnet sich aber schon deutlich ab: Wie kann verhindert werden, daß diese erheblichen Veränderungen außer Kontrolle geraten?

Die Teilnehmer eines Symposiums der National Science Foundation der Vereinigten Staaten diskutierten 1977 ausführlich über die Gefahren derartiger Veränderungen.[248] Ammoniak, das Produkt der biologischen Stickstoffixierung, ist ein stark basisches, wasserlösliches Gas. Würde sich die molekularbiologisch übertragene Stickstoffbindung menschlicher Kontrolle entziehen, könnte eine zunehmende Zahl von Lebewesen die Fähigkeit erwerben, Luftstickstoff in Ammoniak zu verwandeln.

Ammoniak, das nun in großen Mengen biologisch hergestellt würde, könnte als Gas in die Atmosphäre entweichen, oder sich im Regenwasser auflösen und über Bäche und Flüsse in die Seen und Meere geschwemmt werden. In der Atmosphäre wird Ammoniak in Stickoxyde verwandelt, die den Abbau des stratosphärischen Ozonschilds katalysieren. Ozon wiederum schützt das Leben auf der Erde vor dem ultravioletten Anteil der Sonnenstrahlung. Ammoniak, in den Weltmeeren gelöst, könnte genügend Kohlendioxyd aus der Atmosphäre absorbieren, um globale Klimaveränderungen auszulösen.

Diesen Schreckensvisionen wurde mit ernsthaften Argumenten widersprochen. Die stickstoffbindenden Bakterien kontrollieren sich gewissermaßen selbst: Wird eine bestimmte Konzentration von Ammoniak überschritten, hört das Bakterium auf, Stickstoff zu fixieren. Außerdem beansprucht dieser Vorgang soviel Energie, daß allein schon die begrenzt verfügbare Energie, die die Pflanze durch Photosynthese binden könnte, den Vorgang kontrolliert.

Doch auch dieses Argument wird durch die Konstruktion von Klebsellia-Bakterienstämmen entkräftet, die selbst bei hohen Ammoniakkonzentrationen weiter Stickstoff binden. Außerdem muß die Energie für die Stickstoffbindung nicht unbedingt von der Pflanze geliefert werden. Bestimmte Bakterienarten können ihre Energie aus dem Abbau von kohlenstoffhaltiger Bodenmaterie gewinnen. Symbiosen zwischen Gräsern und Unkräutern und neugeschaffenen Stickstoff fixierenden Bodenbakterien sind denkbar, die alles andere überwuchern und durch massiven Einsatz von Pestiziden bekämpft werden müßten.

Der australische Pflanzenbiologe A. H. Gibson warnt vor »sehr beträchtlichen Gefahren«, wenn Nif-Gene aus künstlich geschaffenen stickstoffbindenden Bakterien sich unkontrolliert auf Erreger von Pflanzenkrankheiten übertragen würden. Der mögliche Nutzen könnte in keinem Verhältnis zu den Schäden mehr stehen.[248]

Ein in Neuseeland eingeleitetes, jedoch vorzeitig abgebrochenes Experiment gibt einen Vorgeschmack möglicher Katastrophen. Zugleich zeigt es, daß auch andere, nicht reglementierte Techniken der Manipulation von Erbmaterial die gleichen Probleme und Gefahren schaffen wie die Neukombinationstechnik.

Kenneth Giles wollte dem Pilz *Rhizopogon Sp.* die Fähigkeit übertragen, Stickstoff zu fixieren. Diese Pilzart lebt im Wurzelbereich von jungen Kiefern und hilft ihnen, Phosphate aus dem Boden zu absorbieren. Giles versuchte nun, durch Übertragung von Nif-Genen auf diese Pilzart Kiefern mit Stickstoff zu versorgen, um dadurch ihr Wachstum zu beschleunigen.

Nach der bereits erwähnten Zellverschmelzungstechnik behandelte Giles die Pilzzellen mit einem Enzym, das ihre Zellwände abbaut. Die so hergestellten Protoplasten des Pilzes vereinigte er in einem Nährmedium mit stickstoffbindenden Bakterien in dem Versuch, die Bakterien in die Pilzzellen zu integrieren. Er hatte Erfolg. Einzelne Protoplasten nahmen die stickstoffbindenden Bakterien auf und konnten wieder zu ganzen Pilzen gezüchtet werden.

Giles isolierte insgesamt fünf neue Pilzstämme und brachte sie unter kontrollierten Laborbedingungen in Verbindung mit Kiefernsämlingen, die er in sterilisierte Erde gepflanzt hatte. Das Experiment schien zu gelingen. Er beobachtete, daß die neugeschaffenen Pilzstämme sich mit den Kiefernsämlingen assoziierten und sogar Stickstoff banden. Doch von 50 Sämlingen gediehen nur 40, während 10 eingingen. Da er erkannte, daß die Sicherheitseinrichtungen seines Labors nicht ausreichten, um diese neugeschaffene Pilzart von der Umwelt abzuschirmen, vernichtete er seine Präparate, noch bevor er die Ursachen dieses mysteriösen Pflanzensterbens näher untersucht hatte.[249]

Ähnliche Gefahren schafft die Entwicklung genetisch umkonstruierter Mikroorganismen für den biologischen Pflanzenschutz. Vieles spricht für die *biologische* Schädlingsbekämpfung. Fachleute versprechen sich davon eine gezielte Vernichtung von Schädlingen, die nicht wie die *chemische* Umweltgifte hinterläßt, und räumen ihr große Zukunftaussichten ein. Doch sie schafft auch beträchtliche Gefahren: Da unter den Insekten die größten und wirkungsvollsten Pflanzenschädlinge anzutreffen sind, könnte man in der biologischen Schädlingsbekämpfung Insektenkrankheiten verbreiten. Viren, die sich in bestimmten Insekten vermehren und sie vernichten, sollen – in natürlicher Form oder genetisch verändert – zur biologischen Schädlingsbekämpfung eingesetzt werden. »Bisher weiß jedoch niemand«, stellt der Virenspezialist T. W. Tinsley fest, »ob Übertragungen dieses natürlichen Reservoirs von Insektenviren auf Pflanzen oder Wirbeltiere möglich ist.«

Und dieses fehlende Wissen macht auch die Freisetzung von Insektenviren zwecks biologischer Schädlingsbekämpfung zu einem Vabanquespiel. Denn die Bedingungen, unter denen sie eingesetzt würden – große Populationen und großer Selektionsdruck – schaffen nahezu ideale Voraussetzungen für unkontrollierbare Mutationen. Daher ist damit zu rechnen, daß neuartige Mutanten entstehen, die auch in Menschen, Pflanzen oder Tieren ökologische Nischen finden und so zur Quelle bisher unbekannter Plagen und Seuchen werden. Angesichts der ungeheuren Artenvielzahl der Insekten erscheint es nahezu unmöglich, mit Sicherheit vorauszubestimmen, ob sich genetisch veränderte Insektenschädlinge auf die ihnen zugedachten Wirte beschränken oder vielleicht auf nützliche Insekten übergreifen werden und auch diese vernichten. Der Schaden wäre weitaus größer als der Nutzen.[250]

Man mag einwenden, dasselbe Problem entstehe auch bei der chemischen Schädlingsbekämpfung. Pestizide haben nicht nur Schädlinge, sondern auch Nützlinge wie Bienen oder Vögel dezimiert. Das Argument stimmt. Doch selbst schwerabbaubare Chemikalien wie DDT, deren Wirkungen Jahrzehnte anhalten, sind letzten Endes doch kontrollierbar. Biologische Agentien dagegen können, sind sie erst einmal in die Natur entlassen, nicht mehr in Vertragswerkstätten zurückgerufen werden wie falsch konstruierte Autos.

Hier soll nicht der Eindruck vermittelt werden, es sei besser, die Natur sich selbst zu überlassen, da sie aus sich heraus schon die Dinge zum besten regeln würde. Die Natur kennt zwar, wie André Lwoff bemerkt, keine Probleme, sondern entwickelt nur Lösungen, doch die Zeit, in der eine weitgehend sich selbst überlassene Natur die Menschheit ernähren konnte, ist spätestens seit dem Neolithikum vorbei.

Daher ist der Kernpunkt nicht, Eingriffe für unzulässig zu erklären oder sich auf das bestehende Arsenal an Möglichkeiten zu beschränken. Entscheidend ist vielmehr, Kontrollinstanzen zu schaffen, die der Unwiderrufbarkeit und Tragweite der Veränderungen gerecht werden.

Seriöse Wissenschaftler warnen vor den Gefahren einer ökologisch-evolutionären Katastrophe. Nicht minder reputierte Wissenschaftler versichern, diese Sorgen seien grundlos. Es ist müßig, heute zu spekulieren, wer recht hat.

Wichtig ist es, zunächst zu fragen, welche Testmöglichkeiten es erlauben, den Produkten der Geningenieure das ökologische Unbedenklichkeitszeugnis auszustellen. Die denkbaren Schäden machen Gottes freie Natur zu einem denkbar schlechten Testgelände. Unter kontrollierten Bedingungen, in Labors und abgeschirmten Gewächshäusern, läßt sich jedoch nur ein Bruchteil der unendlich komplexen ökologischen Wechselwirkungen simulieren. Die Kreisläufe der lebenden und toten Materie in der Biosphäre, die Rolle, die die unübersehbare Vielfalt der Mikroorganismen darin spielt, die Verbindung der Viren, Bakterien, Pilze, Moose und Bodeninsekten zur sichtbaren Welt der Pflanzen, Tiere und Menschen lassen jede im Labor noch so gründlich vorbereitete Freisetzung genetisch umkonstruierter Organismen zu einem großen Risiko werden. Und selbst wenn man bereit wäre, gewisse Risiken einzugehen, bliebe noch immer die Frage, ob die Entscheidung denen überlassen sein darf, die sich unmittelbaren Nutzen von diesem Risiko versprechen.

Schon jetzt wächst der Druck aus Kreisen der Pflanzengenetiker und -züchter, die von den NIH-Vorschriften gesetzten Standards herabzusetzen, die vorläufig jede Freisetzung von Organismen mit neukombinierter DNA verbieten. »So wie es ist«, beklagt in *Science* P. R. Day, der Leiter einer landwirtschaftlichen Versuchsstation, »verhindert der Bann jede Anwendung der Neukombinationstechnik für die Landwirtschaft.«[251]

Selbst wenn eine Anwendung in der Landwirtschaft der vielleicht vielversprechendste Beitrag ist, den die Neue Biologie liefern könnte, bleibt noch immer die Frage, ob die Innovationsmechanismen den notwendigen Entwicklungszielen entsprechen. In der einschlägigen Industrie hat man längst erkannt, daß die Chemikalien, auf deren Einsatz die Zuwachsraten der landwirtschaftlichen Ertragssteigerungen der Vergangenheit aufbauten, nicht unbeschränkt weiter eingesetzt werden können. Die Preise für Düngemittel, für Schädlingsbekämpfungsmittel und durch Pestizide und Überdüngung hervorgerufene ökologische Schäden begrenzen die Wachstumschancen dieser traditionellen Domäne der Großchemie.

Zukunftsorientierte Unternehmen setzen daher auf Neue Biologie. Der Vorstandsvorsitzende des Chemiekonzerns Bayer, Grünewald, sprach in einem Interview bereits vom bevorstehenden »Einsatz von Mikroorganismen zur großtechnischen Herstellung von Chemikalien oder neuartigen Pflanzenschutzmitteln«. Im Nahrungsmittelkonzern Unilever plant man die genetische Veränderung von Pflanzenöl liefernden Arten.[252] Andere Unternehmen wie DuPont, Ciba, Geigy oder I.C.I. kaufen, so berichtet June Goodfield in ihrem Buch *Playing God*, ganze Saatgutfirmen auf, um ihre Expertise in Mikrobiologie mit der Praxis und Marktkenntnis des Züchters zu verbinden.[253]

Diese Allianz überbrückt genau jenen Zwischenbereich, der nach Ansicht des Pflanzengenetikers P. R. Day gegenwärtig noch das »größte Problem in der Anwendung der neuen Konzepte zur Vergrößerung der Nutzpflanzenerträge« darstellt: »die technologische Lücke zwischen Pflanzengenetik, Physiologie und Biochemie auf der einen Seite und Pflanzenzucht auf der anderen«.[254]

Eine von der technisch-wissenschaftlichen Logik vorgezeichnete Konstellation kann zu einer gefährlichen Machtkonzentration führen. Wenige marktbeherrschende Unternehmen kontrollieren die produktivsten landwirtschaftlichen Techniken. Und im gleichen Maß, wie die Nahrungsproduktion in die Hände von wenigen marktbeherrschenden Unternehmen gerät, wächst auch die Gefahr, daß Fortschritt auf diesem Gebiet an die Interessen einzelner Unternehmen gebunden wird. Das bedeutet zunächst nicht bewußte Manipulation. Es genügt, Forschungsziele und Entwicklungsprioritäten so zu setzen, daß bestehende Abhängigkeiten verstärkt und zusätzliche Abhängigkeiten neu geschaffen werden.

So eindrucksvoll die landwirtschaftlichen Ertragssteigerungen der Vergangenheit in den agrarisch führenden Industriestaaten sind, beruhen sie doch auf immer stärker industrialisierten Produktionstechniken. Produktive Landwirtschaft geriet in Abhängigkeit von industriell hergestellten Produkten, die einen hohen Kapitaleinsatz erfordern und eine Agrarstruktur verlangen, in der, wie in den Vereinigten Staaten, nur noch wenige Prozent der Bevölkerung die gesamte Nahrung produzieren. Diese ökonomisch orientierte Landwirtschaft wiederum bestimmt weitgehend die Züchtungsprogramme für die fortschrittlichsten ertragreichen Sorten.

Moderne Sorten wurden genetisch einseitig programmiert, Düngemittel gut in Ertragskraft umzusetzen, doch auf Kosten einer zunehmenden Einengung der genetischen Variationsbreite. Während das Feld eines »primitiven« Bauern nur äußerlich homogen erscheint, in Wirklichkeit aber aus einer Vielzahl unterschiedlicher Genotypen besteht, sind die neuen hochgezüchteten Sorten genetisch weitgehend uniform. Genetisch einheitliche Pflanzen überziehen, wie im »corn belt« des amerikanischen mittleren Westens, ganze Landstriche. Sie bieten spezialisierten Pflanzenschädlingen nahezu ideale Vermehrungsbedingungen. Während das Feld des »primitiven« Bauern schon durch seine große genetische Variationsbreite biologisch einigermaßen geschützt ist, verlangt die moderne produktive Landwirtschaft hohe Dosen von Schädlingsbekämpfungsmitteln und riskiert dennoch den Verlust ganzer Ernten, wenn sich unter solch günstigen Voraussetzungen neue und resistente Schädlinge entwickeln. Ein Fünftel der US-Maisernte von 1970 ging durch Mehltau verloren, ein anderer Pilz vernichtete 1953 und 1954 65 bzw. 75 Prozent der Durum-Weizenernte und ein Viertel der Brotweizenernte.[255] Solche Ausfälle, die in einem reichen Land, das landwirtschaftliche Überschüsse produziert, nur Preissteigerungen nach sich ziehen, würden in den Elendsgebieten der Erde Hungerkatastrophen größten Ausmaßes und Tod vieler Millionen Menschen bedeuten.

Das Forschungspotential der auf dem Agrarsektor führenden (Industrie-)Staaten orientierte sich in der Vergangenheit vorwiegend an ihren eigenen Interessen und Möglichkeiten. Die Produktivität der Landwirtschaft stieg, ebenso der Ertrag pro Flächeneinheit, doch der Erfolg kam nicht denjenigen zugute, die ihn am meisten benötigt hätten. Im Gegenteil. Dort, wo moderne Landwirtschaft in wenig entwickelte arme Staaten eingeführt wurde, schuf sie Abhängigkeiten, die den Einfluß der reichen Länder vergrößerte, anstatt ihn zu verkleinern. Der hohe Kapitaleinsatz für moderne Landwirtschaft, die Notwendigkeit, industriell hergestellte Produkte im großen Umfang einzusetzen, von Maschinen, Pestiziden und Dünger bis zum Saatgut, schuf für die ärmeren Staaten zusätzliche Entwicklungshindernisse: Sie mußten die benötigten Produkte importieren, und da sie die erforderlichen Devisen nur durch Anbau agrarischer Handelsprodukte erwirtschaften konnten, gingen wichtige Ressourcen für die eigene Ernährung verloren. Auf dem Weltmarkt für Produkte wie Tee, Kakao, Kaffee, Zitrusfrüchte etc. sind die abhängigen Staaten von vornherein in der schlechteren Position. Ihre Abhängigkeit vom Export weniger Produkte, Konkurrenz unter vielen austauschbaren Anbietern, notfalls auch politisch bedingte Importrestriktionen, erlaubte den reichen Staaten, die Austauschrelationen weitgehend nach ihrem eigenen Ermessen zu diktieren.

Das Ergebnis dieser Art von Fortschritt: Überschüsse und gefüllte Lager im einen Teil der Welt, zunehmende Verelendung in Regionen, die früher autark waren und sogar vom Export landwirtschaftlicher Produkte lebten. Es bedürfte einer eigenen Untersuchung, um festzustellen, inwieweit neben der immer wieder zitierten Bevölkerungsexplosion, die in nachkolonialen Zeiten geschaffenen Abhängigkeiten gerade durch Einführung fortschrittlicher landwirtschaftlicher Techniken zur Verelendung weiter Teile der Dritten Welt beigetragen haben. Und diese Erfahrungen müssen berücksichtigt werden, bevor man darangeht, durch Produkte der synthetischen Biologie den »Hunger auf der Welt« zu bekämpfen.

»Niemand ist mein Name«

Seit Urzeiten kennen Menschen die bewußtseinsverändernde Wirkung von Pflanzen und Pflanzenextrakten. Am ältesten scheint das Wissen um die halluzinogene Wirkung bestimmter Pilzarten zu sein, das, wie Claude Lévi-Strauss andeutet, bis in die Altsteinzeit zurückreichen könnte: »Fast überall in der Welt werden diese Gewächse entweder mit Donner und Blitz, mit dem Teufel oder mit dem Wahnsinn verbunden.« In seinem Essay über *Die Pilze in der Kultur* erwähnt er eine Hypothese von R. G. Wasson, nach der das »religiöse Phänomen selbst, in seiner Totalität, seinen Ursprung in der Verwendung der halluzinogenen Pilze haben könnte«. Wasson vermutet, daß das berauschende Soma des »Sohnes des Donners und des Blitzes«, das in den Riten des altindischen Rigveda eine entscheidende Rolle spielt, ein Fliegenpilzextrakt war.[256]

In Indien wurde vor 3 000 Jahren entdeckt, daß Hanfpräparate narkotisierende Wirkung haben. Schon seit langer Zeit kennt man in Asien die bewußtseinsverändernde Wirkung des Mohnproduktes Opium. Als Mittel gegen Müdigkeit und Erschöpfung kauen südamerikanische Indianer die Blätter der Coca.[257] Die Indianer Nordmexikos machten sich schon früh die halluzinogenen Effekte des Peyotekaktus zunutze. Im 18. und 19. Jahrhundert, der Zeit ihrer Vertreibung und Ausrottung durch Weiße, widmeten nordamerikanische Indianer dem Peyote einen eigenen Kult, in dem verzweifelten Versuch, den Verlust ihrer Freiheit durch Flucht in die innere Welt der Träume und Wahnvorstellungen zu vergessen.[258]

In unserer modernen Zivilisation lebt eine ganze Industrie von der Vermarktung von Psychopharmaka, mit denen affektive psychische Spannungszustände gelöst, Depressionen bekämpft, euphorische Zustände und Halluzinationen hervorgerufen werden können. Allein der ungewöhnliche Markterfolg der großen Gruppe der Tranquilizer zeigt, welche Bedeutung die chemische Regulation psychischer Zustände erlangt hat, die letztlich aus Widersprüchen zwischen natürlich-biologischen Dispositionen von Menschen und gesellschaftlichen Zwängen, sich »richtig« zu verhalten, entstehen.

So wirkungsvoll das bereits vorhandene Arsenal psychotroper Pharmaka bereits ist, stehen wir mit ihm erst am Beginn einer Entwicklung, die auf eine immer vollkommenere und spezifischere Regulation und Kontrolle menschlichen Bewußtseins zielt. Wir können schon heute ahnen, daß in nicht allzuferner Zeit sich die Frage nach unserer menschlichen Identität stellen wird. Die Frage nämlich, ob das, was wir noch unser Bewußtsein nennen, nicht unvermittelt zum Produkt biochemischer Vorgänge im Gehirn erklärt wird, die durch Verordnung von Chemikalien beliebig gesteuert und kontrolliert werden können.

Der Leiter des psychiatrischen Instituts der Universität von Kalifornien in San Diego, Arnold Mandell, erklärt in der *International Herald Tribune*: »Die Zukunftsforschung bei psychotropen Drogen beschäftigt sich mit einer Veränderung von Weltanschauungen. Kultur, Persönlichkeit und Gehirnchemie sind in Wirklichkeit dasselbe. Sie sind nur verschiedene Arten, die Dinge durch verschiedene akademische Disziplinen zu erfassen. Das Äquivalent von Religion und politischen Systemen liegt eingebunden in diesen Chemikalien.«[259]

Die (im letzten Kapitel beschriebene) Entdeckung spezifischer Sensoren im Gehirn, an die sich körpereigene oder -fremde Chemikalien anlagern und damit die affektive Stimmungslage des Gehirns verändern, kann den Schlüssel zu dieser Entwicklung liefern. Man hat festgestellt, daß Schmerz, Lust, Erinnerung und Kreativität mit derartigen Rezeptoren verbunden sind. »Was wir jetzt lernen«, sagt der Neurobiologe Gary Lynch von der Universität von Kalifornien in Irvine, »ist, wie der Schaltplan (im Gehirn) verändert werden kann. Folglich können wir neue Drogen entwickeln, deren Aufgabe die gezielte Umordnung dieser Verkabelung ist.«[259]

Zu dieser Entwicklung können die neuentwickelten Techniken der synthetischen Biologie zwar, wie im vorigen Kapitel gezeigt, nur indirekt beitragen, dafür aber um so wirkungsvoller: erstens indem sie die Erforschung von Gehirnvorgängen erleichtern, zweitens indem sie es erlauben, peptid- oder proteinartige biochemische Wirkstoffe, die sonst nur zu prohibitiv hohen Kosten synthetisiert werden könnten, relativ einfach und billig bakteriell herzustellen.

Will man sich die Folgen dieser Entwicklungen vorstellen, bedarf es keiner Utopien einer staatlich regulierten Bewußtseinskontrolle. Den Massenkonsum derartiger psychotroper Drogen können bereits ihre Verfügbarkeit und ein »vernünftiger« Preis garantieren. Dies sind, wie der Verkaufserfolg des Milliardengeschäfts Valium und anderer Tranquilizer zeigt, hinreichende Bedingungen, um ihre Anwendung überall dort zu sichern, wo der Einzelne sich in seiner Umwelt nicht mehr zurechtfindet. Die biochemische Umordnung der Schaltwege im Gehirn verspricht bequemen Ausweg aus einer Umwelt voller Konflikte und Widersprüche. Zwar verändert sich nicht die Umwelt, wohl aber die Vorstellung, die man sich von ihr machen soll. Sie wird erträglich und, wie ein Werbetext des Arzneimittelherstellers Boehringer Ingelheim beispielhaft suggeriert, diese Bewußtseinsmanipulation muß als Befreiung empfunden werden: »Der Mensch darf nicht zu kurz kommen – Die Leistung darf nicht zu kurz kommen. ›Albego‹, der Arbeitstranquilizer löst Angst – entspannt – harmonisiert . . .«[260]

Solchen biochemischen Strategien zur Lösung gesellschaftlicher Probleme wird, wie uns der erwähnte Film der Schweizer Pharmahersteller zeigt, in der Industrie große Aufmerksamkeit gewidmet. Die Entwicklung der neuen biologischen Techniken wird in einem heute kaum vorstellbaren Ausmaß Tendenzen fördern, Widersprüche zwischen menschlichen Ansprüchen und Möglichkeiten und zivilisatorischen Zwängen in das Innere vereinzelter Individuen zu verlegen, um dort die Konfliktpotentiale biochemisch auszuschalten.

Auch für weniger »freiwillige« Formen der Bewußtseinssteuerung und -kontrolle werden nun neue wirksamere wissenschaftliche und technische Möglichkeiten erschlossen. Wenn es bereits Odysseus vor drei Jahrtausenden mit einer so simplen Droge wie Alkohol gelang, den riesenhaften Kyklopen zu übertölpeln und zu blenden, dann können wir uns vorstellen, was mit den Drogen der Zukunft möglich sein wird.

Der Kyklop erfuhr, bevor er im Suff glücklich eindämmerte, zumindest noch den Namen seines Wohltäters: »Niemand, denn Niemand nennen mich alle«, verriet ihm Odysseus. Der Biochemiker Dr. Frank Olson dagegen wußte nicht, wer ihn am 23. November 1953 aus einem Fenster des 10. Stockwerks eines New Yorker Hotels springen ließ, noch erfuhren seine Angehörigen den Grund dieses »grundlosen« Selbstmords. Auch der Tennisspieler Harald Blauer, der im gleichen Jahr überraschend verschied, hatte keine Ahnung, wer was an ihm ausprobiert hatte, oder ob überhaupt etwas mit rechten, das heißt: natürlichen Dingen zuging. Und niemand wußte auch, aus welchen Quellen die 25 Millionen Dollar kamen, mit denen zwischen 1953 und 1973 an 80 amerikanischen Universitäten, in Krankenhäusern und Gefängnissen die Entwicklung und Erprobung bewußtseinsverändernder Drogen finanziert wurde. Weder war die überwiegende Mehrheit der meist unfreiwilligen Versuchsobjekte – darunter Krebskranke im letzten Stadium ihres Siechtums, Gefängnisinsassen und Kriegsgefangene – informiert worden, noch ahnten – angeblich – die meisten der vielen beteiligten Ärzte und Forscher, in wessen Auftrag sie arbeiteten. Man wußte nur, daß ein Teil der Mittel von einer »Gesellschaft zur Erforschung der menschlichen Ökologie« kam, ein anderer wurde durch die »Geschickter Foundation für Medizinische Forschung« verteilt, schließlich geriet später auch noch eine »Joshua Macy jr. Foundation« ins Gerede.

Erst 1977 wurde bekannt, daß hinter diesen Versuchen die CIA steckte: die amerikanische Auslandsnachrichtenagentur. Sie hatte unter Tarnnamen wie »MK Ultra«, »Knock-out-Programm« oder »Midnight Climax« wissenschaftlich erproben lassen, wie es möglich ist, Menschen zu steuern. Gewünscht wurde etwa der unfreiwillige Mörder. Ein anderes Entwicklungsziel war eine knock-out-Droge, die ein ganzes Gebäude voll Menschen außer Gefecht setzen könnte. Man suchte nach Wirkstoffen, mit denen man Nahrungsmittel oder das Trinkwasser verseuchen wollte, um die Bevölkerung in Angst und Verwirrung zu versetzen. Andere Projekte beschäftigten sich mit der Manipulierbarkeit des menschlichen Selbsterhaltungstriebs. Willenlos sollten Menschen ausführen, was ihnen CIA-Beamte einprägten. Die CIA suchte nach Drogen, mit denen sie Gedächtnis und Bewußtsein ausschalten konnte, um ihre Opfer beliebig zu manipulieren. In einer abscheuerregenden Versuchsserie erprobte der Leiter des neurologischen und psychiatrischen Instituts einer Universität an Gefangenen die Wirkung einer Schizophrenie erzeugenden Droge.*

Den meisten der beteiligten Wissenschaftler war der Hintergrund ihrer Versuche unbekannt. Doch ist allein die Tatsache, daß an Kranken und Gefangenen, an hilflosen Menschen experimentiert wurde, ein erschrekkendes Indiz für den Verlust wissenschaftlicher Moral, für die Skrupellosigkeit und Brutalität, deren Wissenschaftler fähig sein können. Und beteiligt waren keineswegs nur drittklassige Forscher oder zweitklassige Ärzte an namenlosen Universitäten oder Krankenhäusern. Die angesehene *Stanford University* beispielsweise nahm 144373 Dollar, um eine »hochwirksame schnellwirkende Substanz« zu entwickeln, »die ein Individuum hilflos und bewegungsunfähig macht«.[261]

* Es sei auch an psychiatrische Praktiken in der Sowjetunion erinnert, politisch nicht »normgerechtes Verhalten« zur Geisteskrankheit zu erklären. In Nervenheilanstalten eingeliefert, werden die Betroffenen mit Hilfe »bunter Pillen« und anderer grausamer Techniken »resozialisiert«, indem mit ihrer psychischen Widerstandskraft auch ihr politischer Wille gebrochen wird.

Angeblich brachten diese Experimente, bevor sie 1973 aufgegeben wurden, keine verwertbaren Ergebnisse. Es mag sogar zutreffen, daß moralische Skrupel selbst innerhalb der CIA dazu beitrugen. Doch die Versicherung, daß dieses Programm endgültig aufgegeben worden sei, ist nicht überprüfbar. Und so hoffnungsfroh die Nachricht über moralische Regungen innerhalb der CIA auch stimmen mag, sollte darüber nicht vergessen werden, daß ausschlaggebend nicht moralische Skrupel waren, sondern die Tatsache, daß die Versuche keine brauchbaren Ergebnisse gebracht hatten. Das kann sich nun rasch ändern.

Mit der Entwicklung der synthetischen Biologie können sich nun auch die wissenschaftlich-technischen Grundlagen zur Entwicklung biologischer Waffen ändern. Als diese Waffen 1969 durch ein internationales Abkommen geächtet wurden, gab es keine Kriegsszenerien, in denen die damals herstellbaren Seuchenerreger hätten sinnvoll eingesetzt werden können. Die Entwicklung der Manipulationstechniken von *genetic engineering* kann, wie das Umweltgutachten der NIH andeutet, nun eine neue Situation schaffen.[262] Da im Wettrüsten nur immer das geächtet wird, was militärisch ohnehin sinnlos ist, wird wohl der Entwicklung dieser Art von Waffen in Zukunft wieder verstärkte Aufmerksamkeit gewidmet werden. Und Wissenschaftler wird es genügend geben, die – selbstverständlich nur zu »Verteidigungszwecken« – bereit sein werden, sich an derartigen Projekten zu beteiligen. »Niemand« heißen inzwischen allzuviele.

Freiheit, Gleichheit, Biologie

Babies, wenn schon nicht aus der Retorte, so doch im Reagenzglas befruchtet; Keimlinge, gezeugt aus Samen und Eizellen von Günstlingen der Natur oder der Macht; Superbabies, ausgetragen von Durchschnittsfrauen; Mietmütter; Samenbanken, aus denen nicht Bullensperma, sondern menschliches Ejakulat bezogen wird; der klonierte Mensch, Einsteins oder Marylin Monroes vom biologischen Fließband; der genetische Normuntertan – das etwa sind die beliebtesten Schreckbilder problemorientierter Berichte aus den »Werkstätten des biomedizinischen Fortschritts«.

Es sind negative Utopien, aber zumindest erscheinen sie greifbar. Aus dem Unterbewußtsein aufsteigende, diffuse Ängste vor dem Verlust der Individualität in der Massengesellschaft suchen sich zu konkretisieren und erhalten Spielmaterial. Anpassungsdruck, Unterdrückung persönlicher

Werte, Freiheitsverlust, blinde Zukunftsangst – ein ganzes Spektrum individuell unverarbeitbarer gesellschaftlicher Probleme wird verdrängt durch Visionen einer »Schönen Neuen Welt«, in denen die Realitäten der heutigen futurologisch verklärt als monströse Symbolgestalten der Zukunft erscheinen.

Doch lange bevor Menschen kloniert, Fließbandbabies erzeugt, oder vom Arbeitsamt Frauen zum Austragen von Kindern angefordert werden können, hat die Entwicklung der Biologie einen anderen, subtileren aber ungleich wirksameren Einfluß auf die Gesellschaft. Über der gespannten Erwartung genetisch perfektionierter Monstren der Zukunft vergißt man die näherliegenden Möglichkeiten: die Selektion in menschlichen Populationen im Dienst der Stabilisierung und Erweiterung politischer Machtverhältnisse.

Der Wunsch, Menschen über die zivilisatorische Stufe hinaus biologisch zu domestizieren, ist nicht neu. In seiner Utopie vom idealen Staat erwägt der griechische Philosoph Platon, wie man sich – so wenig anstößig wie möglich – die Erfahrungen der Züchter edler Hunde, Jagdvögel und Pferde zunutze machen könnte: »Also werden wir demnächst Hochzeiten zu veranstalten haben, und zwar so heilige wie nur möglich. Als heilig aber müssen die nützlichsten gelten«, nämlich die zwischen »denjenigen jungen Männern, die sich im Krieg oder bei sonstigen Anlässen hervortun«, und jungen auserwählten Frauen, »damit zugleich auch unter schicklichem Vorwand von solchen Männern möglichst viele Kinder gezeugt werden ... Die Zahl der Hochzeiten aber werden wir in das Ermessen der Herrscher stellen ...«[263]

Darwins Evolutionslehre gab – ohne Darwins Zutun – Versuchen, gesellschaftliche Phänomene zu biologisieren, neuen Auftrieb. Der Brite Herbert Spencer, für Thomas Carlyle »unermeßlichster Esel der Christenheit«, wurde zum Begründer des Sozialdarwinismus. Spencers in das Wort vom »Überleben der Stärkeren« komprimierte Eselei fand, angereichert durch Nietzsches Philosophie vom Übermenschen und rassenpolitische Theorien von Houston Steward Chamberlain, ihren unmenschlichen Ausdruck in den Konzentrationslagern des nationalsozialistischen Deutschland. »Lebensborn«, die von der SS gegründete Zuchtanstalt, in der arische Deckhengste im Auftrag »des Führers« Stuten vom gleichen edlen Geblüt bespringen durften, war die andere, gewissermaßen »positive« Strategie zur Verbesserung des Menschengeschlechts.

Die Entdeckung der Mendelschen Gesetze in unserem Jahrhundert gab einer weniger archaischen und brutalen Form der Unterdrückung eine vermeintlich wissenschaftliche Grundlage. In den Vereinigten Staaten bildete sich eine eigene Schule, die komplexe soziale und biologische Phänome wie Kriminalität, Notzucht, Sodomie, Alkoholismus, Schwachsinn oder Degeneration auf einzelne genetische Faktoren zurückführte. So wurde zum Beispiel die Vermischung der Rassen als biologisch verhängnisvoll bezeichnet, mit der zwingenden Logik, ein Mulatte, in dem sich die genetischen Eigenschaften »kurze Arme der Weißen und lange Beine der Schwarzen« vereinigen würden, habe Schwierigkeiten, Dinge vom Boden aufzuheben, und sei daher biologisch benachteiligt.

Doch so lächerlich uns diese Theorien heute vorkommen mögen, in den zwanziger Jahren hat die eugenische Bewegung entscheidenden Einfluß auf eine Politik gehabt, die nicht nur zur Unterdrückung der Schwarzen beitrug, sondern auch Einwanderer aus nordischen Ländern gegenüber Emigranten aus mediterranen Ländern deutlich bevorzugte. Und mindestens 60000 Menschen wurden aufgrund eugenischer Theorien sterilisiert. Die Opfer dieser Sterilisationen stammten überwiegend aus der Unterschicht. So waren die meisten der 1620 Menschen, die zwischen 1960 und 1968 vom Eugenics Board des Staates North Carolina sterilisiert wurden, junge schwarze Frauen.[264]

In seiner gründlichen historischen Untersuchung des »Gesellschaftlichen und politischen Gebrauchs von Genetik« bemerkt der Harvardprofessor Jon Beckwith, daß die eugenische Bewegung in den Vereinigten Staaten sich nicht aus wissenschaftlichen Erkenntnissen heraus entwikkelt, sondern die politischen Herrschaftsverhältnisse der Zeit »wissenschaftlich« reflektiert habe: »Die herrschende Ideologie der Zeit prägte das Bewußtsein der Wissenschaftler und bestimmte so die Fragen, die gestellt wurden. Das Ergebnis war eine ›Wissenschaft‹, die die gesellschaftlichen Machtverhältnisse widerspiegelte und die wiederum benutzt werden konnte, diese Verhältnisse zu stabilisieren. Die Eugenik-Bewegung diente hauptsächlich als ideologische Waffe gegen die ärmeren Klassen in der Gesellschaft, die einen größeren Anteil am Reichtum und an der Macht verlangten.«[264]

Mit dem wissenschaftlichen Fortschritt, der durch die Entwicklung der synthetischen Biologie zweifellos enorm bereichert wird, würde diesen Ansätzen, gesellschaftliche Wirklichkeit aus biologischer Determiniertheit abzuleiten, um sie damit als unveränderbar, gewissermaßen gottgewollt anzuerkennen, neues Material zugespielt. So wurden beispielsweise schon in den sechziger Jahren Arbeiter und Angestellte des amerikanischen Chemiekonzerns Dow Chemical einem systematischen genetischen und zellbiologischen Überwachungsprogramm unterworfen. Ziel war, wissenschaftlich festzustellen, wie empfindlich Probanten auf bestimmte belastende Arbeitssituationen reagieren würden. Dies geschah, wie die beteiligten Wissenschaftler versicherten, zum Schutz der Betroffenen. Aus dem gleichen Grund durften keine Frauen im gebärfähigen Alter in einer Akkumulatorenfabrik von General Motors beschäftigt werden. Angeblich galt es, ungeborenes Leben vor den mutagenen Wirkungen von Bleistaub zu schützen, eine Rücksicht, die mindestens eine Frau, die nicht arbeitslos werden wollte, zwang, sich sterilisieren zu lassen.[265]

Doch was als Schutz vor biologischen Schäden ausgegeben wird, sichert die Gewinne des Unternehmens. Die Belastung wird als gegeben hingestellt. Schutzmaßnahmen unterbleiben. Der Arbeiter hat sich biologisch zu rechtfertigen, ob er widerstandsfähig genug ist.

»Ihre nächste Bewerbung kann schon Ihren Genotypus einschließen«, warnt Jon Beckwith. Er selbst zieht die Konsequenz, ganz auf Forschung mit neukombinierter DNA zu verzichten, *obwohl* er wissenschaftlich diese Technik für nützlich hält, und keine unkontrollierbaren Seuchengefahren, zumindest in seinem Forschungsbereich, befürchtet. Beckwith sieht die Gefahren nicht im Fortschritt der Wissenschaft an sich, sondern in den gesellschaftlichen und politischen Strukturen, zu deren Erhaltung dieses Wissen eingesetzt wird.[266]

Die verbreitete und immer stärker werdende Tendenz, isolierte menschliche Eigenschaften und Fähigkeiten herauszugreifen und zu objektivieren, ist töricht: töricht aus zwei Gründen. Erstens weil überhaupt ein isoliertes Phänomen – etwa die Fähigkeit, Zusammenhänge zwischen vorgegebenen sprachlichen oder geometrischen Mustern festzustellen – aufgegriffen, zweitens weil es Gegenstand »wissenschaftlicher« Aussagen wird, noch bevor es verstanden werden kann. Man führt eine »wissenschaftliche« Kennziffer, den »Intelligenzquotienten«, für eine rein phänomenologische Beschreibung noch unverstandener Zusammenhänge ein und spaltet sie zu guter Letzt nach demselben fragwürdigen Verfahren auch noch in genetische und in umweltbedingte Anteile auf. Doch das fällt noch unter die Freiheit der Wissenschaft, deren Schwingen auch die Narren schützen sollten, die in ihrem Nest hocken.

Gesellschaftlich fragwürdig wird diese Art Wissenschaft jedoch dadurch, daß sie ihre wenig bedeutsamen Erkenntnisse mit politischen Inhalten anfüllt. Sie fragt nicht mehr nach den kulturellen und politischen Werten, die sich hinter ihren Fragen und Antworten verbergen. Der gesellschaftliche Stellenwert der Kennziffer »Intelligenzquotient« bleibt ausgeklammert. Eine wie auch immer gewonnene Zahl, die relative gesellschaftliche Werte widerspiegelt, wird zum Absolutum erhoben und bestimmt, da sie das Bedürfnis nach »wissenschaftlicher« Objektivität mit politischer Opportunität zu verknüpfen erlaubt, fortan Bildungs- und Gesellschaftspolitik.*

Bei dieser »wissenschaftlichen« Betrachtungsweise muß sich nicht das Gesellschaftssystem befragen lassen, ob es den Ansprüchen, Möglichkeiten und Wünschen seiner Mitglieder entspricht. Die vereinzelten Individuen sind es, die sich fortan vor einer abstrakten Ordnung zu verantworten haben, deren Strukturen und Gesetze scheinbar unausweichlich aus der »menschlichen Natur« hervorgegangen sind, in Wirklichkeit aber durch Machtverhältnisse und gesellschaftliche Interessen geprägt werden. Der Irrgarten wird zur Bewährungsprobe. Und indem der Arme und Unterdrückte mit wissenschaftlicher Gründlichkeit auch zum Dummen erklärt werden kann, darf er nicht mehr fragen, warum er ausgebeutet und unterdrückt wird.

Auf der nächsten Stufe des biologisch-medizinischen Fortschritts werden direktere Eingriffe denkbar. Diese könnten zunächst im Namen des Schutzes der Gesellschaft vor Mißgeburten und der Verschlechterung des Genpools einer Bevölkerung erfolgen. Schon 1970 stellt der Genetiker Bentley Glass, Präsident der einflußreichen American Association for the Advancement of Science, in einer Rede fest: »Unbegrenzter Zugang zu einer staatlich regulierten Abtreibung mit den jetzt perfektionierten Techniken der Erkennung von Chromosomenabnormitäten in dem sich entwickelnden Fötus wird uns von einigen Prozent aller Geburten befreien, die heute unkontrollierbare Defekte repräsentieren, wie Mongolismus und Geschlechtsabweichungen etwa vom XYY-Typus. Genetische Kliniken werden gebaut, in denen bald bis zu hundert rezessive genetische Defekte in den Trägern entdeckt werden können, die gewarnt oder daran gehindert werden, Nachkommen zu haben.«[268]

Die Idee eines großangelegten genetischen Überwachungsprogramms, einer Verpflichtung der Bevölkerung, sich auf Erbschäden untersuchen und gegebenenfalls behandeln zu lassen, geistert schon seit einiger Zeit durch wissenschaftliche Diskussionen. Obwohl es nicht exakt nachgewiesen werden kann, sorgen sich viele Genetiker, daß sich das genetische

* Der Humangenetiker L. S. Penrose berichtet von Ratten, die man mit Erfolg daraufhin gezüchtet hat, sich schneller als normale Ratten in Irrgärten zurechtzufinden. Doch dieser Erfolg im »Intelligenztest« machte die Ratten nicht tauglicher, die Situationen zu meistern, die sich einer Ratte in freier Wildbahn stellen.[267]

Potential des in den Industrieländern lebenden Teils der Menschheit in wenigen Generationen dramatisch verschlechtern könnte. Die Bedenkenlosigkeit, mit der erbschädigende Umweltgifte freigesetzt werden, in Form von Nahrungsmittelzusätzen, Chemikalien und Abgasen in Luft und Wasser, bis zur Freisetzung radioaktiver Isotope, verleiht diesen Befürchtungen ein beängstigendes Ausmaß möglicher Wirklichkeit. Da diese genetischen Schäden meist an rezessive Gene gebunden sind, sammeln sie sich unentdeckt über Generationen an und kommen erst zum Ausbruch, wenn zwei gleichartige rezessive Gene aus beiden Eltern in einem Individuum zusammentreffen. Dieser Effekt wird durch die segensreichen Wirkungen der modernen Medizin verstärkt, die auch schwere genetische Defekte durch therapeutische Maßnahmen kompensiert, nicht aber ihre Verbreitung verhindern kann.

Die Mehrheit dieser Schäden ist umweltbedingt. Daher müßte man damit beginnen, eine Umwelt zu verändern, in der sich diese meist unsichtbaren Schäden schon in wenigen Generationen zu einer akuten Bedrohung entwickeln können. Doch da Wissenschaft keine politischen Ziele verfolgt, sondern wertneutral sich den Realitäten anpaßt, hat sie nur Therapien anzubieten, die eben jene Umwelt bestätigen. Die politische Umwelt, die diese Gefahren erzeugt, wird als gegeben hingenommen. Dank des biologisch-medizinischen Fortschritts erscheint es nun erstmals denkbar, den ihr gemäßen Menschen zu verfertigen.

Zuerst negativ durch Selektion: Im Namen des Rechts eines jeden Kindes auf eine »gesunde körperliche und geistige Verfassung, die sich auf einen gesunden Genotyp« zu gründen habe, fordert Bentley Glass: »Kein Elternpaar wird in dieser Zukunft das Recht haben, die Gesellschaft mit einem mißgestalteten oder geistig inkompetenten Kind zu belasten ... Sie (die Eltern) müssen einen Menschen erzeugen, der seine gegenwärtige Natur überwinden kann.«[269]

Der amerikanische Physiknobelpreisträger William Shockley schlug in einer »Denkübung« vor, negative Eugenik mit finanziellen Anreizen zu koppeln. Für jeden Punkt unter dem durchschnittlichen Intelligenzquotienten von hundert, sollte ein Individuum mit tausend Dollar entschädigt werden. Die tausend Dollar freilich sind nicht zur Kompensation seiner gesellschaftlichen Benachteiligung gedacht, sondern für seine Bereitschaft, sich zuvor durch Sterilisation aus dem natürlichen Vermehrungsprozeß auszuschalten. Während der durchschnittliche Weiße nichts zu erwarten hätte, könnte nach Shockleys Modell auch das Rassenproblem schon in wenigen Generationen gelöst werden: Der normale amerikanische Schwarze hätte 15 000 Dollar für eine Sterilisation zu erwarten, genug, um sich ein oder zwei weitere Jahre am Leben zu erhalten.[270]

Im Gegensatz zu negativer Eugenik, die unerwünschte Individuen nur davon abhalten möchte sich zu vermehren, sucht positive Eugenik die Lösung in der Vermehrung erwünschter Individuen. Der Nobelpreisträger Hermann J. Muller sieht das genetische Heil in künstlicher Befruchtung, für die nur »hochwertiges« Erbmaterial zugelassen wird. Was »hochwertig« ist, wird jedoch von der Gesellschaft gemäß ihrer jeweiligen Wertvorstellungen bestimmt. Daher würde eine Gesellschaft, die unter Anleitung der exakten Wissenschaft sich anschickte, Zuchtwahl zu betreiben, lediglich das Wertsystem ihrer herrschenden Klassen biologisch zementieren.

James Bonner vom California Institute of Technology meint, die »logische Schlußfolgerung« aus der Entwicklung unserer Gesellschaft zu ziehen, wenn er zukünftige Generationen mit dem »besten verfügbaren Erbmaterial« ausgestattet wissen will. »Der Mensch hat das mit seinen Pflanzen und Tieren getan. Es ist wahrscheinlich, daß er es mit sich selbst machen wird.«[271] Der zukünftige Mensch, das Haustier seiner Zivilisation. Der Rest wäre Technik.*

* Das erste »Retortenbaby«, die von ihren wissenschaftlichen Vätern, den Ärzten Streptoe und Edwards, in einer Petrischale gezeugte und nach erfolgreicher Geburt als Sensation für 1,2 Millionen an eine Zeitung verhökerte »lovely Louise« Brown, demonstriert uns bereits, aus welch positivistischer Mentalität ein solcher Fortschritt geboren wird, und läßt die Richtung ahnen, in die er führen kann. Was die Zeitungen heute noch als »wissenschaftliche Großtat« feiern, die hunderttausende unfruchtbarer Frauen wieder hoffnungsfroh stimmen soll, kann nach Überwindung gewisser biologisch-technischer Schwierigkeiten die Voraussetzung für staatlich verordnete eugenische Therapien von »Zivilisationsübeln« werden. Man wird die Forderung stellen, nur noch das beste verfügbare Genmaterial zu reproduzieren (eine Forderung, die bereits vor anderthalb Jahrzehnten von »um den Menschen und seine Zukunft besorgten« Genetikern aufgestellt wurde), und die Zeit wird absehbar, da menschliche Gesellschaften das Prinzip Bienenstaat übernehmen können: während die jungen Männer weiterhin brav ihren Wehrdienst leisten, werden die jungen Frauen dann verpflichtet, sich Blastozysten aus besonders »wertvollem« Genmaterial einpflanzen zu lassen, um derart mit ihrem Bauch dem Staate zu dienen und als »Mietmütter« die Gesellschaft mit dem besten Nachwuchs zu versorgen, den der jeweilige Stand der Bio-Technologie nur immer herzustellen erlaubt.

Monopolisierte Evolution?

Die Entwicklung steuern

1974 setzten sich führende Biologen mit einem wichtigen Problem der Genmanipulation auseinander. Die Warnung der elf Wissenschaftler an Kollegen in aller Welt, die Konferenz von Asilomar und die in der Folgezeit entwickelten Richtlinien werden zu Recht als in der Wissenschaftsgeschichte einmaliger Versuch bezeichnet, Gefahren unter Kontrolle zu bringen, bevor sie akut werden. Und daran ändern weder die Motive der beteiligten Wissenschaftler etwas – die Frage, wie eigennützig dieser Versuch war – noch das Ergebnis – ob sich die Sicherheitsvorschriften als ausreichend erweisen werden. Die Biologen haben das Problem so gut gelöst, wie sie als Wissenschaftler dazu in der Lage waren. Aber das Blickfeld von Naturwissenschaftlern ist begrenzt. Es wurden nur wissenschaftlich diskutierbare Probleme – hier die Gesundheitsgefahren – erörtert, doch bleiben Zweifel am Ergebnis und auch an der formalen Regelung zurück. Die zu Kontrollierenden kontrollierten sich selbst.

Die Frage nach Folgen und Annehmbarkeit von *genetic engineering* jedoch allein auf die Sicherheitsaspekte der Forschung mit neukombinierter DNA zu beschränken, ist verhängnisvoll kurzsichtig. So wichtig es ist, die Seuchengefahren unter Kontrolle zu bringen, diese Eingrenzung führt auf die falsche Fährte.

Noch die provisorische Abschlußerklärung der Konferenz von Asilomar *betont*, daß »langfristig sogar noch schwerwiegendere Probleme durch großtechnische Anwendung dieser Arbeit in Industrie, Medizin und der Landwirtschaft entstehen können«. In der Bundesrepublik erklärt der Forschungsminister: »Sicherheitsmaßnahmen können nicht darüber hinwegtäuschen, daß es kritische Experimente gibt, die an eine kritische Grenze führen, jenseits derer die menschliche Natur pervertiert würde oder jenseits derer Manipulations- oder Zerstörungskräfte freigesetzt würden, die vielleicht nicht mehr beherrschbar sind.«

Im Widerspruch zu diesen Erklärungen steht die Praxis: Die im Geist von Asilomar vereinigten Wissenschaftler wie auch der Forschungsminister behandeln *genetic engineering* als reines Seuchenproblem. Und indem sie mit den Richtlinien die Biogefahren unter Kontrolle gebracht haben – oder es zumindest behaupten –, glauben sie, die Belange der Allgemeinheit ausreichend berücksichtigt zu haben. Die Öffentlichkeit darf sich beruhigen. Doch dazu besteht wenig Anlaß.

Wissenschaftler berufen sich darauf, daß man die weiterreichenden Folgen von *genetic engineering* erst diskutieren könne, wenn sie greifbar seien. Tatsächlich sind die negativen Utopien des evolutionären Desasters, des *biologisch* manipulierten Menschen, gegenwärtig ebensowenig faßbar wie die Verheißungen der Geningenieure auf eine bessere, biologisch befriedete Zukunft, in der sich Natur und Kultur in genetischer Harmonie wieder zusammenfinden, vorläufig Phantasiegebilde sind.

Kein Problem der synthetischen Biologie scheint akut zu sein. Weder ist nach vier Jahren des Experimentierens mit genmanipulierten Mikroben über eine ernsthafte Infektion oder gar eine Seuche berichtet worden, noch steht die biologische Umkonstruktion von Menschen unmittelbar bevor. Jede dieser Visionen gleicht einer Fata-Morgana. Nähert man sich ihr, löst sie sich in Luft auf. Und während man sich an bestimmte Probleme klammert, kann die Entwicklung der Wissenschaft und der Technik in ganz andere Richtungen führen. Versprechungen und Ängste von gestern werden sich als haltlos erweisen, und andere Probleme und Möglichkeiten plötzlich im Vordergrund stehen.

Diese Schwierigkeiten verleiten zum Abwarten oder gar zur Resignation. Doch abzuwarten, bis die Dinge greifbar und die Probleme sichtbar werden, hieße, sich ihnen auszuliefern. Befinden wir uns in einem Teufelskreis, aus dem es kein Entrinnen gibt?

Die Frage muß anders gestellt werden: Wenn es nicht möglich ist, schon auf den unteren Stufen der Grundlagenforschung und der frühen Entwicklungsarbeiten die späteren Folgen zu erkennen und zu bewerten, welche Möglichkeiten bleiben dann, die Entwicklung zu steuern? Die Antwort kann nicht auf der Ebene wissenschaftlich-technischer Sachentscheidungen gefunden werden. Sie muß vielmehr in einer politischen Auseinandersetzung um die Kontrolle und Verfügung über das Instrumentarium von Wissenschaft und Technik gesucht werden.

Entscheidend ist nun nicht mehr, *wie* gefährlich bestimmte Techniken der Neuen Biologie sind, ob die biologische Manipulation des Menschen Anlaß zu seiner endgültigen Unterdrückung oder Befreiung werden könnte, ob wir genetisch veränderte Nutzpflanzen brauchen oder nicht, sondern *ob* wir das Innovationspotential der Neuen Biologie bedingungslos den Gruppen überlassen sollen, die es ausschließlich nach Maßgabe ihrer Partikularinteressen einsetzen werden. Und neben der entscheidenden Frage, mit welchen politischen Mitteln und nach welchen politischen Kriterien die Gesellschaft über Entwicklung und Einsatz der zu diesen Veränderungen notwendigen Techniken verfügen kann, wird es unwichtig, ob sie bakteriell hergestelltes Insulin, Somatostatin, Therapien für Erbkrankheiten oder biologische Schädlingsbekämpfungsmittel benötigt.

Notwendig ist, das Knäuel zu entwirren und, ohne den Zusammenhang aus dem Auge zu verlieren, die drei großen miteinander verbundenen Fragenkomplexe getrennt zu betrachten: 1. die Forschung, 2. die technischen Anwendungen in Industrie, Landwirtschaft und Medizin und 3. die Veränderung von Weltbildern.

Während die beiden ersten Fragenkomplexe zumindest theoretisch relativ einfach behandelt werden können, da es sich um materiell greifbare Veränderungen handelt, bietet der dritte größere Schwierigkeiten. Denn hier steht etwas so Ungreifbares wie der politische Stellenwert von Wissen zur Debatte. Wissen über die menschliche Natur kann dazu benutzt werden, Menschen im Raster ihrer genetischen Möglichkeiten zu erfassen, um sie endgültig in bestehende gesellschaftliche Strukturen einzuordnen, aus denen es kein Entrinnen mehr gibt. Diese notwendige Kontrolle des gesellschaftlichen Gebrauchs von Wissen läßt sich nicht in Form einer Aufsichtsbehörde institutionalisieren. Sie verlangt vielmehr fortwährende öffentliche Aufmerksamkeit und Kritik gegenüber Versuchen, »objektiv« feststellbare Tatsachen oder Zusammenhänge zu gesellschaftlichen Werten zu erheben, deren politisch-ideologischer Stellenwert nicht mehr bezweifelt werden kann.

Die drei letzten Teile dieses Kapitels werden sich mit den Kontrollmöglichkeiten der synthetischen Biologie befassen: der erste in bezug auf die Forschung und der zweite in bezug auf die technischen Anwendungen. Der abschließende Teil hebt dann hervor, daß öffentliche Kritik und politischer Druck die Grundlagen zu dieser notwendigen Veränderung der staatlichen Forschungs- und Technikpolitik erst schaffen müssen.

Kontrolle und Freiheit der Wissenschaft

Von den offenen Fragen der synthetischen Biologie kann nur eine nach primär wissenschaftlichen Gesichtspunkten beantwortet werden: die der Sicherheit. Ob allerdings die Bevölkerung verpflichtet werden kann, die von Wissenschaftlern verantworteten sogenannten Restrisiken hinzunehmen, muß von den Betroffenen selbst beantwortet werden. »Wissen, sei es um seiner selbst willen oder wegen des möglichen Nutzens für die Menschheit, kann nicht als Rechtfertigung dienen, die Bevölkerung Risiken auszusetzen, es sei denn, eine informierte Bürgerschaft wäre bereit, die Risiken zu tragen«, stellte schon der Bürgerausschuß von Cambridge fest.

Weder Wissenschaftler noch Laien können objektiv entscheiden, ob die offiziell in Kraft gesetzten Sicherheitsvorschriften ausreichen, ob sie nicht ausreichen oder gar übertrieben hohe Standards setzen. Mangels einer objektiven Grundlage für Sicherheitsvorschriften hätte die institutionelle Regelung des Sicherheitsproblems für ein Höchstmaß an formaler Objektivität sorgen müssen. Das bedeutet, daß die offenen Fragen nicht durch die Wissenschaftler hätten entschieden werden dürfen, die selbst am Fortgang ihrer Arbeit interessiert waren, sondern durch unabhängige Vertreter der verschiedensten medizinischen und biologischen Fachgebiete, ergänzt durch Vertreter aus Disziplinen, die bessere institutionelle Kontrollregelungen hätten beisteuern müssen.

Sowohl die amerikanischen Richtlinien der NIH als auch die des Bundesministeriums für Forschung und Technologie in der BRD reflektieren diese Versäumnisse: angefangen von der anthropozentrischen Risikoabstufung bis zur formalen Regelung der Kontroll- und Überwachungsfunktionen. Problematisch ist schon, die sich widersprechenden Funktionen – ein Gebiet zu fördern und gleichzeitig zu kontrollieren – nicht auch durch eine formale Trennung zu institutionalisieren. Inzwischen bekennt selbst der NIH-Direktor Fredrickson öffentlich Zweifel an der bestehenden Regelung.

Diese Erfahrungen verlangen eine mehrfache Revision der für die Bundesrepublik vorgesehenen Regelung. Das Bundesforschungsministerium befindet sich im grundsätzlich gleichen Interessenkonflikt wie die NIH. Die Kontrollfunktion muß auf eine andere Behörde – etwa das Gesundheitsministerium – übertragen werden, deren Ziel weniger die Förderung anwendungsorientierter Forschung als die Kontrolle von Seuchengefahren ist. Diese Behörde könnte die Risikoabstufung der Richtlinien durch *unabhängige* Wissenschaftler überprüfen lassen und Forschungsprojekte anregen, die Aussagen über die grundsätzlichen offenen Probleme der Genmanipulation erlaubten. Denn selbst wenn alle Empirie darauf hinweist, daß Szenarien wie Sinsheimers evolutionäres Desaster äußerst unwahrscheinlich sind, und bisher alles gutgegangen zu sein scheint, so bleibt doch die grundsätzliche theoretische Unsicherheit zurück: Auch die bisherige Evolution ist das Ergebnis einer Reihe äußerst unwahrscheinlicher Ereignisse, bemerkt Sinsheimer in seinem Kommentar zum Umweltgutachten der NIH: Wir existieren entgegen aller Wahrscheinlichkeitsberechnung.

Diese unabhängige Behörde müßte auch Untersuchungen über die Biogefahren anderer, der Neukombinationstechnik verwandter Arten von *genetic engineering* anregen. Bereits im Frühjahr 1977 wies der NIH-Direktor Fredrickson einen Untersuchungsausschuß des amerikanischen Kongresses auf die Notwendigkeit hin, die Probleme anderer Techniken der synthetischen Biologie zu untersuchen[272]: so etwa Zellverschmelzung, bestimmte Verfahren des Plasmidaustauschs und der Mutagenese. Gegebenenfalls müßten auch diese Techniken von Sicherheitsvorschriften erfaßt werden. Denn es ist nicht einzusehen, daß der historische Zufall, daß es die Neukombinationstechnik war, die erstmals Wissenschaftler auf das Problem der Biogefahren stieß, über Sicherheitsmaßnahmen entscheidet.

Ein weiteres grundsätzliches Problem entsteht aus dem unzureichenden gesetzlichen Instrumentarium zur Durchsetzung der Richtlinien. Hier muß alle Forschungsarbeit auf dem fraglichen Gebiet erfaßt werden können, unabhängig von historisch bedingten Sonderrechten einzelner Institutionen. Vorbild ist hier das englische Modell.

Bei allen Regelungen muß berücksichtigt werden, daß jede gegenwärtig formulierbare Risikoabstufung und damit auch der vorgeschriebene Sicherheitsaufwand auf einem relativ niedrigen Erkenntnisstand aufbauen. Die technischen Details von Sicherheitsvorschriften ein für allemal festzuschreiben, wäre verhängnisvoll. Sie müssen dem jeweiligen Erkenntnisstand angepaßt werden können, was sowohl Verschärfung als auch Lockerung der Sicherheitsstandards bedeuten kann.

Der Schutz vor Biogefahren muß im Zentrum dieser Kontrollversuche stehen. Ob dieser Schutz freilich durch den Aufbau eines bürokratisierten Kontrollapparats erreicht werden kann, ist eine andere Frage. Wenn – wie unabhängige Wissenschaftler hervorheben – ein nachlässiger oder unwilliger Forscher selbst durch einen Kontrolleur, der ihn auf »Schritt und Tritt« begleiten würde, nicht daran gehindert werden kann, Unheil anzurichten, nützt in dem einen problematischen Fall die Bürokratisierung der Kontrolle nichts, während sie die übrige Forschung behindert und unnötig Kosten verursacht. Es mag Gründe geben, bestimmte Entwicklungen zu verlangsamen oder zu stoppen. Doch dies unter einem *Vorwand* zu tun, wäre kurzsichtig. Falsche Argumente lassen sich schnell widerlegen. Daher müßte von *unabhängigen* Wissenschaftlern auch untersucht werden, ob die vom BMFT vorgesehene formale Regelung des Biogefahrenproblems den vorgegebenen Zielen entspricht und ob man nicht bessere und weniger bürokratische Lösungen finden kann.

Die Rigorosität des bürokratisierten Kontrollverfahrens der BMFT-Richtlinien steht im Gegensatz zu den verbleibenden sehr viel größeren

Ungewißheiten: erstens ist die theoretische Begründung des Klassifikationssystems der Risikogruppen noch unzureichend und zweitens erfassen die Richtlinien nur einen Teil der Forschung. Da dies auch den Verantwortlichen bewußt ist, kann man daraus nur schließen, daß dieser Rigorosität eine Blitzableiterfunktion zugedacht ist: Für jedermann gut sichtbar, stellt sie einen Anziehungspunkt weniger für die Seuchenkeime selbst, als für Seuchenfurcht in der Bevölkerung dar. Und da jeder weiß, wie gründlich deutsche Bürokratie arbeitet, kann sich in dem so geschützten Gebäude wieder das Gefühl von Geborgenheit verbreiten. Man fühlt sich geschützt und vergißt darüber, daß das Seuchenproblem nicht das einzige ist.

Auch die beiden letzten Punkte – theoretische Ungewißheit über die Sicherheitsabstufungen und Möglichkeiten einer ebenso wirksamen, jedoch weniger bürokratisierten Regelung – sprechen dafür, die sich widersprechenden Förderungs- und Kontrollfunktionen zu trennen. Unabhängigkeit der Kontrollfunktion ist zwar keine *Garantie* für Wirksamkeit, verspricht jedoch ein höheres Maß an formaler Objektivität. Wenn man aber über flexiblere Regelungen und Entscheidungsverfahren verhandelt, müßte sichergestellt werden, daß das Entscheidungsverfahren, nach dem in der ZBKS oder anderswo über die Sicherheitsstandards verhandelt wird, transparent gemacht wird. Denn erst diese Transparenz erlaubt eine informierte öffentliche Diskussion darüber, ob die Bevölkerung verpflichtet werden kann, die verbleibenden Risiken zu akzeptieren.

Aus der Forderung nach einer gesetzlichen Kontrolle von *genetic engineering* kann nicht die nach einer Einschränkung der »Freiheit der Wissenschaft« abgeleitet werden. Zur Debatte steht nicht, die Entwicklung der Wissenschaft zu dirigieren, bestimmte Bereiche aus anderen als aus Sicherheitsgründen zu behindern oder gar zu blockieren. Im Gegenteil, die Gesellschaft ist heute mehr denn je darauf angewiesen, sich des kritischen Potentials der Wissenschaft zu versichern.

Die Vorgänge um die amerikanischen Gesetzesentwürfe, das öffentliche Gerede von Wissenschaftlern und ihr Taktieren hinter den Kulissen zeigen jedoch, wie schnell Wissenschaftler hinter jedem Kontrollversuch einen Angriff auf ihre Freiheit wittern. Die Parole von der »Freiheit der Wissenschaft«, die *erhalten* bleiben müsse, täuscht darüber hinweg, daß Wissenschaftler mit zunehmender Anwendungsnähe eines Forschungsgebiets ihre Freiheit stückchenweise selbst über Bord werfen und sich freiwillig in die Abhängigkeiten begeben, in denen freie Wissenschaft erstickt. Die von wirtschaftlichen oder militärischen Interessen diktierte

Verteilung der Mittel, die Aufblähung des Apparats und die zunehmende Konkurrenz unter den Wissenschaftlern um Forschungs- und Entwicklungsgelder schränken hier die Freiheit der Wissenschaft weitaus stärker ein, als es jede staatliche Kontrolle könnte. In diesen Bereichen bedeutet »Freiheit« allenfalls noch freie Wahl der Mittel, mit deren Hilfe ein vorherbestimmtes Ergebnis erreicht werden darf; eine verhängnisvolle Entwicklung, die sich auf dem Gebiet der synthetischen Biologie deutlich abzuzeichnen beginnt. Schon auf der untersten Stufe der Grundlagenforschung bestimmt die spätere Kommerzialisierbarkeit von Forschungsergebnissen die Forschungsziele.

Das Beispiel der bakteriellen Produktion von Insulin zeigt diese Verschiebung deutlich. So interessant das Problem der Expression eines Eukaryonten-Gens durch Prokaryonten wissenschaftlich auch sein mag, so kann dieses Interesse allein keine ausreichende Erklärung dafür liefern, daß auf der ganzen Welt mindestens elf Gruppen versuchen, Insulin aus genetisch veränderten Bakterien zu gewinnen.* Ausschlaggebend sind hier eindeutig kommerzielle Nutzanwendungen, die durch die Verbindung der »freien« Wissenschaft mit der interessierten Industrie mehr als deutlich dokumentiert werden.

Und dieses kommerzielle Interesse bestimmt die Struktur der Forschungsprogramme auch an den öffentlichen Institutionen. Die Interessenkonflikte zwischen freier und kommerziell gebundener Forschung dringen bis in die Institute vor. Während viele vor allem jüngere Wissenschaftler Grundlagenforschung ohne unmittelbare Nutzanwendung betreiben wollen, setzen ihre Vorgesetzten Projekte durch, die sie am *gold rush* in der Molekularbiologie beteiligen. »Die Industrie sorgt schon dafür, daß wir die richtigen Ideen haben«, spottet ein junger deutscher Wissenschaftler.

Diese latenten Konflikte dringen jedoch nie nach außen. Solange sie abhängig sind, können es jüngere Wissenschaftler nicht wagen, sich mit Kritik an der offiziellen Linie an die Öffentlichkeit zu wenden. Und auf den oberen Zweigen der Hierarchie hackt hierzulande keine Krähe öffentlich nach der anderen.

So hat sich die Öffentlichkeit daran gewöhnt, in der Wissenschaft einen monolithischen Block zu sehen, den sie entweder furchtsam oder ehr-

* Walther Gilbert in Harvard, Donald Steiner in Chicago, Grady Saunders in Houston, Yip in Kanada, Rutter und Goodman in San Francisco, Hofschneider in Martinsried, Boyer in San Francisco, dazu die Firmen Hoechst, Eli Lilly, ICI, Schering und Genentech.

furchtsvoll von außen bestaunt. Und da es in diesen monolithischen Block kein Eindringen zu geben scheint, verleitet Kritik nur zu schnell zur Verteufelung *der* Wissenschaft. Gerade diejenigen engagierten Kritiker, die in berechtigter Sorge über die Folgen der Wissenschaft gleich einen ganzen Forschungszweig lahmlegen wollen, treiben in nur zu häufig blindem Eifer, der keine differenzierteren Argumente mehr zuläßt, die »Ketzer« innerhalb der Wissenschaft wieder in den Schoß ihrer Kirche zurück. Denn innerhalb der Kirche wächst der Druck gegen die Kritiker. Vor die Wahl der Exkommunikation oder des Schweigens gestellt, wählen sie das für sie kleinere Übel.

Eine Öffentlichkeit aber, die ganz einfach die Stillegung eines ganzen Forschungsgebiets verlangt, wählt das größere Übel. Sie trägt dazu bei, das kritische Potential innerhalb der Wissenschaft zu unterdrücken, auf das sie – wie die Diskussion der Genübertragung in den Vereinigten Staaten zeigt – angewiesen wäre. Sie müßte vielmehr darauf drängen, die kritische öffentliche Diskussion von Wissenschaft möglich und politisch wirksam zu machen.

Der Hebel Technik

Die Revolutionierung der Natur dient der Restauration eines Gesellschaftssystems, das sich der Lösung seiner inneren Widersprüche durch fortwährende technische Flucht nach vorn entzieht. Neue Techniken werden zunächst nicht entwickelt, um bestimmte gesellschaftlich definierbare Bedürfnisse zu befriedigen, sondern um dem Wachstumsimperativ einer kapitalistischen Wirtschaft und ihrer Ableger in den Ländern des real existierenden Sozialismus zu genügen. Gesellschaftliche Konflikte, politische Gegensätze werden nicht auf der Ebene ausgetragen, auf der sie entstehen, sondern mittels Technik und des durch sie geschaffenen Zuwachses an Gütern und Leistungen auf ein höheres Niveau der Beherrschung von Natur und Menschen übertragen. Entwicklung und Einsatz immer neuer Techniken müssen gesellschaftliche und politische Konfliktpotentiale überbrücken. Dies gelingt jedoch nur temporär. Solange die inneren Widersprüche fortbestehen, die die Entwicklung von Technik vorantreiben, zieht Technik stets die Notwendigkeit neuer Technik nach sich.

Technik gleicht so einem Hebel, der begrenzte innere Widersprüche einer Gesellschaft auf einem immer länger werdenden Hebelarm überträgt.

Diese Dynamik des technischen Fortschritts hat, indem sie die menschliche Verfügung über die Kräfte der Natur vergrößert, zweifellos auch zur Befreiung von Menschen aus Armut, Krankheit und Elend beigetragen. Es wäre absurd, diesen Fortschritt zu leugnen oder irgendwo willkürlich eine Grenze in der Entwicklung von Technik zu ziehen.

Mit der Länge des Hebelarms wächst jedoch die Gefahr, daß die Antriebskraft der fortbestehenden gesellschaftlichen und politischen Gegensätze den Versuch, die Naturkräfte zu bändigen, in das Gegenteil umschlagen läßt und sie unkontrollierbar entfesselt, oder in biologisch perfektionierter Unterdrückung enden wird. Diese Gefahr ist neu in einem Jahrhundert, das innerhalb kurzer Zeit zwei der fundamentalen Naturprinzipien in menschliche Regie genommen hat: das Prinzip der kosmischen Energieerzeugung und nun das der Evolution des irdischen Lebens.

Die Geschichte kennt genügend Fehlentwicklungen einzelner Gesellschaften, um die heutige Bedrohung, die vom industrialisierten Teil der Welt ausgeht, in eine lange historische Tradition zu stellen. Es gab Kriege, ganze Völker wurden ausgerottet, Gesellschaftssysteme zerfielen unter dem Druck der von ihnen erzeugten Probleme. Eine solche Entwicklung vollzog sich während der Neolithischen Revolution, in der die Urgemeinschaft der Jäger und Sammler sich auflöste und von einer neuen Gesellschaft abgelöst wurde, die die Technik und die gesellschaftlichen Institutionen entwickelte, die Probleme der Urgemeinschaft zu lösen. So könnte man auch heute auf dieses bewährte historische Entwicklungsprinzip setzen.

Neu ist jedoch, daß in unserer Zeit die Entwicklung der Technik erstmals die menschliche Art mit der Gefahr der Selbstvernichtung konfrontiert. Das Veränderungs- und Zerstörungspotential der Technik stellt den Fortbestand des Lebens auf der Erde und der menschlichen Freiheit zur Selbstbestimmung in Frage. Während die Technik das Bestehen der gesellschaftlichen und politischen Strukturen zu garantieren hat, die diese Entwicklung vorantreiben, gefährdet sie die Zukunft der Menschheit. Das schafft die neue historische Dimension.

Daher wird es notwendig, neue politische Lösungen des Technikproblems zu finden. Neue Lösungen können sich aber nur aus der Überwindung der gesellschaftlichen und politischen Strukturen entwickeln, die diese Art Fortschritt erzeugen. Dies jedoch aus rein »technischen« Gründen zu fordern, hieße die Welt mit totgeborenen Illusionen retten zu wollen.

Ein Beispiel lieferten nach Ende des 2. Weltkrieges die amerikanischen

Atomphysiker. Diese Wissenschaftler meinten, die Schrecken der kurz zuvor von ihnen entwickelten Waffe müßten die *Staatsmänner* der Welt zur Einsicht bringen: Da ein atomar geführter Weltkrieg angesichts der fortbestehenden politischen Gegensätze zwischen den Staaten unvermeidlich wäre, und dieser Krieg nur mit der Vernichtung der Menschheit enden könnte, müßten sich die Staaten in einem Weltstaat zusammenfinden. Und nur ein Weltstaat, in dem es keine Kriege, sondern nur noch begrenzte Polizeiaktionen geben würde, könnte das Atomwaffenproblem auf Dauer lösen. Als diese schöne Utopie an der politischen Wirklichkeit – in der die politischen und gesellschaftlichen Gegensätze, deren technischer Ausdruck Wettrüsten und atomare Bedrohung sind, weiter existieren – scheiterte , waren viele dieser Wissenschaftler auf einmal wieder bereit, zum Schutz der »Freiheit« auf der Welt die nächste Stufe des nuklearen Wettrüstens einzuleiten.[273]

Solange die großen Utopien an der gesellschaftlichen und politischen Realität scheitern müssen, ist es sinnlos auf sie zu setzen, um begrenzte Ziele der Technik- bzw. Rüstungspolitik zu verfolgen. Das grundsätzliche Hindernis, die fortbestehenden politischen Gegensätze und gesellschaftlichen Widersprüche lassen sich nicht mit dem Hinweis auf die katastrophalen Folgen technischer Fehlentwicklungen aus dem Weg räumen. Denn Technik ist nichts anderes als ein Mittel zur Stabilisierung der politischen Verhältnisse, die sie hervorbringen. Eine Lösung kann daher nicht von oben angeboten werden, etwa durch Einsicht der Politiker, durch Verantwortungsbewußtsein der Unternehmer (bzw. ihrer staatsbürokratisierten Pendants in den Ländern des real existierenden Sozialismus) oder durch Friedensliebe der Militärs – denn Militärs sind ja berufsspezifisch per definitionem friedliebend, Unternehmer verantwortungsvoll und Politiker einsichtig. Eine Antwort auf die Herausforderung kann daher nur von unten kommen. Lösungen können sich nur entwickeln, wenn die bisher passiven Objekte des Fortschritts sich mit dessen Folgen auseinandersetzen, wenn der Kampf um gesellschaftliche und politische Emanzipation rechtzeitig wissenschaftliche und technische Entwicklungen einbezieht.

Unternehmer, Bürokraten, Politiker, Militärs und Wissenschaftler bedienen sich des Instruments von Wissenschaft und Technik, um innerhalb der gesellschaftlichen Konventionen legitime Ziele zu verfolgen. Es sind Ziele, die sich aus dem gesellschaftlichen Selbstverständnis dieser Gruppen ergeben und die unmittelbar mit der Wahrnehmung ihrer Gruppeninteressen verbunden sind. Indem diese Gruppen die Möglichkeit haben, ihre partikularen Ziele zu gesellschaftlichen Zielen zu erklären und über die Mittel verfügen, die notwendigen Abhängigkeiten zu schaffen, wird der Widerspruch für die Mehrheit nie evident.

»Was erreicht wurde«, schrieben Winnacker und Wirtz in ihrem Buch über das »Unverstandene Wunder« von der Kernenergieentwicklung in Deutschland, »ist ein Beispiel zielstrebiger und weltoffener Wissenschaftspolitik, die in unserer jungen demokratischen Gesellschaftsordnung erst einmal hat gehen lernen müssen. Staat und Gesellschaft, Wissenschaft und Wirtschaft haben zusammengefunden.«

Und gerade in dieser Vereinigung liegt ein entscheidendes Problem. Die Wirtschaft, die einen großen Teil der Wissenschaft glücklich vereinnahmt hat und die staatlichen Entscheidungen dominiert, weist sich als gleichberechtigter Partner einer Gesellschaft aus, in der sie bereits die ersten, noch fast schüchtern vorgetragenen Emanzipationsversuche mit dem Hinweis erstickt, der Fortschritt verlange Opferbereitschaft.

Nichts könnte die Verwirrung deutlicher demonstrieren, als die offiziellen und halboffiziellen Kommentare zu den Folgen der raschen Verbreitung produktivitätssteigernder Mikroelektronik in der Industrie, in Handels- und Dienstleistungsbetrieben. Auf der einen Seite erklärt ein junger vom technischen Fortschritt ganz offensichtlich überraschter Forschungsminister: »Wir stehen heute vor der Herausforderung, durch international abgestimmte Maßnahmen die zeitweise Nichtverbreitung jener zivilen Technologien zu ermöglichen, deren Anwendung schwere soziale Verwüstungen nach sich ziehen würde.« Dem widerspricht das Marktwirtschaftsargument, wie es etwa das Rheinisch Westfälische Wirtschaftsforschungsinstitut in Essen formuliert: eine soziale Absicherung gegen Arbeitsverlust hieße »den technischen Fortschritt und damit die Grundlage für einen steigenden Lebensstandard aller zugunsten einer Einkommens- und Arbeitsplatzsicherung weniger zu blockieren«.[274]

Beides überzeugt nicht. Denn deutlich zeichnet sich ab, daß der technische Fortschritt an eine Grenze führt, die auf Dauer weder durch soziale Absicherung noch durch Opferbereitschaft gehalten werden kann, sondern die – angesichts schrumpfender wirtschaftlicher Expansionsmöglichkeiten – die Grenze der sozialen Anpassungsfähigkeit eines privatwirtschaftlich organisierten Gesellschaftssystems ist.

Es geht heute um nichts Geringeres, als den Entscheidungsprozeß über die Anwendung grundlegender neuer Techniken dem politischen Willen derer zu unterwerfen, die von ihm betroffen werden. Die Entscheidungsverfahren müssen nicht nur technizistisch – etwa über Sicherheits- und

Schutzauflagen – kontrolliert, sondern politisch von der Wahrnehmung von Partikularinteressen gelöst werden. Dies ist ein allgemeines Problem der staatlichen Technikpolitik. Doch die synthetische Biologie stellt einen abgrenzbaren Teilbereich dar, dessen spezifische Probleme unmittelbar gelöst werden müssen.

Die Kontrolle von *genetic engineering* in Landwirtschaft, Industrie und Medizin darf sich nicht auf das Problem der Biogefahren beschränken. Die Art der Eingriffe macht die Veränderungen potentiell unwiderrufbar. Das allen Lebewesen gemeinsame Substrat der Erbsubstanz wird gezielt verändert, die Produkte in großen Mengen hergestellt und ein Teil davon auch freigesetzt. Die Erzeugnisse der Geningenieure sind eben nicht toten Sachen vergleichbar. Es sind Lebewesen, die die Evolution des Lebens prägen werden. Im Gegensatz zu der leichtfertigen Begründung des US-Patentgerichtshofes, der sie toten Chemikalien gleichsetzt, sind genetisch veränderte Organismen selbst dann Lebewesen, wenn man sie zur Produktion toter Chemikalien einsetzt. Als Träger von Erbmaterie enthalten sie den allen Lebensformen gemeinsamen genetischen Code, der sie zum Bestandteil der Evolution macht. Monopolisierung der Evolution muß verhindert werden.

Dazu wird eine gesetzliche Regelung unumgänglich. Sie muß für alle gleichermaßen verbindliche Regelungen schaffen, um unwiderrufbare Veränderungen zu kontrollieren. Diese Kontrollnotwendigkeit hat Vorrang vor politischen Sonderrechten einzelner Gruppen oder Institutionen. Ziel dieser gesetzlichen Regelung muß ein *staatliches Monopol* sein, das allenfalls widerrufbare Nutzung, nicht aber Besitz der diskutierten Gruppe von künstlich hergestellten Lebewesen erlaubt. Über diese staatliche Regelung hinaus werden internationale Absprachen notwendig, die einheitliche Kriterien schaffen. Letzteres sollte ein Ziel, keine Voraussetzung sein. Denn daß irgendwo auf der Welt etwas gemacht werden könnte, was hierzulande verboten sei, ist ein nur zu wohlfeiles Argument, um jeden Kontrollversuch abzublocken.

Die Entscheidung über die technische Nutzung der Produkte der synthetischen Biologie einer staatlichen Institution zu übertragen, wäre sinnlos, wenn diese Kontrollinstanz von den Gruppen beherrscht würde, die die Realisierung ihrer Partikularinteressen als die zentrale Aufgabe des Staates begreifen. Das bedeutet nichts anderes, als diese Kontrollinstanz mit Vertretern der betroffenen Bevölkerung zu besetzen, mit Bürgern, die frei von unmittelbaren wirtschaftlichen oder wissenschaftlichen Interessen entscheiden.

Die Beratungen und Empfehlungen des Cambridge Experimentation Review Board sind auf dem begrenzten Gebiet der Beurteilung eines lokalen Sicherheitsproblems beispielhaft. Sie zeigten, daß auch Laien sich genügend Fachkenntnisse aneignen können, um entscheiden zu können. Der Einwand, daß Laien stets vom Urteil der Fachleute abhängig blieben, und daher ein technizistisches Entscheidungsverfahren vorzuziehen wäre, in dem die Fachleute selbst entscheiden sollten, ist nicht stichhaltig. Gewiß werden sich Nichtfachleute bei ihren Entscheidungen stets auf Erkenntnisse von Wissenschaftlern und Empfehlungen von Experten stützen müssen. Ziel ist nicht, sachliche Rationalität auszuschalten und wirtschaftliche Gesichtspunkte als unerheblich abzutun, sondern ihren relativen Stellenwert zu erkennen und in Entscheidungen zu berücksichtigen, die letztlich keine Sachentscheidungen sind.

Vertreter der nicht unmittelbar interessengebundenen Bevölkerung können und sollen keine eigenen wissenschaftlichen oder wirtschaftlichen Gesichtspunkte zu diesem Entscheidungsverfahren beisteuern. Aber sie können und sollen allgemeinere Fragen formulieren und andere Interessen berücksichtigen als die Gruppen, die diese Entscheidungen der Technikpolitik bisher dominiert haben. In der Entwicklung der Neuen Biologie muß verhindert werden, daß die bekannte Koalition von interessengebundenen Wissenschaftlern – die sich per definitionem als die wahren Experten ausgeben – Industrievertretern und Vertretern der Ministerialbürokratie im Kurzschlußverfahren Projekte formuliert und verabschiedet, die nur im Selbstverständnis dieser Gruppen notwendig sind, und deren weitere Behandlung durch das gemeinsame Interesse vorgezeichnet ist, ein einmal initiiertes Projekt unter allen Umständen zum Erfolg zu führen. In dieses scheinbar rationale Verfahren ein Moment kalkulierter »Irrationalität« zu tragen, die in Wahrheit Wahrnehmung eines vor jeder Sachentscheidung stehenden politischen Rechts ist, muß das Ziel sein.

Verändern

Die Geschichte der gescheiterten Gesetzentwürfe in den USA und das geschickte Taktieren des seinerzeit für Technologieentwicklung in der Bundesrepublik zuständigen Ministers zeigen, wie sehr die interessierten Gruppen auf eine interne Behandlung der Probleme bedacht sind. Man gibt sich den Anschein, als handle es sich um reine Sachfragen, die am besten im kleinen Kreis entschieden würden. Man habe die Probleme fest im

Griff – und so ist es tatsächlich. Gleichzeitig werden jedoch Anwendungen vorbereitet, die dann eines Tages verwirklicht werden, da es angeblich der »Fortschritt« so will.

Die Masse ist dieser Veränderung bisher passiv ausgesetzt gewesen. Objekt des Fortschritts, eines Begriffes, hinter dessen Anonymität sich die Interessen verbergen, die zur Entwicklung dieser und keiner anderen Technik beigetragen haben. Bereits die ersten Streiks, in denen erstmals in der Geschichte der Bundesrepublik Gewerkschaften gesellschaftliche und politische Probleme neuer Techniken aufgreifen, ziehen den Vorwurf von Fortschrittsfeindlichkeit auf sich. Man gibt sich den Anschein, als sei *der* Fortschritt eine vor jeder politischen Auseinandersetzung stehende Sache, der *man* sich anzupassen habe, ohne je zu fragen, *was* denn Fortschritt ist, *wer* die Richtung bestimmt und *wer* Nutzen daraus zieht.

Die Fortschrittsparolen im Ohr, erlebt die Masse ohnmächtig die Folgen. Die Produktivität der Arbeit steigt, doch immer mehr Menschen werden arbeitslos. Die Aktivposten der volkswirtschaftlichen Bilanz schlagen sich negativ in der persönlichen Lebenssituation nieder. Die Funktionalisierung der Arbeit und die Kommerzialisierung des Lebens werden als Abbau von Freiheit und als Einschränkung menschlicher Spontaneität erfahren. Eine durch die Verheißungen des Konsumangebots und der Werbung künstlich hochgeputschte Erwartungshaltung kann allenfalls materiell, nicht aber psychisch befriedigt werden.

Das Entscheidungsverfahren über vermeintliche Sachfragen der Technikentwicklung zu politisieren, wird unumgänglich. Von den sie beherrschenden Gruppen wird Technikentwicklung ohnehin als politisches Instrument behandelt, das ihre Macht erhält und vergrößert: Die angeblichen Sachentscheidungen haben weitreichende wirtschaftliche, gesellschaftliche und politische Folgen. Je früher dies bei der Entwicklung einer so fundamentalen Technologie wie der synthetischen Biologie realisiert wird, desto größer sind die Möglichkeiten, diese Entwicklung dem Willen derjenigen zu unterwerfen, die sonst nur ihre Opfer sein würden.

Sie müssen ihr Recht wahrnehmen, durch öffentliche Kritik und politischen Druck Einfluß auf eine Entwicklung zu nehmen, die ihre Zukunft entscheidend prägen wird. Eine Antwort auf die Herausforderung der synthetischen Biologie kann sich nur aus einer kritischen öffentlichen Auseinandersetzung mit denjenigen entwickeln, die die Herausforderung stellen und die Grundlagen für die Welt von morgen schaffen.

Es gibt heute ein breites Spektrum von Gruppen und Organisationen, die kritisch gegenüber der privatwirtschaftlich und staatlich geplanten

Technikentwicklung geworden sind. Doch haben sie bisher aufgrund ihrer gruppenspezifischen Erfahrungen und Interessen weitgehend isoliert gekämpft: Die ökologische Bewegung hat erst spät, zum Teil überhaupt noch nicht realisiert, daß Ausbeutung von Natur und Mensch nur zwei unterschiedliche Aspekte derselben Produktionsweise sind. Die Antiatombewegung sah sich im Gegensatz zu den um Arbeitsplätze besorgten Gewerkschaften. Die Gewerkschaften beginnen nun, nachdem sie von einer von ihnen unkontrollierbaren Rationalisierungswelle überrascht worden sind, sich erstmals seit dem Ende des 2. Weltkriegs mit den Folgen der Technik auseinanderzusetzen und streiken gegen die Einführung neuer Techniken, obwohl auch sie Arbeitsplätze sichert. Es wird in Zukunft darum gehen, die gemeinsamen Ziele zu erkennen und gemeinsam für diese Ziele zu kämpfen.

Nur ein wachsendes Bewußtsein für die Probleme einer grundlegend neuen Technik, öffentliche Kritik und politischer Druck gegen das Kurzschlußverfahren der bisherigen Technikentwicklung können verhindern, daß die zweite biologische Revolution der Menschheitsentwicklung die Evolution monopolisieren und, unter dem Diktat der sogenannten Sachzwänge, in der biologischen Domestizierung des Menschen enden wird.

Nicht »Anpassung des Menschen an die Gegebenheiten der modernen Zivilisation« ist biologische Notwendigkeit, sondern die Befreiung von gesellschaftlichen und politischen Zwängen, die nur diese eine, die technische Lösung gesellschaftlicher Probleme kennen. Die biologischen Voraussetzungen wurden schon vor Zehntausenden von Jahren geschaffen. Technik liefert nur Mittel. Heute gilt es die Möglichkeiten zu verwirklichen, die die biologische und die soziale Evolution im Menschen als gesellschaftlichem Wesen angelegt haben.

Anmerkungen

Die folgenden Seiten sind ausschließlich als Quellennachweis gedacht. Sie enthalten keine Kommentare und sind daher nur für denjenigen wichtig, der sich anhand von Originalliteratur zusätzlich informieren will. Aus Platzgründen sind Titel nur für Bücher, nicht jedoch für Zeitschriften und Zeitungsartikel angegeben. Bei Wiederholung einer bereits früher zitierten Literaturstelle verweist eine in Klammern gesetzte Ziffer auf das erste Zitat.

1 C. F. von Weizsäcker, *bild der wissenschaft*, 4/1977 S. 168ff
2 J. Abelson, *Science*, Vol. 196, 1977, S. 159ff
3 Julie Ann Miller, *Science News*, Vol. 111, 1977, S. 216ff
4 William Bennett and Joel Gurin, *Atlantic*, Februar 1977, S. 43ff; Colin Norman, *Nature*, Vol. 254, 1975, S. 6ff
5 Robert Sinsheimer, Vortragsmanuskript, Forum: *Research with Recombinant DNA*, 7. – 9. 3. 1977, Nat. Acad. Sciences USA
6 H. G. Zachau, Interview d. Verf. 1977
7 George Alexander, *Int. Herald Tribune,* 7. 10. 1977
8 Jean L. Marx, *Science*, Vol. 197, 1977, S. 1350ff
9 Joseph Weizenbaum, *Die Macht der Computer und die Ohnmacht der Vernunft*, Frankfurt 1977, S. 339
10 *MPG-Presseinformation*, 13. 7. 1977
11 James F. Danielli, *Int. Rev. Cytol., 38*, 1974, S. 1ff
12 F. Ausubel, J. Beckwith, K. Jansen, *Psychol. Today*, Juni 1974, S. 30ff
13 J. Beckwith, in: E. R. Koch, W. Keßler, *Menschen nach Maß*, Reinbek 1976
14 François Jacob, *Science*, Vol. 196, 1977, S. 1161ff
15 Bernard D. Davis, *American Scientist*, Vol. 65, 1977, S. 547ff
16 Mark Twain, *Durch Dick und Dünn*, Werke Bd. 3, München 1977, S. 120
17 Maurice Godelier, *Ökonomische Anthropologie*, Reinbek 1973, S. 54
18 F. Hole, K. Flannery, *Proc. Prehist. Soc.,* 33, S. 201ff
19 Claude Lévi-Strauss, *Das Wilde Denken*, Frankfurt 1968, S. 15
20 ebenda, S. 60
21 ebenda, S. 272
22 W. Franke, *Nutzpflanzenkunde*, Stuttgart 1976, S. 1
23 Zahlen aus: D. Gabor et al., *Das Ende der Verschwendung,* Stuttgart 1976, S. 210; J. R. Harlan, *Scientific American*, Vol. 235, 1976, S. 89ff
24 P. R. Jennings, *Scientific American*, Vol. 235, 1976, S. 181ff
25 N. W. Simmonds (Hrsg.), *Evolution of Crop Plants*, London, New York 1976
26 N. W. Simmonds 1976, in: (25.), S. 279ff
27 Major M. Goodman 1976, in: (25.), S. 128ff
28 Barbara Pickersgill 1976, in: (25.), S. 14ff

29 Kent V. Flannery, in: P. J. Ucko, G. W. Dimbleby, *The Domestication and Exploitation of Plants and Animals*, Chicago 1969, S. 73ff
30 Claude Lévi-Strauss, *Strukturale Anthropologie II*, Frankfurt 1975, S. 357
31 Claude Lévi-Strauss 1968, in: (19.), S. 134
32 Klaus Eder, *Die Entstehung Staatlich Organisierter Gesellschaften*, Frankfurt 1976, S. 45
33 J. G. Hawkes 1969, in: Ucko, Dimbleby (29.), S. 17ff; Daniel Zohary, ebenda, S. 47ff
34 W. van Zeist, ebenda, S. 35ff
35 J. G. Hawkes, ebenda, S. 17ff
36 Barbara Pickersgill, ebenda, S. 443ff
37 C. Lévi-Strauss 1968, in: (19.), S. 90f
38 J. R. Harlan 1976, in: (23.)
39 Cyril D. Darlington, *The Evolution of Man an Society*, London 1969, S. 85ff
40 Erik P. Eckholm, *Losing Ground*, New York 1976, S. 116
41 Karl Mägdefrau, *Geschichte der Botanik*, Stuttgart 1973, S. 50–59
42 Robert C. Olby, *Origins of Mendelism*, London 1966, S. 49
43 François Jacob, *Die Logik des Lebendigen*, Frankfurt 1972, S. 35f
44 Robert Olby 1966, in: (42.) S. 26ff
45 ebenda, S. 39ff
46 ebenda, S. 63
47 Jaroslav Kříženecký, *Gregor Johann Mendel, Texte und Quellen zu seinem Leben und Werk*, Leipzig 1965
48 R. Olby 1966, in: (42.), S. 105
49 Max Delbrück, *Science*, Vol. 168, 1979, S. 1312ff
50 Elof A. Carlson, *The Gene*, Philadelphia, London 1966, S. 51ff
51 Robert C. Olby, *The Path to the Double Helix,* Seattle 1974, S. 140ff
52 Niels Bohr, *Die Naturwissenschaften*, 13/1933, S. 17ff
53 Max Delbrück, in: J. Cairns, G. Stent, J. D. Watson (Hrsg.), *Phagen und die Entwicklung der Molekularbiologie*, Berlin 1972, S. 7ff
54 Nicholas C. Mullins, *Minerva, 10*, 1972, S. 45ff
55 R. Olby 1974, in: (51.), S. 232
56 K. G. Zimmer, in: Cairns et al. 1972, (53.), S. 45ff
57 Max Delbrück 1970, in: (49.), S. 1312ff
58 Aaron Novick, in: Cairns et al. 1972, (53.), S. 135ff
59 Erwin Schrödinger, *Was ist Leben?*, München 1951
60 Gunther Stent, in: Cairns et al. 1972, (53.), S. 13ff
61 Robert Olby, *Daedalus*, 1970, S. 938ff
62 Robert Olby 1974, in: (51.), S. 103
63 ebenda, S. 24ff; Rollin D. Hotchkiss, in: Cairns et al. 1972, (53.), S. 178ff
64 Gunther Stent, *Science*, Vol. 168, 1968, S. 390ff
65 Erwin Chargaff, *Essays on Nucleic Acids,* New York 1963, S. 176
66 Robert Olby, in: (51.), S. 190ff; Hotchkiss in: Cairns et al. (53.), S. 178ff

67 Erwin Chargaff 1963, in: (65.), S. VIII
68 Robert Olby 1974, in: (51.)
69 Erwin Chargaff, *Science*, Vol. 172, 1971, S. 637ff
70 Thomas F. Anderson, in: Cairns et al. 1972, (53.), S. 72ff
71 James D. Watson, *Die Doppel-Helix*, Reinbek 1976
72 George W. Beadle, in: Cairns et al. 1972, (53.), S. 34ff
73 James D. Watson, F. H. C. Crick, *Nature*, April 1953, S. 737
74 Max Perutz, *New Scientist*, Oktober 1976, S. 144ff; Robert Olby 1970, in: (61.)
75 Clifford Grobstein, *Scientific American*, Vol. 237, 1977, S. 22ff
76 Niels Bohr, *Die Naturwissenschaften*, 50. Jahrg., 1963, S. 57
77 Hermann J. Muller, in: Gordon Wolstenhome (Hrsg.), *Man and his Future*, London 1963, S. 246f
78 Joshua Lederberg, ebenda S. 263ff
79 Paul Berg, in: W. A. Scott, R. Werner (Hrsg.), *Molecular Cloning of Recombinant DNA*, Miami Winter Symposia, Vol. 13, New York, San Francisco, London 1977, S. 1ff; Michael Rogers, *Biohazard*, New York 1977, S. 33–40
80 Peter Barton Hutt, in: National Instituts of Health (Hrsg.), *Recombinant DNA-Research*, Vol. 1, Washington 1976, S. 333
81 Nicholas Wade, *The Ultimate Experiment*, New York 1977, S. 29 – 34
82 Horace Freeland Judson, *Harpers*, Juni 1975, S. 70ff
83 William Bennett, Joel Gurin, *Atlantic*, Februar 1977, S. 43ff
84 Nicholas Wade 1977, in: (81.)
85 Stanley Cohen, *Scientific American*, Juli 1975, S. 25ff
86 Victor Cohn, *The Washington Post*, 26. 9. 1977
87 N. Wade 1977, in: (81.), S. 27
88 Stanley Cohen 1975, in: (85.)
89 H. F. Judson 1975, in: (82.)
90 Maxine Singer, Dieter Soll, *Science*, Sept. 1973
91 Stanley Cohen, *Science*, Vol. 195, 1977, S. 654
92 N. Wade, *Science*, Vol. 185, 1974, S. 322; Bennett, Gurin 1977, in: (83.)
93 P. Berg 1977, in: (79.)
94 P. Berg et al., *Science*, Juli 1974, S. 303
95 J. Watson, *The CoEvolution Quarterly*, Sommer 1977, S. 40f
96 Michael Rogers 1977, in: (79.), S. 45f
97 P. Berg 1977, in: (79.)
98 Bennett, Gurin 1977, in: (83.)
99 James Watson 1977, in: (95.)
100 Arthur Lubow, *New Times*, 1977, S. 48ff
101 Editorial, *Nature*, Vol. 251, 1974, S. 1
102 E. S. Anderson, *Nature*, Vol. 250, 1974, S. 279
103 Michael Rogers, *Rolling Stone*, 19. Juni 1975, S. 37ff
104 N. Wade 1977, in: (81.), S. 104

105 ebenda, in: (80.), S. 59

106 ebenda

107 Paul Berg et al., *Proc. Nat. Acad, Sci., USA*, Vol. 72. No. 6, 1975, S. 1981ff

108 N. Wade, *Science*, Vol. 187, 1975, S. 931; Rogers 1975, in: (103.); Bennett, Gurin 1977, in: (4.)

109 H. F. Judson 1975, in: (82.)

110 J. D. Watson, *Bull. of the Atomic Scientists*, Mai 1977, S. 12ff

111 Bennett, Gurin 1977, in: (4.)

112 N. Wade 1977, in: (81.), S. 51

113 M. Rogers 1975, in: (103.)

114 ebenda und ders. 1977, in: (79.), S. 81f

115 N. Wade 1977, in: (81.), S. 89 – 97

116 National Inst. of Health (Hrsg.), *Environmental Impact Statement,* Oktober 1977, S. 2

117 N. Wade 1977, in: (115.)

118 Robert Sinsheimer, *New Scientist*, Okt. 1975, S. 148ff

119 Colin Norman, *Nature*, Vol. 258, 1975, S. 561

120 H. J. Otte, *Leitfaden der Medizinischen Mikrobiologie,* Stuttgart 1974, S. 113ff

121 Arthur L. Koch, *Perspectives in Biology and Medizine,* Herbst 1976, S. 44ff

122 M. Duncan, R. Goldstein, S. Orrego, P. Primakoff, in: (80.), S. 350ff

123 Erwin Chargaff, *Science*, Vol. 192, 1976, S. 938f

124 N. Wade 1977, in: (81.), S. 81 – 83

125 Donald S. Fredrickson 1976, in: (80.), S. 2ff

126 ebenda, S. 140–149

127 ebenda, S. 1–43

128 Richard P. Novick, *Bull. of the Atomic Scientists*, Mai 1977, S. 16ff

129 Nicholas Wade, *Science*, Vol. 195, 1977, S. 378

130 N. Wade 1975, in: (108.); J. Watson 1977, in: (110.)

131 R. Sinsheimer 1977, in: (5.)

132 N. Wade, *Science*, Vol. 196, 1977, S. 39f

133 Burke K. Zimmermann 1977, in: (116.), Appendix K-55 – 76

134 NIH 1977, in: (116.), S. 73 – 79

135 R. Sinsheimer 1977, in: (5.)

136 J. Watson 1977, in: (95.)

137 David Baltimore 1976, in: (80.), S. 248–253

138 Peter Hans Hofschneider 1977, Interview d. Verf.

139 Peter Starlinger, *Umschau in Wissenschaft und Technik, 76*, Heft 24, S. 775

140 R. Sinsheimer 1977, in: (5.)

141 R. Sinsheimer, *New Scientist,* 20. Jan. 1977, S. 50ff

142 Bernard D. Davis 1977, in: (15.)

143 Bernard D. Davis, in: J. Schulz, Z. Brada (Hrsg.), *Genetic Manipulation as it Affects the Cancer Problem*, Miami Winter Symposia, Vol. 14, New York, San

Francisco, London 1977, Diskussion, S. 217ff; B. D. Davis, in: *TIBS*, August 1976, Discussion Forum, S. N 178ff
144 R. Sinsheimer, ebenda, S. N 178ff
145 R. Sinsheimer 1977, in: Schulz (Hrsg.), (143.)
146 James F. Danielli 1974, in: (11.)
147 Bernard D. Davis, *C & EN*, 30. Mai 1977, S. 27ff
148 N. Wade, *Science*, Vol. 194, 1976, S. 303; R. Sinsheimer 1977, in: (141.)
149 Erwin Chargaff, *Science*, Vol. 159, 1968, S. 1448f; ders. *Nature*, Vol. 248, 1974, S. 776; ders. *Ann. Rev. Biochem.*, 1976, S. 1ff; ders. *Nachr. aus Chemie und Technik,* Bd. 5, Heft 1/1977 S. 5ff; ders. *Scheidewege*, Jahrg. 7, 1977, Heft 1, S. 83ff und Heft 2, S. 131ff; ders. 1963, in: (65.); ders. 1976, in: (123.); ders. Interview d. Verf., 1977
150 N. Wade, *Science*, Vol. 194, 1976, S. 705f.
151 A. Lubow 1977, in: (100.)
152 *Time* (Europaausgabe), 18. April 1977, S. 46ff; Editorial *C & EN*, 30. Mai 1977, S. 26
153 N. Wade 1977, in: (81.), S. 134
154 Jonathan King, *New Scientist*, Juni 1977, S. 634ff
155 Erwin Chargaff, Interview d. Verf., 1977
156 David Baltimore 1976, in: (80.)
157 Robert Sinsheimer 1977, in: (143.)
158 Arthur Lubow 1977, in: (100.)
159 George Wald, *Science*, Vol. 194, 1976, S. 6
160 Roger Lewin, *New Scientist*, 6. Okt. 1977, S. 16ff
161 Barbara Culliton, *Science*, Vol. 193, 1976, S. 300f
162 A. Lubow 1977, in: (100.); Bennett, Gurin 1977, in: (4.)
163 David Gumpert, *The Wall Street Journal,* 28. Sept. 1976
164 W. Bennett, J. Gurin, *Harvard Magazine*, Okt. 1976, S. 15ff; dieselben 1977, in: (4.)
165 Roger Lewin 1977, in: (160.)
166 Bennett, Gurin 1976 und 1977, in: (164.); R. Lewin 1977, in: (160.)
167 Frank Tripett, *Time*, 7. März 1977
168 The Cambridge Experimentation Review Board, *Bull. of the Atomic Scientists,* Mai 1977, S. 23ff; Sheldom Krimsky, *C & EN*, 30. Mai 1977, S. 36ff
169 Jonathan King 1977, in: (154.)
170 N. Wade, *Science*, Vol. 195, 1977, S. 268f
171 D. Baltimore 1976, in: (80.); A. Lubow 1977, in: (100.)
172 Boyce Rensberger, *The New York Times*, 22. Okt. 1976
173 Walter Sullivan, *The New York Times*, 23. Feb. 1977
174 E. M. Leeper, *BioScience*, Mai 1977, S. 317ff
175 Roger Lewin, *New Scientist*, 10. März 1977, S. 571; ebenda 17. März 1977, S. 628ff
176 Philip Handler, *C & EN*, Mai 1977, S. 3

177 Jeremy Rifkin, *Mother Jones*, Feb./März 1977, S. 23ff
178 Victor Cohn, *The Washington Post*, 20. Nov. 1976; N. Wade, *Science*, Vol. 195, 1977, S. 762
179 Barbara J. Culliton, *Science*, Vol. 199, 1978, S. 274ff
180 Philip Handler 1977, in: (176.)
181 N. Wade, *Science*, Vol. 197, 1977, S. 348f; Victor Cohn, *Int. Herald Tribune*, 20. Juli 1977
182 Walter Sullivan, *The New York Times*, 31. Juli 1977; Norton H. Zinder (Hrsg.), *News from the Rockefeller University*, Juli 1977; Walter Gilbert, *Science*, Vol. 197, 1977, S. 208
183 Philip H. Abelson, *Science*, Vol. 197, 1977, S. 1
184 Roger Lewin, *New Scientist*, 6. Okt. 1977, S. 3
185 N. Wade 1977, in: (181.); B. Culliton 1978, in: (179.)
186 Ching Chang, Stanley Cohen, *Proc. Nat. Acad. Sci. USA*, Vol. 74, No. 11, Nov. 1977, S. 4811ff; R. Lewin 1977, in: (184.)
187 Peter R. Day, *BioScience*, Vol. 27, No. 9, 1977, S. 594
188 Victor Cohn, *Int. Herald Tribune*, 29. 9. 1977; B. Culliton 1978, in: (179.)
189 Diskussionsrunde, *bild der wissenschaft*, 12/1977, S. 164ff
190 Holger Strohm, *Genmanipulation und Drogenmißbrauch,* Hamburg 1977
191 Diskussionsrunde 1977, in: (189.)
192 ohne Verf., *Umschau*, Heft 14 1977, S. 463ff
193 Bundesministerium für Forschung und Technologie (Hrsg.), *Förderungskatalog* 1975 und 1976
194 Norbert Binder, BMFT, Interview d. Verf.
195 Peter Starlinger, Brief an den Verf., 1977
196 Peter Hans Hofschneider, Interview d. Verf., 1977
197 Peter Starlinger und Hans J. Eggers, Interview d. Verf., 1977
198 *BMFT Mitteilungen*, 2/77, März 1977
199 Hans Matthöfer, *dpa* Interview, 30. 3. 1977
200 BMFT (Hrsg.), Stand 21. Jan. 1978
201 Chris Sherwell, *Nature,* Vol. 266, 1977, S. 2
202 Norbert Binder, BMFT, tel. Auskunft, 1978
203 Rainer Flöhl, *Frankfurter Allg. Zeitung*, 22. 3. 1978
204 Hans Matthöfer, *Pressegespräch »Genforschung«*, 17. Aug. 1977, Bonn
205 Joseph Weizenbaum 1977, in: (9.), S. 35–63
206 Freeman J. Dyson, *Science*, Vol. 193, 1976, S. 6
207 Herman J. Kahn, Antony J. Wiener, *Ihr werdet es erleben,* Wien, München, Zürich 1968
208 Karl Winnacker, Karl Wirtz, *Das Unverstandene Wunder*, Düsseldorf, Wien 1975
209 Lydia Martin-Edingshaus, *bild der wissenschaft*, 4/1977 S. 111–131 und 5/1977 S. 95–102
210 J. Weizenbaum 1977, in: (205.)

211 F. Dyson 1976, in: (206.)
212 Jon Beckwith, Vortragsmanuskript, *Forum Research with Recombinant DNA* 1977, in: (5.)
213 Ethan Signer, Vortragsmanuskript, ebenda
214 Raymond Ewell, *BioScience*, Dez. 1975, S. 771
215 Roger Lewin, *New Scientist*, 10. März 1977
216 Robin Holliday, *New Scientist*, 17. Feb. 1977, S. 399ff
217 P. Berg 1977, in: (79.)
218 Peter Hans Hofschneider, Vortragsmanuskript, 109. Vers. der *Ges. deutscher Naturf. und Ärzte*, 1976
219 Univ. of California, San Francisco (Hrsg.), News Services Publications, 24. Mai 1977; Harold M. Schmeck, *Int. Herald Tribune*, 25. Mai 1977; Th. v. Randow, *Die Zeit*, 3. Juni 1977; Peter Gwynne, *Newsweek*, 6. Juni 1977; ohne Verf., *DER SPIEGEL*, Nr. 24, 1977; ohne Verf., *Time*, 6. Juni 1977; Ullrich, Shine, Chirgwin, Pictet, Tisher, Rutter, Goodman, *Science*, Vol. 196, 17. Juni 1977, S. 1313ff
220 H. G. Zachau, Interview d. Verf., 1977
221 Nicholas Wade, *Science*, Vol. 197, 30. Sept. 1977, S. 1342ff; ohne Verf., *Science News*, Vol. 112, 1977, S. 212
222 Victor K. McElheny, *The New York Times*, 7. Dez. 1977; ohne Verf.; *Business Week,* 12. Dez. 1977, S. 128
223 Victor Cohn, *The Washington Post*, 11. Nov. 1977
224 N. Wade 1977, in: (81.), S. 141f; Miranda Robertson, *Nature*, Vol. 251, 1974, S. 564
225 J. Rifkin 1977, in: (177.)
226 *BMFT Förderungskatalog* 1975 und 1976, in: (193.); Norbert Binder BMFT, Interview d. Verf., 1977/78
227 J. Beckwith 1977, in: (212.)
228 Weimann, *Boehringer Presseinformation*, 21. 6. 1977
229 Erich Gerhards, Interview d. Verf., 1977
230 NIH 1977, in: (116.)
231 Hoskins, O'Connor, Shannon, Widdus, Danielli, *BioScience*, Vol. 27, No. 3, S. 188ff
232 Roy Widdus, Ch. Ault, *Int. Rev. Cytol., 38*, 1974, S. 54f
233 H. F. Judson 1975, in: (82.); S. Cohen 1977, in: (91.)
234 P. H. Hofschneider 1976, in: (218.)
235 NIH 1977, in: (116.), S. 33ff
236 W. French Anderson, Vortragsmanuskript, *NIH Science Writers Seminar*, Bethsesda Maryland, 7. 2. 1978
237 Graham Chedd, *New Scientist*, 30. Sept. 1976, S. 680ff
238 ohne Verf., *C & EN*, 6. Juni 1977, S. 24
239 Itakura, Hirose, Crea, Riggs, Heynecker, Bolivar, Boyer, *Science*, Vol. 198, 1977, S. 1065ff

240 Jean L. Marx, *Science*, Vol. 199, 1978, S. 517; Bob Williamson, *Nature*, Vol. 270, 24. Nov. 1977

241 Egmont R. Koch, *bild der wissenschaft*, 3/1978, S. 92ff; Tom Zito, *Int. Herald Tribune*, 18. 1. 1978; ohne Verf. *DER SPIEGEL*, Nr. 8, 1978, S. 158ff; E. Krebs et al. *Nature*, Vol. 272, 1978, S. 729ff

242 David Hall, Malcolm Slessor, *New Scientist*, 15. Juli 1976; H. J. Evans, L. E. Barber, *Science*, Vol. 196, 1977, S. 332ff; P. R. Day et al., *BioScience*, Vol. 27, Nr. 2, 1977, S. 116ff; Graham Chedd 1976, in: (237.)

243 R. P. Novick 1977, in: (128.)

244 George C. Wilson, *Int. Herald Tribune*, 4./5. März 1978

245 Chemie Nachrichten (Hrsg.), *Schnelldienst*, Bericht über eine Diskussionsrunde anläßlich des hundertjährigen Jubiläums des Verbands der Chem. Industrie, 28. 10. 1977

246 Charles Levinson, *Valium zum Beispiel*, Reinbek 1974, S. 31f

246a P. H. Hofschneider 1976, in: (218.)

247 Judith Miller, *Science*, Vol. 185, 1974, S. 240ff

248 Jean L. Marx 1977, in: (242.)

249 Jean L. Marx, *Science*, Vol. 198, 1977, S. 388

250 T. W. Tinsley, *BioScience*, Okt. 1977, S. 659ff

251 P. R. Day, *Science*, Vol. 197, 1977, S. 1334ff

252 Grünewald, Interview, *DER SPIEGEL*, Nr. 52, 1977; B. Dixon, *New Scientist*, 6. April 1978, S. 3

253 June Goodfield, *Playing God*, New York 1977, S. 43f

254 P. R. Day 1977, in: (251.)

255 Roger Revelle, *Scientific American*, Vol. 235, 1976, S. 165ff; Garrison Wilkes, *Bull. of the Atomic Scientists*, Feb. 1977, S. 9ff

256 Claude Lévi-Strauss, *Strukturale Anthropologie II*, Frankfurt 1975, 12. Kap.

257 N. W. Simmonds, 1976, in: (25.), S. 203ff und S. 307

258 Peter Farb, *Die Indianer*, Wien, München, Zürich 1971, S. 319ff

259 Tom Zito, *Int. Herald Tribune*, 18. 1. 1978

260 zit. nach *DER SPIEGEL*, Nr. 18, 1. Mai 1978, S. 226

261 Versch. Autoren, in *Int. Herald Tribune*, Ausgaben vom 18. 7. 1977, 21. 7. 1977, 3. 8. 1977, 4. 8. 1977, 17. 8. 1977 und 10. 2. 1978; ohne Verf. *New Scientist*, 11. August 1977, S. 340; Bob Beyers, ebenda, 13. Okt. 1977, S. 81

262 NIH 1977, in: (116.), S. 38

263 Platon, *Der Staat*, Hamburg 1961, S. 190ff

264 Jon Beckwith, *Annals of the New York Acad. of Sciences,* Vol. 265, 1976, S. 46ff

265 D. J. Kilian, D. J. Picciano, C. B. Jacobson, ebenda, Vol. 269, 1975, S. 4ff; Tabithia Powledge, *New Scientist*, 2. Sept. 1976, S. 468ff

266 Jon Beckwith 1977, in: (212.)

267 L. S. Penrose, *Einführung in die Humangenetik*, Berlin, Heidelberg, New York 1973, S. 114

268 Bentley Glass, *Science*, Vol. 171, 1971, S. 23ff
269 ebenda
270 Anthony Smith, *Das Abenteuer Mensch*, Wien, Hamburg 1978, S. 173f
271 J. Rifkin 1977, in (177.)
272 N. Wade 1977, in: (132.)
273 vgl. J. Herbig, *Kettenreaktion*, München 1976
274 Volker Hauff, *Vorwärts*, 25.5.1977; ohne Verf., *Südd. Zeitung*, Nr. 71, 1978

Dank des Verfassers

Die Anregung zu diesem Buch gaben Rolf S. Müller und Jürgen Petermann. Sie lieferten mir auch eine Fülle von Literatur.

Die Wissenschaftler H. G. Zachau, Peter Hans Hofschneider, Erich Gerhards, Peter Starlinger, Hans J. Eggers, Joachim Messing, Erwin Chargaff und Walter Klingmüller, Autor des ersten wissenschaftlichen Buchs über Genmanipulation*, sowie Norbert Binder vom Forschungsministerium empfingen mich zu ausführlichen Gesprächen. Ihrer Bereitschaft, sich offen zu strittigen Fragen zu äußern, verdanke ich viele Einsichten, nicht zuletzt die, daß sachliche Gegensätze persönliches Entgegenkommen und Sympathie nicht ausschließen.

Burkhart Kroeber, Siegrid Radszuweit, Edith Helbing und Barbara Dierolf halfen mir durch Kritik und zahlreiche Verbesserungsvorschläge bei der Überarbeitung des Manuskripts.

* W. Klingmüller, *Genmanipulation und Gentherapie*, Berlin, Heidelberg, New York 1976.

Register

Liste der für die Diskussion der *Gen-Ingenieure* wichtigsten Personen, Gruppen und Ausschüsse:

1. Personen und Gruppen

2. Ausschüsse

a) *Recombinant DNA Molecule Program Advisory Committee* (schuf die Grundlagen der im Bereich der USA verbindlichen *NIH-Richtlinien*, die zum Vorbild für die Richtlinien des *Bundesministeriums für Forschung und Technologie* in der BRD wurden)

Vorsitzender: Stetten, DeWitt Jr. – NIH; Stellvertreter: *Jacobs, Leon* – NIH; Mitglieder: *Adelberg, Edward A.* – Dep. of Human Genetics School of Medicine, Yale Univ.; *Chu, Ernest* – Department of Human Genetics Medical School, University of Michigan; *Curtiss, Roy III.* – Dep. of Microbiology School of Medicine, Univ. of Alabama;
Darnell, James E. – Department of Molecular Cell Biology, The Rockefeller University; *Helinsky, Donald R.* – Department of Biology, University of California, San Diego; *Hogness, David* – Department of Biochemistry, Stanford University; *Kutter, Elisabeth* – Biophysics Faculty, The Evergreen State College; *Littlefield, John W.* – Department of Pediatrics, John Hopkins Hospital, Baltimore; *Redford, Emette S.* – School of Public Affairs, University of Texas; *Rowe, Wallace P.* – NIH; *Setlow, Jane K.* – Brookhaven National Laboratory; *Spizizen, John* – Department of Microbiology; Scripps Clinic & Research Foundation, La Jolla; *Szybalski, Waclaw* – McArdle Laboratory, University of Wisconsin; *Thomas, Charles A.*, Department of Biological Chemistry, Harvard Medical School.

b) *ad hoc-Sachverständigenausschuß »Sicherheitsrichtlinien für Forschungsarbeiten über die in-vitro Neukombination von Nuleinsäuren« des Bundesministeriums für Forschung und Technologie* (schuf nach NIH-Vorbild die Grundlagen der für das BMFT der Bundesrepublik verbindlichen Richtlinien)

Vorsitzender: *Mussgay, Manfred* – Bundesforschungsanstalt für Viruskrankheiten der Tiere, Tübingen; Stellvertreter: *Eggers, Hans-J.* – Institut für Virologie, Universität Köln; Mitglieder: *Goebel, Werner* – Abt. Mikrobiologie am Inst. für Genetik und Mikrobiologie der Univ. Würzburg; *Hofschneider, Peter Hans* – Max-Planck-Institut für Biochemie Martinsried; *Koch, Meinrad A.* – Robert-Koch-Institut des Bundesgesundheitsamtes, Berlin; *Starlinger, Peter* – Institut für Genetik der Universität Köln; *Zachau, Hans Georg* – Institut für Physiologische Chemie der Universität München; *Binder, Norbert* – Bundesministerium für Forschung und Technologie.

c) *Zentrale Kommission für die biologische Sicherheit (ZBKS)* des Bundesministeriums für Forschung und Technologie (erste Besetzung, die 1978 berufen wurde)

1. Sachverständige für die biol. Sicherheit:
Mussgay, Manfred – Bundesforschungsanstalt für Viruskrankheiten der Tiere, Tübingen; *Koch, Meinrad* – Bundesgesundheitsamt Berlin; *Brandes, Henning* – Universität Bonn; *Wagner, Karlheinz* – Farbwerke Hoechst;

2. Sachverständige für Genübertragung:
Schaller, Heinz – Universität Heidelberg; *Weimann, Günther* – Boehringer Mannheim GmbH; *Trautner, Thomas* – Max-Planck-Institut für molekulare Genetik, Berlin; *Hobum, Gert* – Universität Freiburg;

3. Vertreter des »öffentlichen Lebens«:
Scholl, Otto – Bundesverband der Pharmazeutischen Industrie, Frankfurt; *Schiel, Heinz* – Deutsche Forschungsgemeinschaft (DFG), Bonn; *N. N.* (im Mai 1978) für den Deutschen Gewerkschaftsbund; *N. N.* (im Mai 1978) für die Berufsgenossenschaften.